高等学校人工智能专业精品教材·高级人工智能人才培养丛书

机器学习与深度学习

丛书主编：刘　鹏
主　　编：陶玉婷
副主编：王朝霞　马　苗　马　程

电子工业出版社·
Publishing House of Electronics Industry
北京·BEIJING

内 容 简 介

本书是"高级人工智能人才培养丛书"中的一本,首先介绍了机器学习的相关概念和发展历史,随后在此基础上介绍了深度学习——它本质上是近几年来大数据技术催生的产物。本书共 12 章,其中,第 1~7 章为机器学习方面的内容,分别介绍了机器学习的简单模型、贝叶斯学习、决策树、支持向量机、集成学习和聚类;第 8~12 章为深度学习方面的内容,由感知机与神经网络开始,之后分别介绍了卷积神经网络、循环神经网络、生成对抗网络及强化学习。

第 2~12 章均提供了相应的实验案例,不仅配有完整翔实的 Python 语言代码及相关注释,还给出了实验结果和实验分析,便于初学者上机操作并加强理解。本书注重易学性、系统性和实战性,力求为人工智能及相关专业的学生提供一本基础教材,同时为在其他学科应用人工智能技术的读者提供一本深入浅出的参考书。

本书适合作为人工智能、计算机科学与技术、自动化控制等相关专业本科生和研究生的教材。此外,高职和专科学校也可以选用本书部分内容开展教学。

图书在版编目(CIP)数据

机器学习与深度学习 / 陶玉婷主编. —北京:电子工业出版社,2022.10
(高级人工智能人才培养丛书)
ISBN 978-7-121-44276-6

Ⅰ. ①机… Ⅱ. ①陶… Ⅲ. ①机器学习 Ⅳ. ①TP181

中国版本图书馆 CIP 数据核字(2022)第 162702 号

责任编辑:米俊萍 特约编辑:刘广钦
印 刷:北京虎彩文化传播有限公司
装 订:北京虎彩文化传播有限公司
出版发行:电子工业出版社
 北京市海淀区万寿路 173 信箱 邮编:100036
开 本:787×1 092 1/16 印张:19 字数:455 千字
版 次:2022 年 10 月第 1 版
印 次:2024 年 6 月第 4 次印刷
定 价:88.00 元

编 写 组

丛书主编：刘　鹏

主　　编：陶玉婷

副 主 编：王朝霞　马　苗　马　程

编　　委：陈昱苼　张　烁　谢　进　李淑霞

　　　　　赵海峰　钱　琨　施逸飞

总　序

各行各业不断涌现人工智能应用，资本大量涌入人工智能领域，互联网企业争抢人工智能人才……人工智能正迎来发展"黄金期"。但放眼全球，人工智能人才，特别是高端人才，缺口依然较大。

为抢抓人工智能发展的重大战略机遇，构筑我国人工智能发展的先发优势，加快建设创新型国家和世界科技强国，2017 年，国务院发布《新一代人工智能发展规划》，要求加快培养聚集人工智能高端人才，完善人工智能领域学科布局，设立人工智能专业，从而助力我国人工智能理论、技术与应用水平在 2030 年总体达到世界领先水平，使我国成为世界主要人工智能创新中心。2018 年，教育部印发《高等学校人工智能创新行动计划》，要求"对照国家和区域产业需求布点人工智能相关专业""加大人工智能领域人才培养力度"。

在国家政策支持及人工智能发展的大环境下，全国高校纷纷发力，设立人工智能专业，成立人工智能学院。根据教育部公布的数据，2019 年，全国共有 35 所高校获得建设"人工智能"本科新专业的资格，同时全国新设 96 个"智能科学与技术"专业，累计 187 所院校获批"机器人工程"专业。2020 年年初，经教育部批准，拥有"人工智能"本科专业的高校新增了 180 所，占全国新增专业的 10.77%，排名第一。2021 年，全国又有 95 所高校新增备案"人工智能"专业。人工智能已成为国家和高等院校重点关注、着力发展的重要领域。

然而，在人工智能人才培养和人工智能课程建设方面，大部分院校仍处于起步阶段，需要探索的问题还有很多。例如，人工智能作为新专业，尚未形成系统的人工智能人才培养课程体系及高水平的教学实验实习体系；同时，人工智能教材有待更新，以紧跟技术发展；再者，过多强调理论学习，以及实践应用的缺失，使人工智能人才培养面临新困境。

人工智能作为注重实践性的综合性学科，对相应人才培养提出了易学性、实战性和系统性的要求。"高级人工智能人才培养丛书"以此为出发点，尤其强调人工智能内容的易学性及对读者动手能力的培养，并配套丰富的课程资源，解决易学性、实战性和系统性方面的难题。

易学性：能看得懂、学得会的书才是好书，本丛书在内容、描述、讲解等方面始终从读者的角度出发，紧贴读者关心的热点问题及行业发展前沿，注重知识体系的完整性及内容的易学性，赋予人工智能名词与术语以生命力，让人工智能教育更简单易行。

实战性：与单纯的理论讲解不同，本丛书由国内一线师资和具备丰富人工智能实战经验的团队携手倾力完成，不仅内容贴近实际应用需求，具有高度的行业敏感性，同时几乎每章都配套了实战实验，使读者能够在理论学习的基础上，通过实验进一步巩固提高。云创大数据使用本丛书介绍的一些技术，已经在模糊人脸识别、超大规模人脸比对、模糊车牌识别、智能医疗、城市整体交通智能优化、空气污染智能预测等应用场景取得了突破性进展。特别是在2020年年初，笔者受邀率云创大数据的同事加入了钟南山院士的团队，我们使用大数据和人工智能技术对新冠肺炎疫情的发展趋势做出了不同于国际预测的准确预测，为国家的正确决策起到了支持作用，并发表了高水平论文。

系统性：本丛书配套免费教学PPT，无论是教师、学生，还是其他读者，都能通过教学PPT更为清晰、直观地了解或展示图书内容。与此同时，云创大数据研发了配套的人工智能实验平台，以及基于人工智能的专业教学平台，实验内容和教学内容与本丛书完全对应。

本丛书非常适合作为"人工智能"和"智能科学与技术"专业的系列教材，也适合作为"智能制造工程""机器人工程""智能建造""智能医学工程"专业的选用教材。

在此，特别感谢我的硕士生导师谢希仁教授和博士生导师李三立院士。谢希仁教授所著的《计算机网络》已经更新到第8版，与时俱进且日臻完善，时时提醒学生要以这样的标准来写书。李三立院士为我国计算机事业做出了杰出贡献，曾任国家攀登计划项目首席科学家。他严谨治学，带出了一大批杰出的学生。

本丛书是集体智慧的结晶，在此谨向付出辛勤劳动的各位作者致敬！书中难免会有不当之处，请读者不吝赐教。联系邮箱：gloud@126.com。

你可以透过我的眼，去看懂科技、把握未来！欢迎关注抖音、今日头条和微信公众号"刘鹏看未来"！

刘 鹏

2022年9月

前　言

　　中国人工智能发展迅猛，中国政府也高度重视人工智能领域的发展，预计到 2022 年年底，中国人工智能产业规模将逼近 2729 亿元。2017 年，在全球人工智能人才储备上，中国只占 5%左右，人工智能的人才缺口超过 500 万人。截至 2022 年，全国已有 400 余所高校开设人工智能专业或具备人工智能专业建设资格。尽管如此，高校总体上缺乏人工智能的基础教学能力，在独自培养具有动手能力的应用型人才方面仍然有待加强。

　　2020 年，由清华大学人工智能研究院和中国工程院知识智能联合研究中心联合发布的《人工智能发展报告 2020》指出，从过去 10 年间（2011—2020 年）取得的成果（顶级会议、期刊所收录的论文和专利数据）来看，人工智能领域共有十大研究热点，分别为：深度神经网络、特征抽取、图像分类、目标检测、语义分割、表示学习、生成对抗网络、语义网络、协同过滤和机器翻译。未来的 10 年，人工智能技术将从感知智能逐渐朝着认知智能的方向发展，越来越广泛地渗透到社会各行业中，并推动社会进步。

　　2021 年 9 月，人工智能产业发展创新论坛暨《2021 年人工智能行业发展蓝皮书》发布会在上海举行。该蓝皮书指出，当前人工智能有四大发展新方向：①数据处理方向，即 AI+芯片；②人工智能技术层头部企业开始向上、下游扩展业务；③医疗方向，即后疫情时代 AI+医疗；④数字制造业方向，即 AI+制造。

　　为了使国内读者系统地了解人工智能的前沿技术，中国信息协会教育分会人工智能教育专家委员会主任刘鹏教授顺势而为，缜密策划，在普通高等学校本科人工智能专业课程体系中，专门设立"机器学习与深度学习"课程，并邀请全国近百所高校、科研院所中从事一线教学和科研的教师、专家组建创作团队，编写"高级人工智能人才培养丛书"，本书是该丛书的一个分册。

　　本书围绕机器学习和深度学习，详细介绍了与之相关的方方面面，并根据不同的知识点，划分了 12 章：第 1 章分别介绍了机器学习和深度学习的概况；第 2～7 章围绕机器学习，分别介绍了机器学习的简单模型、贝叶斯学习、决策树、支持向量机、集成学习和聚类；第 8～12 章，围绕深度学习，分别介绍了感知机与神经网络、卷积神经网络、循环神经网络、生成对抗网络和强化学习。其中，第 1、5 章由陶玉婷编写，第 2 章由谢进编写，第 3 章由马程编写，第 4、7 章由王朝霞编写，第 6、12 章由陈昱莅编写，第 8 章由赵海峰、钱琨编写，第 9 章由张烁编写，第 10 章由李淑霞编写，第 11 章由马苗编写，施逸飞辅助内容修订与校稿。本书以理论和实践紧密结合为根本，在每章的理论学习之后，都有与之匹配的案例和实验，将理论和实践融为一体，让读者真正地将理论和实战合二为一，做到学以致用。同时，本书实验以 Python 语言实现，代码完整翔实，关键代码部分配有注释，可读性好，易于理解和上机操作。本书非常适合作为人工智能专业本科生的教材及人工智能相关科研工作者的工具书。

本书的编撰，从提纲目录的确定到内容的把控和斟酌，到最后的审阅与定稿，得到了刘鹏教授的悉心指导，他提出了许多宝贵的修改意见。同时，电子工业出版社的董亚峰和云创大数据的武郑浩也审阅了本书书稿，对本书给予了全面的指导和帮助，在此一并致谢。

在此，特别感谢中国信息协会教育分会人工智能教育专家委员会主任刘鹏教授，正是由于他洞察时代需求，把握时代脉搏，才有了《机器学习与深度学习》这本书的创作需求，才有了我们的创作团队，才有了这本《机器学习与深度学习》。

本书是集体智慧的结晶，在此谨向付出辛勤劳动的各位作者致敬！书中难免会有不当之处，请读者不吝赐教。联系邮箱：tao_yuting@jit.edu.cn。

陶玉婷
于南京市金陵科技学院
2022 年 8 月 28 日

目　录

第1章 引 言

人工智能（Artificial Intelligence，AI）是一个大家耳熟能详的词汇，它是近些年来在全世界兴起并迅速走向火热的一门高新技术学科。与之相伴的是机器学习（Machine Learning，ML）、深度学习（Deep Learning，DL）等高频词汇。很多人对它们的含义一知半解，为了让大家明白其含义及相互间的关系，本章将对此展开介绍，以帮助读者入门。

1.1 人工智能概述

人类的生产和生活中，无时无刻不伴随着智能，如下棋、猜谜、写作、编程、驾车、说话、做饭等，都需要人用大脑去完成。如果机器能完成这些任务，那么就可以认为机器具备了"人工智能"。

1.1.1 人工智能产生的基础条件

人工智能与基因工程、纳米科学并肩，被称为"21 世纪三大尖端技术"[1]。作为炙手可热的技术之一，它的产生并非偶然，而是由强大的基础条件作为背后的支撑的。为了搞清楚人工智能产生的原因，首先要熟悉它的相关概念，即信息、认知与智能。

我们知道，宇宙是由万物组成的，对世间万物的表示与表达，就是信息。为了实现人与人之间的交流，人们创造了语言文字来作为载体传递信息。

那么，认知是什么呢？认知是大脑对外部世界的反馈过程，即信息经过感官（视觉、听觉等）输入神经系统，大脑对其进行加工整理，形成对外部世界的判断，并确定万物之间的联系。

在认知的基础上，人类运用脑思维，可以在各种信息之间挑选、加工、改造、解释，从而形成智能。简而言之，智能即智力，就是对各种信息进行处理的能力，包括学习能力、抽象思维能力、环境适应能力、创造能力、稳定情绪的能力等。

众所周知，计算机诞生于 20 世纪 40 年代。通过几十年来软件和硬件技术的不断发展，它的物理体积越来越小，计算速度与存储容量却呈现爆炸式的增长。最初的计算机应用是为了解决数值计算问题，如今随着硬件条件的日益成熟，人们很自然地提出用计算机去模拟人类的智力活动，如进行图形图像检测、语言翻译、声音识别等。此时的计算机已不再是纯粹的数值计算器，而是能够取代人类进行部分活动的机器智能机。

总结起来，人工智能的产生有赖于两大基础条件，即理论基础和技术基础。理论基础包括信息论、控制科学、数学、计算机科学、认知科学等的相互交叉融合；技术基础则是电子技术与计算机技术广泛应用的结果。

1.1.2 人工智能的发展史

1. 人工智能的思想萌芽（20世纪30年代）

早在20世纪30年代，计算机还没有诞生，一些学者就已经开始思考计算的本质，并探索形式推理与计算之间的联系。被称为"人工智能之父"的图灵，当时不仅创造了一个简单的非数字计算模型，而且证明了计算机可以用智能的方式进行工作，由此出现了人工智能的思想萌芽。

2. 人工智能作为学科而出现（20世纪50年代）

1956年夏，美国达特茅斯学院举办了一个长达两个月的研讨会，由当时美国年轻的数学家 John-McCarthy 和他的众多学者朋友参加，其中包括明斯基（Minsky）、纽维尔（Newell）、西蒙（Simon）、香农（Shannon）、塞缪尔（Samuel）等。他们来自数学、心理学、神经学、信息论、计算机科学等学科。在会上，McCarthy 提出了"Artificial Intelligence"一词，之后纽维尔和西蒙提出了物理符号系统假设，从而创建了人工智能学科。

3. 人工智能的第一次低谷（20世纪70年代）

20世纪70年代，人工智能的发展跌入了低谷。当时，许多科研人员低估了人工智能问题的复杂性，导致在实践过程中遇到了三大瓶颈问题：①计算机性能不足，许多早期的程序只能解决维度较小的简单问题，一旦维度上升，计算机的硬件能力就无法满足；②人工智能的问题模型规模较小，所设计的程序解决不了大规模的运算问题；③人工智能的实现本身需要大规模的数据来支撑，当时无法找到容量足够大的数据库作为底层的载体来支撑。

4. 人工智能的崛起（1980年）

1980年，一个名为"XCON"的专家系统被卡内基梅隆大学设计出来，并由数字设备公司投入使用。它采用"知识库+推理机"的结构，本身是一套专业知识和经验都很完备的计算机智能系统，并为该公司带来了商业价值。随后，其他的专家系统也相继诞生了，且价格不菲。此时，像 Symbolics、Lisp Machines 这样的计算机软件公司也随之成立了。

5. 人工智能的第二次低谷（1987年）

1987年，苹果公司和IBM公司生产的台式计算机在性能上超越了Symbolics等公司生产的通用计算机。此时，专家系统就变得黯然失色，人工智能系统从此走向衰败。

6. 人工智能再次崛起（20世纪90年代至今）

1997年，IBM的计算机"深蓝"完胜国际象棋世界冠军，引起了全世界公众的广泛关注，这是人工智能技术发展的一个重要里程碑。2006年，Hinton 在 *Science* 期刊上发表了一篇文章，介绍了关于深度神经网络（也称深度学习）在人工智能领域取得的重大突破性成果。至此，人工智能在全球范围内日渐火热。

1.1.3 人工智能的几个重要分支

通过 1.1.1 节和 1.1.2 节，读者能够明白，人工智能就是让计算机去实现人类智能。换言之，人工智能即机器智能。人工智能之所以能如此火热，归根结底在于，具有智能的机器可以帮助人们解决生产生活中的各种问题，为社会创造效益，服务于人。人工智能可以分为如下几大分支，且它们相互交叉，相互渗透。

1. 规划与调度

规划与调度（Planning & Scheduling）是智能系统的一种，它通过计算和优化，帮助人们确定最优的调度或者组合方案。这类系统广泛应用于城市规划、军事指挥、导航等。比如：

（1）全球定位系统（Global Positioning System，GPS）。根据城市路况，在出发点和目的地之间规划出一条最优路线（如红绿灯少、距离短、公交换乘少等）。

（2）空中交通控制系统。在繁忙的大型机场，每天有数以千计架飞机起升和降落，依靠人工安排起降和导航非常困难。空中交通控制系统能有条不紊地安排调度，最大限度保证安全，减小延时。

2. 专家系统

专家系统（Expert System）是一个有大量专门知识和经验的程序系统，其核心思想是"知识+推理"。它应用人工智能技术，在多个领域模拟人类专家的决策过程，以解决复杂的问题。比如：

（1）1968 年，被誉为"专家系统和知识工程之父"的 Feigenbum 所领导的研究小组成功研制了第一个专家系统——DENDRAL，用于分析有机化合物的分子结构。

（2）匹兹堡（Pittsburgh）大学开发了一个名为 Internist 的医疗诊断系统，其中的数据库包含 15 万条医疗知识，几乎可以诊断所有的常见疾病。

3. 模式识别

模式识别（Pattern Recognition）是人工智能最重要的研究领域之一。所谓"模式"，是指一切可观察可感知的事物的存在形式，如声音、图像、文字等。"识别"是人类所具备的智能，因为在日常生活中人们要对所见所闻的事物进行判别。模式识别的研究目标如下：让计算机通过各种感官装置去获取外界信号（图像、声音等），然后将信号输入计算机内部进行加工处理、分析、推断等过程，最终实现识别。例如，通过摄像头拍摄汽车牌照，进行车牌识别；通过监控探头拍摄人脸图像，进行身份识别。模式识别的其他应用还包括语音识别、指纹识别、遥感图像识别等。

4. 机器学习

机器学习（Machine Learning）作为人工智能的一个分支，旨在运用数值法、信息论、神经科学、统计学等方法，为人工智能的实现提供一系列训练和判别的方法。"训练"指的是根据已知的数据样本，通过一系列人为给定的方法，让计算机获取数据的特征信息，也称为特征提取或模型训练；"判别"则是根据所提取的特征，去判别未知的样本信息。例如，性别的判断，对人而言很简单，对计算机来说却不那么容易。首先，计算机需要获取性别已知的样本（假设 10 男 10 女），通过训练，计算机可以提取能够区别性别的特征（如肌肉密度、说话声音频率、三围比例等），同时过滤掉与性别无关的特征（如肤色、年龄、血型等）。在测试过程中，运用提取的特征，计算机就能判断出眼前这个性别未知的人是男还是女。

5. 数据挖掘

近年来，随着计算机硬件技术及互联网技术的飞速发展，数据的获取能力和存储能力得到爆炸式的增长，产生了超大规模和分布式的数据库及数据仓库。同时，电子商务、企事业单位数据、工业生产等各方面规模的日益扩大，也提供了海量的数据来源。在此背景下，一个新兴的人工智能分支——数据挖掘（Data Mining）诞生了。从大规模的数据中挖掘出有价值的潜在信息，意义十分重大。数据挖掘不仅前沿，而且涉及人工智能的多个分支，如机器学习、模式识别等。例如，国外曾经有人从大量的商业数据中通过机器学习的手段，挖掘出了啤酒和婴儿尿布之间的销量关系。从表面上看，这两者风马牛不相及，但商家通过数据挖掘找到了商机。

6. 机器人

机器人（Robot）是一种可再编程的多功能操作装置，大致分为智能机器人和非智能机器人两类。

非智能机器人需要事先设计好控制程序，然后由人工去手动控制它的运行，一般用于工业生产。非智能机器人可以把工人从繁重、重复的生产工作中解放出来。但是它本身不具备智能，不能感知周围的环境，只能依靠人去实时操作。

智能机器人可以在一定程度上感知环境，并会记忆、推理、判断，从而模仿人的行为。这类机器人可以帮助人们到危险的环境中工作，避免人受到伤害。例如，在高温、高压、含有害气体等条件恶劣的地方，智能机器人可以自主工作，并向人们反馈结果，如进行海底探测、太空探索、战区排雷、高空作业、井下勘探等。

1.1.4 人工智能与机器学习和深度学习的关系

读者可能会问，本书作为"人工智能人才培养丛书"的分册，且书名叫《机器学习与深度学习》，那么人工智能、机器学习与深度学习到底是什么关系呢？图 1-1 给出了这三者的逻辑关系。

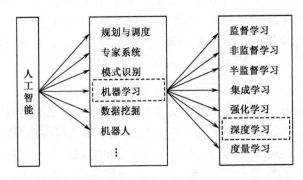

图 1-1　人工智能、机器学习和深度学习之间的关系

从图 1-1 中可以看出，机器学习是人工智能的一个分支，而深度学习又是机器学习的方法之一。1.2 节和 1.3 节中将分别介绍机器学习和深度学习。

1.2 机器学习概述

在人工智能领域，机器学习侧重于方法论，为人工智能各方面的实现与应用提供了一系列方法。本节将介绍机器学习的定义、机器学习的主要方法、机器学习的应用及其相关课程，让读者对机器学习的大致轮廓有一个感性认识。

1.2.1 机器学习的定义

在机器学习（Machine Learning，ML）的发展历程中，似乎难以对其给出一个准确的定义。被称为"机器学习之父"的阿瑟·塞缪尔（Arthur Samuel）认为：机器学习是在不直接针对问题进行编程的情况下，赋予计算机学习能力的一个研究领域。被誉为全球机器学习行业"教父"的汤姆·米切尔（Tom Mitchell）则认为：对于某类任务 T 和性能度量 P，如果计算机程序可以从经验 E 中学习与改进，并在任务 T 上由 P 衡量的性能有所提升，那么就称这个计算机程序从经验 E 学习。周志华教授在《机器学习》[2]一书中认为：机器学习致力于研究如何通过计算的手段，利用经验来改善自身的性能；"经验"以"数据"的形式存在，机器学习正是从数据中通过学习一定的算法去产生模型，而后对于新的未知数据，该模型能给出判断。在刘鹏等人编写的著作《深度学习》[3]中，则将机器学习理解为：从具有洞察特征的数据中发现自然模式的算法。

综上所述，机器学习是一个从数据到理解的过程，如图 1-2 所示。通过训练学习（先验数据），空白的机器变得有智能，可以推断、预测、判别未知的世界，即实现人工智能。

图 1-2 "机器学习的过程"示意图

在 1.1.3 节关于机器学习的简介中，给出了性别判断的例子。该例子中，10 男 10 女是数据，也称为训练样本，提取和过滤特征的过程是学习，而学习的结果——能够区别性别的特征则是模型。通过学习，机器能鉴别其他人的性别，即做到了理解。

1.2.2 机器学习的主要方法

要实现图 1-2 所示的从"数据"到"理解"，需要一定的学习方法。在之前的性别判断的例子中，采用的方法是特征提取和过滤。当然，也可以采用其他方法，如特征的加权融合、特征的方差比较、特征的信息增益法等。但是，不同的方法会产生不同的"模型"，进而影响对未知样本的判断效果，从而产生不同的识别正确率。因此，选择合适的学习方法至关重要。

在机器学习领域，常用的方法有监督学习、非监督学习、半监督学习、集成学习、强化学习、深度学习（1.3 节将着重介绍，本节不再赘述）、度量学习。接下来对这些方法进行介绍。

1. 监督学习

对类别已知的训练样本进行学习，并得到模型的过程，称为监督学习（Supervised Learning）。在性别判断的例子中，事先就知道先验样本是 10 男 10 女，即类别已知，所以，它属于监督学习。

另一个例子是 Fisher 线性鉴别分析（Fisher Linear Discriminant Analysis，FLDA 或 LDA）。它是一种非常经典的监督学习方法，运用了矩阵分析法和统计学。该方法是由 Fisher 于 1936 年最早提出的，因此也称为 Fisher 准则[4]。

如图 1-3 所示，叉表示第一类样本（共 7 个），圈表示第二类样本（共 6 个），每个样本都有两个维度（分别用 x_1 和 x_2 来表示）。如果用矩阵 Z 表示样本集合，每个样本占一列，则 $Z = [z_1, \cdots, z_{13}] \in \mathbf{R}^{2 \times 13}$。FLDA 方法假设每类样本都分别服从单一的高斯分布，并且所有的类均值不同，但方差相同。其中。第一类样本的均值是 m_1，方差是 s_1^2；第二类样本的均值和方差分别是 m_2 和 s_2^2。类间离散度为 $|m_1 - m_2|$，表示两类样本之间的距离；而类内离散度 $s_1^2 + s_2^2$ 则是两类样本的公共方差，它是衡量同类样本离散程度的指标。所以，Fisher 准则的核心思想是求得最优的投影方向 w，使得不同类别的样本在该方向上投影后，类间离散度和类内离散度的比值达到最大。从图 1-3 中可以看出，把样本垂直投影到 w 上之后，两类的区分度最大。

至此，通过矩阵计算，求得 w，即得到了该方法的模型。分类时，需把测试样本 y 投影到 w 上，再根据投影后 y 到两类训练样本的距离大小，判断其类别。

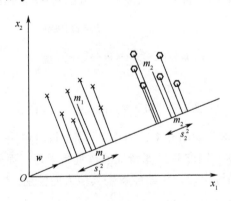

图 1-3　Fisher 准则中的投影方向 w

2. 非监督学习

与监督学习不同，非监督学习（Unsupervised Learning）事先不知道训练样本的类别，这为后续测试样本的分类和识别带来了不小的难度。但是，在现实生活中，类别已知的样本毕竟是少数，大多数样本都属于类别未知的情况。所以，研究和掌握非监督学习方法，以挖掘潜在的信息，对后面提高识别测试样本的能力，有一定的现实意义，也十分有必要。

在类别未知的情况下，人们一般用聚类或样本分布情况来判断不同的类别。如图 1-4 所示的散点，明显可以看出它们形成两个不同的簇，且彼此相距甚远。此时，可以根据距离，将其聚为两个类。常见的聚类方法有 k 均值聚类、密度聚类、最近邻聚类、谱聚类等。

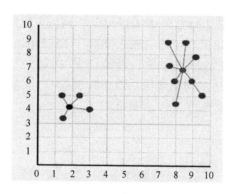

图 1-4 聚类示意图

图 1-4 属于样本少的情况。在训练样本数量多的情况下，可以将总体样本集合看成混合高斯模型，不同类别对应于不同的高斯分布（每类样本有各自的均值和方差）。它的理论依据来源于统计学中的大数定理和中心极限定理。大数定理表明，样本数量越多，越能反映它的真实分布；中心极限定理表明，不管样本服从什么分布，其数量越多，越接近高斯分布。

在此情况下，可以先聚类，确定簇的个数（高斯个数），再基于混合高斯的假设，用最大似然估计方法，求出各高斯分布的参数（均值和方差）。如图 1-5（a）所示，数据总体服从两个高斯分布，从两条曲线可以看出，其密度有如下两个特点：

（1）离均值越近，样本密度越大，反之越小。

（2）关于均值对称，形状像墨西哥帽。图 1-5（b）所示的两簇圈表明，左边高斯分布的方差大于右边。

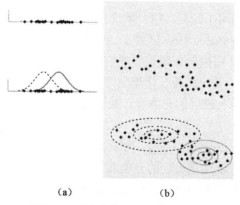

（a）　　　　　　（b）

图 1-5 两个高斯混合的数据模型

关于高斯分布的详细介绍和应用，请参考 Bishop 所著的 *Pattern Recognition and Machine Learning* [5] 一书中第二章的内容。

3. 半监督学习

综上所述，监督学习的前提是类别已知，非监督学习过程中可以知晓训练样本的结构信息。两者相结合，便是半监督学习。这种学习方法可以从少量类别已知的样本中得到区分类别的判别式模型（Discriminative Model）；同时可以从大量类别未知的样本中学到样本的结构或者概率分布信息，即生成式模型（Generative Model）。两者相结合，能巩固和加强模型对类别的区分度，如图 1-6 所示。图中，"+"和"−"分别表示两类样本。训练过程中，虽然空圈的样本类别未知，但当它加入"+"类后，使该类的结构更接近高斯分布了。因此，空圈被判为"+"类样本。

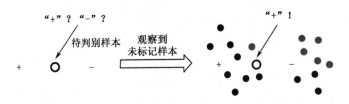

图 1-6　半监督学习示意图

在性别判断的例子中，从性别已知的 10 男 10 女中找出了能够区别性别的特征（肌肉密度、说话声音频率、三围比例）。在训练样本中，还有一个人的性别未知，但其留着长发，且肌肉密度、说话声音频率、三围比例都接近女性特征。于是将此人判定为女性，并从中获取了一个新的特征——女性更倾向于留长发。此时，能区分性别的特征集合为{肌肉密度,说话声音频率,三围比例,是否长发}，从而加强了模型对性别的区分能力。

总之，半监督学习采用类别未知+已知的训练样本相结合的方式，让两者相互促进，去学习模型，再去测试未知样本。

4. 集成学习

机器学习的任务分为两个阶段：第一阶段是从先验的训练数据集 X 中得到模型；第二阶段是运用该模型去判断未知的测试样本 y。第一阶段学习模型的过程称为特征提取。在第二阶段中，把 X 和 y 都映射到该模型的空间中（如性别判断例子中只保留选出的特征），然后判断 y 的类别，其本质是在模型空间中比较 y 与 X 中样本的相似度。此过程被称为分类，常用的分类器有最近邻分类器、最小类中心距离分类器、K 近邻分类器、支持向量机、神经网络等。

集成学习（Ensemble Learning）把若干弱分类器融合成强分类器，以加强分类效果。通过一定的集成方法，可以使集成后的分类效果好于任何一个单分类器。这种思想比较符合人类的思维方式，因为人们通常在做重大决策之前，都会广泛征求意见，并全面衡量利弊[6]。例如，法国数学家 Marquis de Condorcet 在 1785 年发表了一篇关于大多数决策概率的应用的论文。论文中提到了陪审团的投票理论，即众多投票者要表决一个二选一的结果：要么是犯罪，要么是正当防卫。如果每个投票者正确的概率是 p，而投票者总体正确的概率是 L，那么将得出以下两个结论：

（1）p 大于 0.5，表明 L 大于 p。

（2）对于所有投票者，p 都大于 0.5，那么当投票者个数趋于无穷大时，L 趋于 1。

陪审团的投票理论最初为民主投票表决提供了一个理论基础，这个理论同样适用于监督学习领域。给定训练样本的类别，我们要生成若干个不同的弱分类器，使其分类效果略好于随机分类即可（类似于上述正确率 $p>0.5$），然后将它们融合成强分类器。这个过程称为概率近似正确（Probably Approximately Correct，PAC）[7]。

集成学习大体上分为两种，即串行学习和并行学习。串行学习是指单分类器之间相互关联，即第一个弱分类器的学习结果为第二个弱分类器学习提供前提条件，第三个再将第二个结果作为输入条件，以此类推；并行学习是指各单分类器之间相互独立，互不干扰地去学习。串行学习中，最经典的代表算法是 Boost[8]，AdaBoost[9] 是它的改进算法；并行学习的典型算法是 Bagging[10]。

学习结束后，将各弱分类器用平均或者加权平均的方法融合起来，就形成了强分类器。Bishop[5] 的书中以 Boost 算法为例，如图 1-7 所示，m 表示融合的分类器个数，图中的多个圆圈分别表示两类样本，虚线表示刚刚学得的弱分类器，实线表示前 m 个单分类器融合后的分类边界。该算法将边界上容易错分的样本权值增大（圈被放大），不断根据错分的样本去调整并学习下一个单分类器，再融合进去，即 m 单调增大。随着单分类器的不断融合，分类的准确率不断提升。当 $m = 150$ 时，融合后的强分类器几乎可以达到 100% 的正确率。

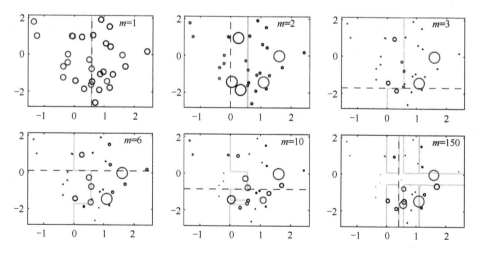

图 1-7　Boost 算法示意图[5]

5. 强化学习

监督学习根据事先给定的训练样本类别来学习最利于分类的模型，即判别式模型。换言之，训练样本本身是输入，类别标签是输出，监督学习的任务是通过构建目标函数，以待求的模型为变量，通过优化方法或矩阵分析求解，找到输入与输出之间的最佳匹配模型，即最优解。对于那些不利于分类或者非最优的模型，监督学习不予考虑。

强化学习（Reinforcement Learning）[11]则不同，它在学习过程中，既没有事先给定的类别标签，也不拒绝次优的模型，而是在一步步不断尝试各种模型的过程中，通过每步走完之后所反馈的奖励值来分析并探索下一步该怎么走，以达到累计奖励值期望（概率与奖励值的乘积）最大化的目标。

举一个简单的例子，人们都在探索如何保持身体健康。假如人的体质分为健壮、适中、亚健康 3 种状态，即{S_1,S_2,S_3}。在 S_1 状态下，锻炼身体则奖励值+0.5，不锻炼则+0；在 S_2 状态下，锻炼身体则奖励值+1，不锻炼则-0.1；在 S_3 状态下，锻炼身体则奖励值+0.2，不锻炼则-5。而且，一般来说，身体健壮更倾向于锻炼，所以，假设在此状态下锻炼的概率是 0.8，之后还是保持健壮（状态不变），而不锻炼的概率是 0.2，之后体质变为适中（状态发生了转换）。同一状态下不同动作的转移概率相加为 1（0.8 + 0.2），满足了全概率公式。不同状态下，同一动作的转移概率可以不同（例如，身体适中的状态下，锻炼和不锻炼的概率都是 0.5），但都满足全概率公式。

强化学习就是要在这 3 种状态之间，以给定的概率和动作一步步转换，期间不断积累奖励值。当奖励值的期望达到最大且保持稳定后（随后的动作及状态转换，虽然继续积累奖励值，但它的期望不再增加），则停止学习。此例中，状态、动作及其概率和奖励值都是事先给定的，我们称之为有模型学习。这种情况可以用马尔可夫决策过程（Markov Decision Process）来建模。还有一种情况称为免模型学习，即动作概率、奖励值都不知道，甚至连状态的个数也未知。免模型的强化学习要难很多，一般可采用蒙特卡罗采样法或时序差分法来获取状态转换的大致轨迹，据此判断强化学习过程中总体的规律和走向。

总之，强化学习适合应用于长期-短期的回报问题中。它一般在有限的状态中进行多次不同的动作，转换到各种不同的状态，得到各种不同的奖励值（有增有减）并作为先验知识，据此再去引导下一步动作和状态转换。所以，要想达到最大化奖励值的期望平稳，需要多次尝试，多次反馈。在人工智能领域，如机器人控制、电梯调度、电子通信、下棋游戏等，都有强化学习的参与。

6. 度量学习

在机器学习领域，学习训练样本能得到模型，在模型空间中，样本之间的距离会发生改变。度量学习就是对距离的学习。后续测试样本的分类任务中，我们追求的是准确率。例如，对于如图 1-3 所示的 Fisher 准则下所得到的投影方向 w，两类训练样本投影上去后，它能实现类间离散度与类内离散度比值的最大化，即最利于分类。如果用 x_i 和 x_j 分别表示原始空间中任意两个不同的训练样本，那么它们之间的欧氏距离为

$$d(x_i, x_j) = (x_i - x_j)^T (x_i - x_j)$$

投影之后，两个样本变为 $w^T x_i$ 和 $w^T x_j$，分别记作 y_i 和 y_j，那么投影后的距离为

$$d(y_i, y_j) = (x_i - x_j)^T w w^T (x_i - x_j)$$

如果将 $\boldsymbol{ww}^{\mathrm{T}}$ 记作 $\boldsymbol{M}$，那么度量学习（Metric Learning）的任务就是学习 $\boldsymbol{M}$，使它成为投影空间，并改变投影后样本之间的距离。

根据线性代数理论，投影空间 $\boldsymbol{w}$ 的维度不大于训练样本本身的秩，且 $\boldsymbol{M}$ 是半正定对称矩阵。如图 1-3 所示，原始训练样本是二维的，$\boldsymbol{w}$ 却是一维的。投影后，既做到了数据维度的压缩，更便于计算，也让两类样本的类间距离更远，类内距离更近，更利于分类。

除 Fisher 准则外，度量学习的例子还有很多，比较经典的有主成分分析（Principle Component Analysis，PCA）[12]、局部保持投影（Locality Preserving Projection，LPP）[13]、典型相关分析（Canonical Correlation Analysis，CCA）[14]等。PCA 的思想是先构建总体样本的方差矩阵，再降维，选取能够最大限度保持该方差的少量投影方向；LPP 则是在每个样本附近寻找 k 个近邻样本，构建图嵌入模型矩阵，再通过降维，求出低维线性投影空间来保持这些近邻关系；CCA 根据给定的两组数据，求解出能够体现它们之间最大相关性的若干个投影方向，作为降维后的投影空间。

总结起来，度量学习的本质就是降维，然后将样本投影到低维空间，使其相互之间的距离发生改变，以满足实际的需要（分类、聚类、识别等）。

1.2.3　机器学习的应用及其相关课程介绍

有的读者可能会问，既然人类已经拥有智能，为什么还要研究机器学习方法，让机器取代人脑去判别现实世界中的事物呢？其中一个主要原因是现实中有很多问题人是解决不了的，只能依靠机器。例如，火星探测工程中，依目前现有的技术，人类专家无法亲自到达火星；计算机网络的动态路由分派中，网络环境随时间变化，人类无法手动控制；银行和股票的交易分析中，数据量太大，无法手算……所以，依靠人工智能，机器可以帮我们处理海量数据，还可以帮我们去遥远或危险的地方进行探测等。

因此，机器学习的实际应用例子很多，如垃圾邮件过滤和股票市场分析等。此外，机器学习也可以应用于生物特征（如人脸、指纹、虹膜等）识别、天气预报、风险投资预测、地质勘探等诸多领域。

从总体上看，机器学习方法需要通过计算机编程来实现，而在实现过程中，其以数学为工具，其中涵盖了优化理论、数值计算、矩阵分析、概率与统计、微积分等知识。归纳来说，与机器学习相关的课程及其要点如表 1-1 所示。

表 1-1　与机器学习相关的课程及其要点

课程	与机器学习相关的要点
高级语言编程	C、C++、MATLAB、Python 或 C+MATLAB、C+Python 混合编程等
概率论与数理统计	贝叶斯理论、最大似然估计、生成式模型、高斯混合模型等
优化算法	凸函数判定、导数求解、梯度下降法、牛顿法、拟牛顿法等
线性代数与矩阵分析	线性空间变换、矩阵分解、正定性判别、最小二乘问题等
计算机视觉	图像处理（平滑去噪、轮廓提取、直方图等）、图像语义理解等
数字图像处理	信号离散化、傅里叶变换、图像滤波、小波变换等
数据挖掘	分类、聚类、回归、关联规则、协同过滤等

1.3 深度学习概述

通过 1.1 节和 1.2 节的介绍，我们知道深度学习是机器学习的一个分支。本节将着重介绍深度学习的产生背景、几种常用模型及其应用场合，并介绍一些常见的深度学习开源工具。

1.3.1 深度学习产生的背景

人工智能在 20 世纪 70 年代遭遇了一次低谷，主要原因就在于计算机存储容量和计算性能支撑不了大规模的复杂计算。虽然当时人们认为理论上机器可以按照预先设定的指令去运行，但现实问题是机器效率太低，可行性不足。

过去的很多年里，计算机硬件负载一直较低，能容纳的数据量有限，所以，机器学习的各种方法都要想方设法对原始数据进行降维与压缩，且在学习模型的过程中要不断去除计算过程中产生的冗余数据，以释放内存空间，便于容纳更多的后续数据。近年来，随着计算机硬件技术的发展，处理器的运算速度和存储器的容量都呈现指数级的提升，为巨量的数据处理与存储提供了保障。与此同时，网络技术的突飞猛进也提供了呈爆炸式增长的数据。因此，人类在 21 世纪进入了大数据时代，当年的问题在今天看来已经变得完全可行了。关于大数据的应用、挑战、方法和技术等的介绍，请参阅文献[15]。

在此背景下，Hinton 等人于 2006 年在 *Science* 上发文，认为多隐藏层的人工神经网络通过逐层训练，能得到优异的特征学习能力[16]，自此引发了深度学习研究的热潮。作为机器学习的一个分支领域，深度学习与传统的机器学习方法的不同之处在于：传统机器学习方法是从输入的训练样本中直接学习并得到模型（特征），再去做测试，其中学习到的特征只有一层；而深度学习采用数据驱动的方式，采用非线性变换，从训练样本中提取由低层到高层、由具体到抽象的多层特征[18]，其示意图如图 1-8 所示。虽然两者都提取特征，但从数据量、计算复杂度和模型训练时间的角度看，深度学习要远远超过传统的机器学习方法。

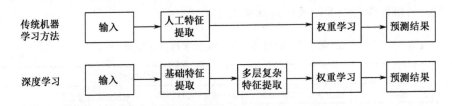

图 1-8 传统机器学习方法与深度学习的区别

尽管如此，巨大的代价换来巨大的回报。在一年一度的 ImageNet（http://www.image-net.org/）图像识别国际竞赛中，2011 年采用传统的机器学习方法达到 26%的错误率，而 2012 年首次采用深度学习技术则将错误率大幅度降至 15.315%。此后，通过不断改进和优化深度学习模型，2015 年将错误率降到 3.567%，已经优于人类识别的 5%的错误率[17]。此外，对于很多以前用传统机器学习方法解决不了或处理不好的问题，如语音识别、自然语言处理、文本识别等，采用深度学习技术后，识别性能均得到了大幅提升。

由上述内容可知，计算机硬件技术的发展让深度学习成了现实，那么深度学习本身是不是凭空产生的呢？肯定不是。在深度学习问世之前，就已经有了人工神经网络、非线性映射、玻尔兹曼机、权值反向传播等概念。深度学习正是在此基础上，与大数据时代背景相结合产生的，并不断完善，一直发展到今天。

说到深度学习的发展，就不得不提及该领域的"三巨头"——Yoshua Bengio、Geoffrey Hinton 和 Yann LeCun。他们为深度学习领域做出了巨大的贡献，因此共同获得了 2018 年图灵奖。

神经网络技术最早始于 20 世纪 50—60 年代，当时称为感知机，只能解决简单的线性二分类问题，对复杂的分类问题束手无策。直到 1983 年，Hinton 在此基础上提出了玻尔兹曼机（Boltzmann Machine），用于解决人工神经网络的复杂问题。1986 年，Hinton 又证明了反向传播（从输出反推到输入）算法有助于神经网络发现数据的内部表示。2012 年，Hinton 团队改进了卷积神经网络，将图像识别的错误率降低了一半。

Bengio 在 20 世纪 90 年代将神经网络与序列概率模型相结合，提出了隐形马尔可夫模型（Hidden Markov Model，HMM），为现在的深度语音识别奠定了基础。2000 年，Bengio 又提出了将高维词向量作为词义表示，在很大程度上影响了现今自然语言处理的发展。2010 年，Bengio 致力于生成性深度学习，他的团队后来又提出了生成对抗网络（Generative Adversarial Net，GAN），在计算机视觉领域引起了很大的轰动。

LeCun 在 20 世纪 80 年代研发出了卷积神经网络，为后来的图像识别提供了理论基础。此外，LeCun 提出了一个早期的反向传播方法 backprop，之后进行了优化改进，加快了反向传播的速度，从而提高了深度学习的效率。在神经网络的推广方面，LeCun 提出了网络的分层特征表示，以构建更为复杂的模块网络。

1.3.2 深度学习的几种常用模型

本节将介绍 5 种常用的深度学习模型：自动编码器、深度神经网络、受限玻尔兹曼机、卷积神经网络和循环神经网络。

1. 自动编码器

自动编码器（AutoEncoder）是一种非监督学习的神经网络模型，在输入层和输出层之间有一个潜藏的隐藏层。它通过编码和解码两个不同的函数映射过程来学习信号的潜在结构，如图 1-9 所示[19]。具体来说，编码的过程就是把原始的输入数据 X（图像、语音等）通过线性加权后，非线性地映射到低维的编码机上，映射后的数据为 y。所以，如果该映射为 f，那么编码的表达式就是 $y = f(X)$。解码的过程则是通过另一个映射 g，将 y 加权后反向地映射到 X' 上，记作 $X' = g(y)$。通过不断迭代优化每层的连接权值，自动编码器会自动更新整个网络的权值，从而调整映射函数，使重构数据 X' 不断接近原始数据 X，即做到两者误差最小化。

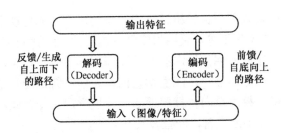

图 1-9　自动编码器示意图[19]

2. 深度神经网络

深度神经网络（Deep Neural Network，DNN）是一种全连接的神经网络，如图 1-10 所示[17]。在网络的同层次与不同层次的节点之间构造两两的连接关系（边），并为所有的边分别赋予一定的权重，通过不断调节网络节点的权重，能学习数据固有的内在表示。

深度神经网络通常用于图像识别和语音识别。这种网络的缺陷有如下两个方面：①由于是全连接，边的数量多，自然会导致要训练的权重参数太多，费时费力，从而使该类型网络的广度和深度受到限制；②由于每个节点相互独立，因此在图像识别方面顾及不到相邻像素点的局部几何关系，在语音识别方面也不考虑音节、音调的前后顺序。

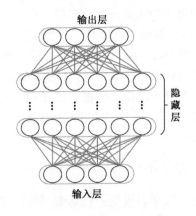

图 1-10　深度神经网络示意图[17]

3. 受限玻尔兹曼机

1.3.1 节中提到，玻尔兹曼机是由 Hinton 提出的。在此基础上，他又做了改进，提出了受限玻尔兹曼机（Restricted Boltzmann Machine，RBM）。RBM 是一个隐藏层与可见层相互连接的双向图模型结构网络，同层节点之间相互独立（无连接边），如图 1-11 所示[20]。传统的玻尔兹曼机无论是同层的还是非同层的，均有连接，因此学习效率不及 RBM。

根据热力学定律，物体温度越低，内部状态越稳定，达到稳态后内部各元素之间的关系会趋于稳定。RBM 就是一种模拟能量下降过程的非监督学习方法。在 RBM 中，假设可见层节点个数为 N_x，隐藏层节点个数为 N_h，每个节点都是{0,1}二值状态（要么是 0，要么是 1），两个层次之间的连接权值为 $W \in \mathbf{R}^{N_x \times N_h}$，即边的总数是 $N_x \times N_h$。在 RBM

的能量建模中，假设每条边都有能量，且独立分布。通过建立并学习总体能量函数，使该模型总能量不断下降并达到稳态，能够模拟数据的真实分布，从而得到输入数据与潜在因子（隐藏层）之间的关系，即 W 的最优解。

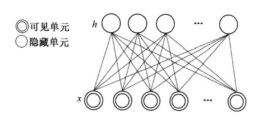

图 1-11 受限玻尔兹曼机示意图[20]

4. 卷积神经网络

卷积神经网络（Convolutional Neural Network，CNN）是深度神经网络中最常见的模型之一，它由卷积层、池化层（下采样）、全连接层三要素构成，如图 1-12 所示[17]。在卷积层中，卷积核算子能够提取二维图像的局部特征，如轮廓提取、图像平滑等，使得 CNN 对图像的平移、旋转和尺度变换等具有稳健性。在 CNN 中，输入的是二维原始图像。卷积核的尺寸、卷积核算子、卷积核的个数都可以人为设定。池化层通过下采样将卷积后得到的高分辨率的特征图像转换成低分辨率图像（图像维度缩减，权重个数也相应减少），同时保持图像的局部特征。全连接层将池化后的各低维特征图像全部拉直并排列成一个一维向量，再经过非线性映射连接到输出端的类别标签信息。

除每层的节点个数外，层次的个数也可以人为设定。例如，图 1-12 中设置了两个卷积层和两个池化层，也可以设置三层卷积和三层下采样，甚至更多。一般来说，卷积之后紧跟着下采样。当然，层数越多，网络结构越复杂，训练起来越费时。为了防止复杂网络由精度过高带来的过拟合（Overfitting）问题，Hinton 等人提出了"dropout"技术，即在每次训练迭代中随机丢弃一部分边及其权重，取得了一定的效果。

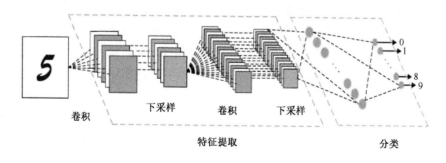

图 1-12 卷积神经网络示意图[17]

5. 循环神经网络

在卷积神经网络中，信号只能从输入端逐层向前传递，且不同时刻的信号相互独立。循环神经网络（Recurrence Neural Network，RNN）可以把上一时刻处理完毕的输出结果 W 与下一时刻本身的输入 U 共同作为输入，参与下一时刻的运算，如图 1-13 所示[17]。

该网络能够有效地对信号序列随时间变化的过程建模，目前广泛应用在语音识别、自然语言处理等方面。

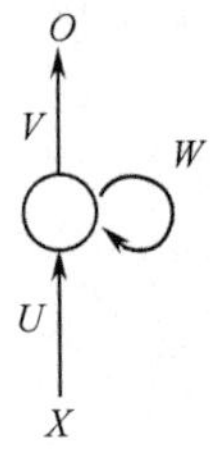

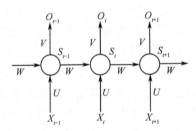

图 1-13　循环神经网络示意图[17]

RNN 信号随时间序列的展开如图 1-14 所示[17]。不难看出，O_{t+1} 时刻的输入其实是由该时刻本身的输入与 O_t 时刻的输出共同组成的；而 O_t 时刻的输出有一部分又取决于 O_{t+1} 时刻的输出，以此往前递推。总结起来，每个时间节点上的输出，都是该时间点上自身的输入与历史累计输出共同作用的结果。先前时间越久远的输出，对当前 O_{t+1} 时刻的结果影响越小。

图 1-14　RNN 信号随时间序列展开图[17]

1.3.3　深度学习的应用场合

深度学习最早应用于图像识别，但在短短几年内，深度学习广泛应用于各领域，如在语音识别、音频处理、自然语言处理、机器人、生物信息处理、化学、计算机游戏、搜索引擎、网络广告投放、医学自动诊断和金融等领域均有应用。本节将着重介绍 3 种应用场景：人体姿态的三维复原、网站的隐私保护和自然场景中的文字提取与识别。

1. 人体姿态的三维复原

近年来，随着人们对 3D 电影和 3D 动画的兴趣越来越浓厚，基于视频的 3D 人体姿态复原受到越来越多的关注。如何将从单目镜中所看到的传统二维图像转换成既具有远近距离感，又形象生动的三维立体图效果，是图像语义理解中的一个难题。文献[21]设计了一种多模态特征融合+自动编码器的深度网络结构，从原始 2D 特征到重构的 3D 特征的映射训练过程中，采用了反向传播（Back Propagation，BP）来调节网络节点间的权重，进而学习映射函数，使映射前后的特征误差最小化。与传统的非深度训练方法相比，该方法将复原后的正确率提高了 20%～25%。如图 1-15 所示，第一行是原始二维图像，第二行是深度编码器所复原的三维图像，第三行是其他方法复原的三维图像。不难看出，深度学习方法对人体姿态的表述更准确（倾斜、侧身、迎面、背面等），即对图像语义的理解更正确。

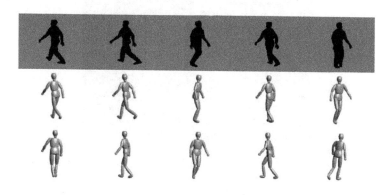

图 1-15　人体姿态复原示意图[21]

第一行：原始二维图像；第二行：深度编码器复原的三维图像；
第三行：其他方法复原的三维图像

2. 网站的隐私保护

如今，智能联网的手机越来越普及，手机拍照的清晰度也在不断提高。很多人喜欢拍照片，然后分享到网络社交平台上。虽然可以设置可见权限，如指定好友可见、家人可见等，但在默认的情况下，网络上被分享的照片是人人可见的。尤其是一些人的隐私保护意识淡薄，不经意间泄露的照片很可能影响他们日后的生活。

Image Privacy 即 iPrivacy[22]，是一种大数据量+多层次结构+多主题的网络图片隐私保护方法，它的具体实现依赖深度卷积神经网络。该方法统计社交网络上任意两人之间的共同好友个数或者其他方面共享的程度，以衡量他们之间的关联度，并据此赋予一定权重。以此类推，其根据社交网站中海量人群中两两之间的关联度，构建深度关系网，最后采用关系网+稀疏表示的模型并对其进行训练来提取特征。实验结果表明，iPrivacy方法能够自动识别社交网站上哪些图片涉及个人隐私，并进行模糊处理。

3. 自然场景中的文字提取与识别

在计算机视觉领域，从自然场景图像中读取文字，是一项非常热门且意义非凡的研究工作。它的整个过程包含两个部分：文字提取（检测）和文字识别。由于很多已有的自然场景图像中没有文字，因此训练样本数量严重不足。对此，英国牛津大学的 Gupta 等人用谷歌图片搜索引擎获取了 8000 张不同主题、不同场景的图像，并从 Newsgroup 20 数据库中提取了若干个 3～7 行不等的文字，将两者随机结合后一共产生了 800000 张人工合成图像，如图 1-16 所示。

随后，Gupta 等人[23]以人工合成图像作为训练样本，采用深度卷积回归网络做监督训练，并采用大小不同的多个卷积核算子来提取文字信息，以克服文字多角度、多尺度、旋转及侧身所带来的不确定性。该方法能有效定位并标出测试图像中的文字，准确率达到 80%以上。

图 1-16 从自然场景+文字的人工合成图像中检测出文字（线框标出）[23]

接下来对提取的文字进行识别。对此，Shi 等人[24]提出了卷积循环神经网络模型（CRNN），其具体由 3 个部分组成：卷积层、循环层和转录层。在卷积层中，将提取的文字从左到右划分成若干序列，并依次做卷积变换以提取特征序列，如图 1-17 所示；在循环层，采用类似 RNN 的长短期记忆（Long Short-Term Memory，LSTM）模型[25]，根据特征序列间的依赖关系去判断文字序列中单个特征的取舍；在转录层，将提取的文字特征与词库中的单词进行匹配。词库越丰富，CRNN 的识别效果越好。

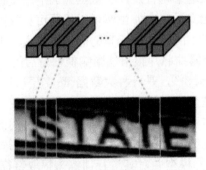

图 1-17 输入的原始图像文字（下方）和卷积变换后的序列特征（上方）[23]

1.3.4 深度学习开源工具

当前，主流的深度学习开源工具介绍如表 1-2 所示。

表 1-2 主流深度学习开源工具介绍

名称	支持语言	说明	下载网址
Caffe	C++、Python、MATLAB	UC Berkerley BVLC 实验室发布的深度学习开源工具，是目前全世界应用最广泛的深度学习平台之一	https://github.com/BVLC/caffe
TensorFlow	C++、Python	谷歌发布的机器学习开发工具，支持多 CPU、多 GPU 计算及 CNN、RNN 等深度学习模型	https://github.com/tensorflow/tensorflow

续表

名称	支持语言	说明	下载网址
MXNet	C++	百度牵头组织的机器学习联盟发布的 C++ 深度学习工具库	https://github.com/dmlc/mxnet
Theano	Python	基于 Python 语言的深度学习开源工具	https://github.com/Theano/Theano
Paddle	Python	百度自行研发推出的开源深度学习平台，支持多操作系统和多 GPU 计算	https://www.paddlepaddle.org.cn/
DMTK	C/C++	微软发布的一套通用的深度学习开源工具，支持分布式计算	https://github.com/Microsoft/DMTK

习题

1. 什么是人工智能？概述人工智能产生的基础条件。
2. 人工智能在最近几十年的发展分别经历了哪些阶段？
3. 人工智能、机器学习与深度学习之间的关系是什么？
4. 什么是模型？它与特征提取、分类分别有什么关系？
5. 机器学习中，半监督学习是如何把监督和非监督结合起来的？
6. 请简述机器学习与深度学习的区别和联系。
7. 深度学习领域"三巨头"是指哪三个人？他们分别有什么贡献？
8. 深度学习有哪些主流开源工具？
9. 深度学习有哪些常用模型？
10. 掌握 Python 软件的安装和使用。

参考文献

[1] 朱福喜. 人工智能[M]. 3 版. 北京：清华大学出版社，2016.

[2] 周志华. 机器学习[M]. 北京：清华大学出版社，2016.

[3] 刘鹏，赵海峰. 深度学习[M]. 北京：电子工业出版社，2018.

[4] FISHER R A. The use of multiple measurements in taxonomic problems[J]. Annals of Eugenics, 1936, 7(2): 178-188.

[5] CHRISTOPHER M B. Pattern Recognition and Machine Learning[M]. NY: Springer, 2016.

[6] ROKACH L. Ensemble-based classifiers[J]. Artificial Intelligence Review, 2010, 33(1): 1-39.

[7] SCHAPIRE R. The strength of weak learnability[J]. Machine Learning, 1990, 5(2): 197-227.

[8] FREUND Y, SCHAPIRE R. A short introduction to boosting[J]. Journal of Japaness Society for Artificial Intelligence, 1999, 14(5): 771-780.

[9] FREUND Y, SCHAOIRE R. A decision-theoretic generalization of on-line learning and an

application to boosting[J]. Computational Learning Theory. Lecture Notes in Computer Science, 1995, 904: 23-37.

[10] BREIMAN L. Bagging predictors[J]. Machine Learning, 1996, 24(2): 123-140.

[11] BARTO A G, SUTTON R S. Reinforcement Learning: An Introduction[M]. Cambridge: MIT Press, 1998.

[12] PEARSON K. On lines and Planes of Closest Fit to Systems of Points in Space[J]. Philosophical Magazine, 1901, 2(6): 559-572.

[13] HE X F, YAN S C, HU Y X, et al. Face recognition using laplacianfaces[J]. Journal of IEEE Transactions on Pattern Analysis and Machine Intelligence, 2005, 27(3): 328-340.

[14] HOTELLING H. Relations between two sets of variables[J]. Biometrika, 1936, 28: 312-377.

[15] PHILIP C C L, ZHANG C Y. Data-intensive applications, challenges, techniques and technologies: A survey on Big Data[J]. Information Science, 2014, 275(11): 314-347.

[16] HINTON G, SALAKHUTDINOV R R. Reducing the dimensionality of data with neural networks[J]. Science, 2006, 313(5786): 504-507.

[17] 张军阳，王慧丽，郭阳，等. 深度学习相关研究综述[J]. 计算机应用研究，2018, 35(321) (7): 7-14, 22.

[18] 沈先耿. 深度学习综述[J]. 数字化用户，2017(11): 63.

[19] 韩小虎，徐鹏，韩森森. 深度学习理论综述[J]. 计算机时代，2016, 6: 107-110.

[20] 刘建伟，刘媛，罗雄麟. 深度学习研究进展[J]. 计算机应用研究，2014, 31(7): 7-16, 28.

[21] HONG C, YU J, WAN J, et al. Multimodal Deep Auto-encoder for Human Pose Recovery[J]. IEEE Transactions on Image Processing, 2015, 24(12): 5659-5670.

[22] YU J, ZHANG B, KUANG Z, et al. iPrivacy: Image Privacy Protection by Identifying Sensitive Objects via Deep Multi-Task Learning[J]. IEEE Transactions on Information Forensics and Security, 2017, 12(5): 1005-1016.

[23] GUPTA A, VEDALDI A, ZISSERMAN A. Synthetic Data for Text Localisation in Natural Images[C]. IEEE Conference on Computer Vision and Pattern Recognition(CVPR), 2016.

[24] SHI B, BAI X, YAO C. An End-to-End Trainable Neural Network for Image-based Sequence Recognition and Its Application to Scene Text Recognition[J]. IEEE Transactions on Pattern Analysis & Machine Intelligence, 2015, 39(11): 2298-2304.

[25] GRAVES A. Supervised Sequence Labeling with Recurrence Neural Networks[M]. Berlin: Springer, 2012.

第 2 章　简单模型

机器学习中有各种各样的模型，这些模型让人眼花缭乱，但从本质上看，这些模型都来源于几个简单的模型，即 KNN 算法、线性回归、逻辑回归。KNN 算法又称 K 近邻算法，是一种最简单的分类算法。线性回归是一种有监督的学习算法，它的自变量和因变量之间是线性相关的。逻辑回归实际上是一种二分类的学习算法，它和线性回归都属于广义线性模型，而在决策制定等领域，逻辑回归的应用更加广泛[1]。

简单模型形式简单、易于建模，蕴含着机器学习中一些重要的基本思想。将不同的改进方式融入简单模型的基本思想中，就可以得到各种各样的复杂的机器学习方法。

2.1　KNN 算法

KNN（K-Nearest Neighbor）算法又称 K 近邻算法，是最简单的机器学习分类算法之一。所谓 K 近邻，是指 K 个最近的邻居，即每个样本都可以用与它最近的 K 个邻居来代表。KNN 算法是基于实例的学习（Instance-based Learning），属于非参数模型，它学习的不是明确的泛化模型，而是样本之间的关系。当新样本到来时，这种学习方式不会用拟合好的算式去计算输出结果或输出结果的概率，而是根据这个新样本和训练样本之间的关系来确定它的输出[2-7]。

KNN 算法的应用领域包括文本处理、模式识别、计算机视觉、通信工程、生物工程等。

2.1.1　算法原理

下面以一个实例来说明 KNN 算法原理。假定有 8 位同学，其身高与性别如表 2-1 所示。

表 2-1　身高与性别对应表

身高（cm）	165	166	172	175	178	180	185	170
性别	女	男	女	男	男	男	男	男

现在有一个身高为 183cm 的同学，不知道他（她）的性别。根据"少数服从多数"的原则，可猜测这位同学的性别最大的可能是男。如果用 KNN 算法思想还原"少数服从多数"的原则，可按以下步骤：

（1）求这位同学与其他同学的身高差。

（2）设定一个 K 值，选择与这位同学身高相差最小的 K 个同学。

（3）在这 K 个同学中，哪种性别的人多，就认为这位同学属于哪种性别。

设 K 为 5，计算这位同学与其他同学的身高差的绝对值，如表 2-2 所示。

表 2-2 K 近邻（身高差）与性别对应表

身高差（cm）	18	17	11	8	5	3	2	13
性别	女	男	女	男	男	男	男	男

与这位同学身高差最接近的 5 位同学中，有 4 位男生，1 位女生，所以，认为这位同学也是男生。

现实中，肯定不仅考虑身高，还要考虑体重、头发长度等因素。算法的思想还是一样的，这时"距离"为欧氏距离。

一般，对于给定的样本集 $Z = \{(\boldsymbol{x}_0, y_0), (\boldsymbol{x}_1, y_1), \cdots, (\boldsymbol{x}_m, y_m)\}$，其中，$\boldsymbol{x}_i \in \mathbf{R}^n$ 为实例样本的特例向量，$y_i \in \{c_0, c_1, \cdots, c_n\}$ 为实例的标签或类别，那么，如何判断一个新样本的类别？依照判别一个人性别的思想方法，KNN 算法原理是在特征空间中查找 K 个最相似或者距离最近的样本，然后根据 K 个最相似的样本对未知样本进行分类。

2.1.2 算法步骤

构建 KNN 算法主要分为 4 步：算距离、排序、取近邻和做决策。

（1）算距离：计算新样本与已知样本空间中所有样本点的距离。常用的距离有欧式距离和夹角余弦距离。

（2）排序：对所有距离按升序排列。

（3）取近邻：确定并选取与未知样本距离最小的 K 个样本或点。选定合适的 K 值，对分类的效果尤为重要。

（4）做决策：得到 K 近邻列表，采用多数表决的方法对样本进行分类。

2.1.3 算法描述

算法 2-1 是对 KNN 算法的描述。首先计算新样本与所有样本点 $(\boldsymbol{x}_i, y_i) \in Z$ 之间的距离，得到近邻列表 $\boldsymbol{D}_Z$，然后根据列表的分类以多数判决的规则决定新样本的分类。

算法 2-1 KNN 算法

输入：训练数据集 Z；可调参数 K；新样本的特征向量。

1：**for all** $\boldsymbol{x}_{ji}$ **do**

2：计算新样本 $\boldsymbol{x}_{ji}$ 与已知样本空间中每个点 $(\boldsymbol{x}_i, y_i) \in Z$ 的距离；

3：对所有距离按升序排列，得到近邻列表 $\boldsymbol{D}_Z$；

4：多数表决 $y_{ji} = \underset{c}{\arg\max} \sum_{(\boldsymbol{x}_i, y_i) \in \boldsymbol{D}_Z} I(c = y_{ji})$；

5：**end for**

输出：新样本的类别。

其中，c 为类别标签，$I(c = y_{ji})$ 为指示函数，如果参数为真，则值为 1；如果参数为假，则值为 0。

2.1.4 算法评价

KNN 算法不仅可以用于分类，还可以用于回归。它具有以下 4 个优点：①模型简单，容易理解，易于实现，并且无须估计参数，也无须训练；②特别适合对离散类型的事件进行分类；③适合多分类问题（对象具有多个类别标签），比 SVM 的表现要好；④精度高、对异常值不敏感、无数据输入假定。

由于 KNN 算法实现相对简单，难以处理复杂的情况，在实际应用中也存在一定的缺陷，包括以下几方面。①当样本不平衡，如一个类的样本容量很大，而其他类的样本容量很小时，有可能导致当输入一个新样本时，该样本的 K 个邻居中大容量类的样本占多数。该算法只计算"最近的"邻居样本，若某一类的样本数量很大，那么或者这类样本并不接近目标样本，或者这类样本很靠近目标样本。无论怎样，数量并不能影响运行结果。②计算量较大，因为对每一个待分类的文本都要计算它到全体已知样本的距离，才能求得它的 K 个最近邻点。③可解释性差，无法给出像决策树那样的规则。

2.1.5 算法实例

假设有一个女生要找一个男朋友，她收集了某网站上的一些男士的以下数据：①每天的运动时间；②每天玩游戏的时间；③每天的学习时间；④类别。在输出结果中，3 表示优先见面，2 表示再考察，1 表示没兴趣。具体程序如下。

```python
from numpy import *
import operator
def classify(inMat,dataSet,labels,k):
    dataSetSize=dataSet.shape[0]
#KNN 算法的核心就是欧式距离的计算，以下 3 行计算待分类点和训练集中的任意一点的欧式距离
    diffMat=tile(inMat,(dataSetSize,1))-dataSet
    sqDiffMat=diffMat**2
    distance=sqDiffMat.sum(axis=1)**0.5
#接下来是一些统计工作
    sortedDistIndicies=distance.argsort()
    classCount={}
    for i in range(k):
        labelName=labels[sortedDistIndicies[i]]
        classCount[labelName]=classCount.get(labelName,0)+1;
    sortedClassCount=sorted(classCount.items(),key=operator.itemgetter(1),reverse=True)
    return sortedClassCount[0][0]

def file2Mat(testFileName,parammterNumber):
    fr=open(testFileName)
    lines=fr.readlines()
    lineNums=len(lines)
    resultMat=zeros((lineNums,parammterNumber))
```

```
        classLabelVector=[]
        for i in range(lineNums):
            line=lines[i].strip()
            itemMat=line.split('\t')
            resultMat[i,:]=itemMat[0:parammterNumber]
            classLabelVector.append(itemMat[-1])
        fr.close()
        return resultMat,classLabelVector;
```

为了防止某个属性对结果产生很大的影响，如当 3 种属性取值分别为 10000、4.5、6.8 时，10000 就对结果起了决定性作用，做如下优化。

```
def autoNorm(dataSet):
    minVals=dataSet.min(0)
    maxVals=dataSet.max(0)
    ranges=maxVals-minVals
    normMat=zeros(shape(dataSet))
    size=normMat.shape[0]
    normMat=dataSet-tile(minVals,(size,1))
    normMat=normMat/tile(ranges,(size,1))
    return normMat,minVals,ranges
def test(trainigSetFileName,testFileName):
    trianingMat,classLabel=file2Mat(trainigSetFileName,3)
    trianingMat,minVals,ranges=autoNorm(trianingMat)
    testMat,testLabel=file2Mat(testFileName,3)
    testSize=testMat.shape[0]
    errorCount=0.0
    for i in range(testSize):
        result=classify((testMat[i]-minVals)/ranges,trianingMat,classLabel,3)
        if(result!=testLabel[i]):
            errorCount+=1.0
    errorRate=errorCount/(float)(len(testLabel))
    return errorRate;
if __name__=="__main__":
    errorRate=test('datingTrainingSet.txt','datingTestSet.txt')
    print("the error rate is :%f"%(errorRate))
```

2.2 线性回归

在数理统计中，回归分析是确定多种变量间相互依赖的定量关系的方法。在众多回归分析方法中，线性回归是回归分析中第一种经过严格研究，并在实际应用中广泛使用的类型，其估计结果的统计特性也更容易确定。在机器学习中，回归问题隐含了输入变量和输出变量均可连续取值的前提。因而，利用线性回归可以对任意输入给出对输出的估计，它能以简洁明了的方式清晰地体现输入的变化如何导致输出的变化[8-10]。

如果回归分析中只包括一个自变量和一个因变量，且二者的关系可用一条直线近似表示，则这种回归分析称为一元线性回归分析。如果回归分析中包括两个或两个以上的自变量，且因变量和自变量之间是线性关系，则称其为多元线性回归分析。

线性回归最大的优点不是计算，而是便于解释或预测，其广泛应用于流行病的预测，以及风险性资产控制、消费支出、定投资支出、劳动力需求与供给等方面的预测。

2.2.1　算法原理

下面以实例说明算法原理。某个人到银行贷款，假设银行根据一个人的工资和年龄决定他的贷款额度，这时就需要找到工资、年龄和贷款额度之间的关联，如表 2-3 所示。

表 2-3　贷款额度对应表

工资（元）	年龄（岁）	贷款额度（元）
4000	25	20000
8000	30	70000
5000	28	35000
7500	33	50000
12000	40	85000

假设 x_1 = 年龄，x_2 = 工资，$h_\theta(x)$ = 银行贷款额度，则有

$$h_\theta(x) = \theta_1 x_1 + \theta_2 x_2 \qquad (2\text{-}1)$$

这里的 θ_1 是年龄的参数，θ_2 是工资的参数。一旦 θ_1、θ_2 的值确定下来，就可以预测一个客户能贷到多少款了。

在实际数据应用中，通常把上述公式记为如下形式：

$$h_\theta(x) = \theta_0 x_0 + \theta_1 x_1 + \theta_2 x_2 \qquad (2\text{-}2)$$

式中，θ_0 称为偏置项，x_0 恒等于 1。

一般地，给定数据集中的每个样本，用向量 $x = (x_0, x_1, \cdots, x_n)$ 表示每个实例样本，其中 x_i 表示样本的第 i 个属性（特征）的取值，建立一个线性回归模型 h，此时 $h_\theta(x)$ 可表示为

$$h_\theta(x) = \sum_{i=0}^{n} \theta_i x_i = x\theta \qquad (2\text{-}3)$$

式中，$\theta = (\theta_0, \theta_1, \cdots, \theta_n)^{\mathrm{T}}$。

之所以称为线性回归模型，主要是因为模型是样本的不同属性（特征）的线性组合，其中 $\theta_i (i = 0, 1, \cdots, n)$ 为组合系数（参数）。

假设数据集中共有 N 个样本，样本的属性（特征）的数目 n 远远小于数据的数目 N，则样本空间变成了 $N \times (n+1)$ 维的数据矩阵 X，它的每行表示同一个样本的不同属性，每列表示不同样本中的相同属性。理想的状态是待拟合数据的任意两个属性都线性无关，不同的属性张成 N 维空间之内的 n 维生成子空间，或者称为 n 维超平面。这个超平面的每个维度都对应着数据集的一个列向量。理想条件下，输出 $h_\theta(x)$ 作为属性的线性组合，

也应该出现在由数据属性构成的超平面上。但受噪声影响，真正的 $h_\theta(x)$ 是超平面之外的一个点，如图 2-1 所示。图中，灰色区域表示由所有属性张成的超平面；向量 x_1 和向量 x_2 表示输入属性；实线 y 表示真实输出，水平虚线 $h_\theta(x)$ 表示数据的最优估计值（属性的线性组合）。

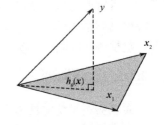

图 2-1 线性回归模型的几何意义

2.2.2 模型求解

正如前例所说，只要参数确定就可以预测某个人能够贷到多少款，所以，模型的求解实际上是确定模型的系数。

从几何意义上讲，在超平面上找到 y 的最佳近似，就是要找 y 在超平面上的投影 $h_\theta(x)$，而最佳近似所对应的系数 θ 就是线性回归的解，点 $h_\theta(x) = \sum_{i=0}^{n} \theta_i x_i = x\theta$ 和 y 之间的距离就是估计误差，又称残差，正好对应图 2-1 中的垂直虚线，它与超平面正交。

欲求最佳近似所对应的系数 θ，只要使预测输出 $h_\theta(x)$ 和真实输出 y 之间的残差 ε 达到最小即可，而残差是以均方误差来表示的，以均方误差取得最小值为目标的模型求解方法是最小二乘法。对式 $\|x\theta - y\|^2$ 求关于参数 θ 的导数，不难得到，能够使均方误差最小化的参数 θ 应该满足 $(x\theta - y)^\mathrm{T} \cdot x = 0$。这个式子说明了最小二乘法的几何意义：计算高维空间上的输出结果在由所有属性共同定义的低维空间上的正交投影。

从概率论的观点出发，本质上，线性回归得到的结果是统计意义上的拟合结果[11]。训练中使用的真实样本点是带有噪声的，在单变量的情形下，每个样本点可能都没有落在求得的直线上，从而与回归模型之间产生了偏差 $\varepsilon^{(i)}$，这里的误差是可以看作独立同分布的，服从均值为 0、方差为 δ^2 的高斯分布。对最优参数的求解就可以利用最大似然估计的方式进行：在已知样条数据及其分布的条件下，找到使样本数据以最大概率出现的假设。

首先，写出似然函数 $y^{(i)} = x^{(i)}\theta + \varepsilon^{(i)}$，其中第 i 个样本 $x^{(i)}$ 出现的概率实际上就是噪声 $\varepsilon^{(i)}$ 的概率，即

$$p\left(\varepsilon^{(i)}\right) = \frac{1}{\sqrt{2\pi}\sigma} \exp\left(-\frac{\left(\varepsilon^{(i)}\right)^2}{2\sigma^2}\right) \tag{2-4}$$

也可以写作

$$p\left(y^{(i)}\middle|x^{(i)}, \theta\right) = \frac{1}{\sqrt{2\pi}\sigma} \exp\left(-\frac{\left(y^{(i)} - x^{(i)}\theta\right)^2}{2\sigma^2}\right) \tag{2-5}$$

相互独立的所有样本同时出现的概率则是每个样本出现概率的乘积，即

$$L(\boldsymbol{\theta}) = \prod_{i=0}^{N}\left(y^{(i)}\middle|\boldsymbol{x}^{(i)},\boldsymbol{\theta}\right) = \prod_{i=0}^{N}\frac{1}{\sqrt{2\pi}\sigma}\exp\left(-\frac{\left(y^{(i)}-\boldsymbol{x}^{(i)}\boldsymbol{\theta}\right)^2}{2\sigma^2}\right) \tag{2-6}$$

而最大似然估计的任务就是让式（2-6）的取值最大。对式（2-6）两边取对数，可得

$$\begin{aligned}
l(\boldsymbol{\theta}) &= \ln L(\boldsymbol{\theta}) = \ln\prod_{i=0}^{N}\left(y^{(i)}\middle|\boldsymbol{x}^{(i)},\boldsymbol{\theta}\right) \\
&= \ln\prod_{i=0}^{N}\frac{1}{\sqrt{2\pi}\sigma}\exp\left(-\frac{\left(y^{(i)}-\boldsymbol{x}^{(i)}\boldsymbol{\theta}\right)^2}{2\sigma^2}\right) \\
&= \sum_{i=0}^{N}\ln\frac{1}{\sqrt{2\pi}\sigma}\exp\left(-\frac{\left(y^{(i)}-\boldsymbol{x}^{(i)}\boldsymbol{\theta}\right)^2}{2\sigma^2}\right) \\
&= N\ln\frac{1}{\sqrt{2\pi}\sigma} - \frac{1}{\sigma^2}\frac{1}{2}\sum_{i=0}^{N}\left(y^{(i)}-\boldsymbol{x}^{(i)}\boldsymbol{\theta}\right)^2
\end{aligned}$$

令

$$J(\boldsymbol{\theta}) = \frac{1}{2}\sum_{i=0}^{N}\left(h_{\theta}\left(x^{(i)}\right)-y^{(i)}\right)^2 \tag{2-7}$$

则求 $L(\boldsymbol{\theta})$ 的最大值就转化为求 $J(\boldsymbol{\theta})$ 的最小值了。所以，从概率意义出发的最大似然估计与从几何意义出发的最小二乘法是等价的。因而，使均方误差最小化的参数就是和训练样本匹配的最优模型。

如何确定参数使得 $J(\boldsymbol{\theta})$ 取得最小值呢？一种方法是利用正规方程求解方法，假设有 N 个 n 维样本组成的矩阵 $\boldsymbol{X}$，$\boldsymbol{X}$ 的每行对应一个样本，共 N 个样本；$\boldsymbol{X}$ 的每列对应样本的一个维度（属性或特征），共 n 维；额外加一个一维的常数项，全为 1，则使模型取得最小值的表达式为

$$J(\boldsymbol{\theta}) = \frac{1}{2}\sum_{i=0}^{N}\left(h_{\theta}\left(\boldsymbol{X}^{(i)}\right)-y^{(i)}\right)^2 = \frac{1}{2}(\boldsymbol{X}\boldsymbol{\theta}-\boldsymbol{y})^{\mathrm{T}}(\boldsymbol{X}\boldsymbol{\theta}-\boldsymbol{y}) \tag{2-8}$$

式中，$\boldsymbol{y} = [y^{(1)},\cdots,y^{(N)}]^{\mathrm{T}}$ 是这 N 个点对应的真实输出。

对 $J(\boldsymbol{\theta})$ 求关于 $\boldsymbol{\theta}$ 的偏导数，即

$$\begin{aligned}
\frac{\partial\left(J(\boldsymbol{\theta})\right)}{\partial\boldsymbol{\theta}} &= \frac{\partial\left(\frac{1}{2}(\boldsymbol{X}\boldsymbol{\theta}-\boldsymbol{y})^{\mathrm{T}}(\boldsymbol{X}\boldsymbol{\theta}-\boldsymbol{y})\right)}{\partial\boldsymbol{\theta}} \\
&= \frac{1}{2}\frac{\partial\left(\boldsymbol{\theta}^{\mathrm{T}}\boldsymbol{X}^{\mathrm{T}}\boldsymbol{X}\boldsymbol{\theta}-\boldsymbol{\theta}^{\mathrm{T}}\boldsymbol{X}^{\mathrm{T}}\boldsymbol{y}-\boldsymbol{y}^{\mathrm{T}}\boldsymbol{X}\boldsymbol{\theta}+\boldsymbol{y}^{\mathrm{T}}\boldsymbol{y}\right)}{\partial\boldsymbol{\theta}} \\
&= \frac{1}{2}\left(2\boldsymbol{X}^{\mathrm{T}}\boldsymbol{X}\boldsymbol{\theta}-\boldsymbol{X}^{\mathrm{T}}\boldsymbol{y}-\left(\boldsymbol{y}^{\mathrm{T}}\boldsymbol{X}\right)^{\mathrm{T}}\right) \\
&= \boldsymbol{X}^{\mathrm{T}}\boldsymbol{X}\boldsymbol{\theta}-\boldsymbol{X}^{\mathrm{T}}\boldsymbol{y}
\end{aligned} \tag{2-9}$$

再令偏导数等于0，即有 $\theta = \left(X^{\mathrm{T}} X \right)^{-1} X^{\mathrm{T}} y$，这样不用经过训练就可以直接利用该式计算线性回归模型的最优解。

这种基于最小二乘法来计算均方误差最小值参数的方法，是一种完全的数学描述方法，此方法要求 $X^{\mathrm{T}} X$ 是列满秩的[12,13]。但是，大多数情况下，样本属性的个数会远远超过样本的个数或样本之间出现多重共线性。例如，$X = \begin{pmatrix} 1 & 2 & 2 \\ 2 & 5 & 4 \\ 2 & 3 & 4 \end{pmatrix}$ 的第一列和第三列存在两倍关系，即存在多重共线性，则

$$X^{\mathrm{T}} X = \begin{pmatrix} 1 & 2 & 2 \\ 2 & 5 & 3 \\ 2 & 4 & 4 \end{pmatrix} \begin{pmatrix} 1 & 2 & 2 \\ 2 & 5 & 4 \\ 2 & 3 & 4 \end{pmatrix}$$

$$= \begin{pmatrix} 9 & 18 & 18 \\ 18 & 38 & 36 \\ 18 & 36 & 36 \end{pmatrix}$$

又如，$X = \begin{pmatrix} 2 & 5 & 2 \\ 6 & 1 & 3 \end{pmatrix}$ 的列数比行数多，即是非满秩的，则

$$X^{\mathrm{T}} X = \begin{pmatrix} 1 & 6 \\ 2 & 1 \\ 5 & 3 \end{pmatrix} \begin{pmatrix} 1 & 2 & 5 \\ 6 & 1 & 3 \end{pmatrix}$$

$$= \begin{pmatrix} 37 & 8 & 23 \\ 8 & 5 & 13 \\ 23 & 13 & 24 \end{pmatrix}$$

以上两种情况都有 $\left| X^{\mathrm{T}} X \right| = 0$，这样的话，$X^{\mathrm{T}} X$ 就会出现不可逆，从而导致存在解不唯一的情况，这也意味着过拟合。

解决的方法是采用正则化方法，即在 $\theta = \left(X^{\mathrm{T}} X \right)^{-1} X^{\mathrm{T}} y$ 中增加一个正实数 λ，称之为复杂度惩罚因子或超参数，于是 $\theta = \left(X^{\mathrm{T}} X + \lambda I \right)^{-1} X^{\mathrm{T}} y$。

由于 $\lambda > 0$，因此，对任意一个非零向量 u，有

$$u^{\mathrm{T}} \cdot \left(X^{\mathrm{T}} X + \lambda I \right) \cdot u = u^{\mathrm{T}} X^{\mathrm{T}} X u + u^{\mathrm{T}} \lambda u > 0$$

从而 $X^{\mathrm{T}} X + \lambda I$ 是正定的，即可逆。所以 $\theta = \left(X^{\mathrm{T}} X + \lambda I \right)^{-1} X^{\mathrm{T}} y$ 存在。

在线性回归中，根据正则化方法使用正则化项的不同，其又可以分为岭回归和 Lasso 回归[14,15]。

即使 $X^{\mathrm{T}} X$ 是列满秩的，通常也不推荐通过求逆的方法求解，因为求一个矩阵的逆运算量非常大。例如，求一个 $n \times n$ 矩阵的逆，其计算复杂度为 $O\left(n^3 \right)$。因此，在样本量非常大时，通常用梯度下降法来求解。利用梯度下降来训练模型所消耗的时间远远小于直

接使用正规方程计算结果所消耗的时间。首先对目标函数 $J(\boldsymbol{\theta}) = \dfrac{1}{2}\sum\limits_{i=0}^{N}\left(h_{\boldsymbol{\theta}}\left(\boldsymbol{X}^{(i)}\right) - y^{(i)}\right)^2$ 求

关于 θ_j 的梯度，得

$$\frac{\partial J(\boldsymbol{\theta})}{\partial \theta_j} = \frac{\partial\left(\dfrac{1}{2}\sum\limits_{i=0}^{N}\left(h_{\boldsymbol{\theta}}\left(\boldsymbol{X}^{(i)}\right) - y^{(i)}\right)^2\right)}{\partial \theta_j}$$

$$= \frac{1}{2} \times 2\sum_{i=1}^{N}\left(h_{\boldsymbol{\theta}}\left(\boldsymbol{X}^{(i)}\right) - y^{(i)}\right)\frac{\partial h_{\boldsymbol{\theta}}\left(\boldsymbol{X}^{(i)}\right)}{\partial \theta_j}$$

$$= \sum_{i=1}^{N}\left(h_{\boldsymbol{\theta}}\left(\boldsymbol{X}^{(i)}\right) - y^{(i)}\right)X_j^{(i)}$$

梯度下降法是一种迭代方法，其迭代式为

$$\theta_j := \theta_j - \alpha\frac{\partial l(\boldsymbol{\theta})}{\partial \theta_j} \tag{2-10}$$

式中，α 为学习率。

梯度下降法最大的问题是求得的有可能是局部极小值，这与初始点的选取有关。

2.2.3　算法步骤

用梯度下降法求 $J(\boldsymbol{\theta})$ 最小值的一般步骤如下。

（1）初始化参数：通常所有参数都初始化为 1。

（2）确定学习率。

（3）求代价函数的梯度（所有参数的偏导数）。

（4）所有参数都沿梯度方向移动一步，步长就是学习率的大小。

（5）重复步骤（4），直到参数不再发生变化（此时取到极值点，梯度为 0）或达到预先设定的迭代次数。

迭代更新的方式有两种：一种是批量梯度下降，即对全部训练数据求得误差后再对 $\boldsymbol{\theta}$ 进行更新；另一种是增量梯度下降，即每扫描一步都要对 $\boldsymbol{\theta}$ 进行更新。前一种方法能够不断收敛，后一种方法的结果可能在收敛处不断徘徊。

2.2.4　算法描述

线性回归算法分为训练、测试和预测 3 个部分。训练部分主要是通过训练习得属于每个属性的参数值；测试部分主要用测试样本对已训练好的模型进行测试，若测试的结果很好，就可以用训练好的参数对新样本进行预测。下面以批量梯度下降法为例进行说明。算法 2-2 所示为训练模型。

算法 2-2　训练模型

输入：训练数据集 Z；初始 $\boldsymbol{\theta}$；可调参数 α；样本个数 N；最大迭代次数 M。

　　1: **for** i **in** M **do**

2: 构建线性模型，即 $h_\theta(\boldsymbol{x}) = \sum_{i=0}^{n} \theta_i x_i = \boldsymbol{x}\boldsymbol{\theta}$，$n = N + 1$；

3: 计算损失函数（误差），即 $\mathrm{loss} = h_\theta(\boldsymbol{x}) - y$；

4: 计算梯度，对所有样本求和，再除以样本数；

5: 迭代求参数，即 $\theta_j := \theta_j - \alpha\left(h_\theta(\boldsymbol{x}^{(i)}) - y^{(i)}\right)x_j^{(i)}$；

6: **end for**

输出：参数 $\theta_i (i = 0, 1, \cdots, n)$。

算法 2-3 所示为模型测试与输出。

算法 2-3　模型测试与输出

输入：待预测样本；训练好的 $\boldsymbol{\theta}$。

1: **for** j **in** M **do**

2: 代入线性模型 $h_\theta(\boldsymbol{x}) = \sum_{i=0}^{n} \theta_i x_i = \boldsymbol{x}\boldsymbol{\theta}$；

3: 计算损失函数（误差），即 $\mathrm{loss} = h_\theta(\boldsymbol{x}) - y$；

4: 验证误差 $\left| h_\theta(\boldsymbol{x}) - y \right| < \varepsilon$；

5: **end for**

输出：样本的预测值。

2.2.5　算法评价

线性回归算法主要用来预测数值型的目标值，其优点如下：①结果易于理解，计算简单和方便；②用多变量线性回归模型，通过多组数据，可直观、快速分析变量之间的线性关系。其缺点如下：①模型对于非线性数据的拟合效果不好；②对小样本的数据或存在多重共线性的数据会产生过拟合或欠拟合现象；③对满秩的样本，计算矩阵的逆的运算量大，往往导致计算延迟。

2.2.6　算法实例

假设某小区已销售的房产信息如表 2-4 所示，根据房屋面积、房屋价格的历史数据，建立线性回归模型，其拟合效果如图 2-2 所示，然后根据给出的房屋面积来预测房屋价格。

表 2-4　房屋面积和价格对应表

面积（m²）	150	200	250	300	350	400	600
价格（元）	6450	7450	8450	9450	11450	15450	18450

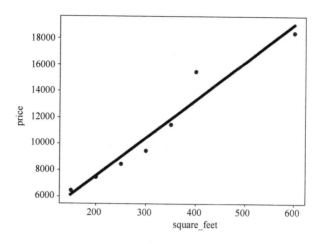

图 2-2　拟合效果图

所使用的 Python 代码如下。

```
# 导入依赖库
import pandas as pd
from io import StringIO
from sklearn import linear_model
import matplotlib.pyplot as plt
# 读入房屋面积与价格历史数据（csv 文件）
csv_data='square_feet,price\n150,6450\n200,7450\n250,8450\n300,9450\n350,11450\n400,15450\n600,18450\n'
# 读入 dataframe
df = pd.read_csv(StringIO(csv_data))
print(df)
# 建立线性回归模型
regr = linear_model.LinearRegression()
# 拟合  regr.fit(df['square_feet'].reshape(-1, 1), df['price'])
# 注意此处.reshape(-1, 1)，因为 X 是一维的！
# 不难得到直线的斜率、截距
a, b = regr.coef_, regr.intercept_
# 给出待预测面积
area = 238.5
# 方式 1：根据直线方程计算的价格
print(a * area + b)
# 方式 2：根据 predict 方法预测的价格
print(regr.predict(area))
# 画图
# 1.真实的点
plt.scatter(df['square_feet'], df['price'], color='blue')
# 2.拟合的直线
plt.plot(df['square_feet'], regr.predict(df['square_feet'].reshape(-1,1)), color='red', linewidth=4)
plt.show()
```

2.3　逻辑回归

逻辑回归（Logistic Regression）是当前业界比较常用的机器学习方法，用于研究某些事件发生的概率，以概率的形式估计事件发生的可能性[16]。虽然顶着"回归"的名字，但它主要是用来做分类的。之所以取这个名字，原因在于它在线性回归的基础上套用了一个逻辑函数，即 Sigmoid 函数 $g(\cdot)$，从而把线性回归模型推广为值域为 $(0,1)$ 的概率输出函数，这样就将线性回归模型的连续性预测值与分类任务的离散标记联系起来。逻辑回归分为两个部分：①学习预测模型；②应用预测模型预测结果。

逻辑回归是一项可用于预测二分类结果的统计技术，广泛应用于金融、医学、犯罪学和其他社会科学中[14]。

2.3.1　算法原理

在 2.2 节中以某人到银行贷款为例，利用线性回归来预测某人能够贷到多少款，但银行可能首要任务是根据某人的实际情况，给他的信用进行分类，以确定是否给他发放贷款，这本质上是一个二分类的问题。

假设现在有一些数据点，用线性回归对这些点进行拟合，可以得到对这些点的拟合的回归方程，那么怎么根据这个回归方程进行分类呢？

给定任意一组输入，通过某个函数得到输出，这个输出就是输入数据的分类。在二分类情况下，这个函数就输出 0 或 1。具有这种性质的函数就是 Sigmoid 函数，如图 2-3 所示。

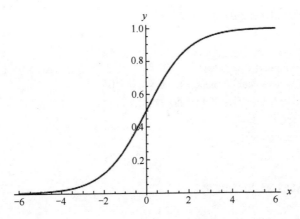

图 2-3　Sigmoid 函数图像

Sigmoid 函数具有如下形式：

$$y = \frac{1}{1 + e^{-x\theta}}$$

Sigmoid 函数又称对数几率函数，可以将任何数据映射到 $(0,1)$，这也就表明要被分类的样本可以映射到 $(0,1)$。显然对数几率函数能够在线性回归和逻辑回归之间提供更好的可解释性[17]。这种可解释性，可以从数学的角度进一步诠释。如果将对数几率函数的结果 y 视为样本 $\boldsymbol{x}$ 作为正例的可能性，则 $1-y$ 就是其作为反例的可能性，两者的比值 $0 < \dfrac{y}{1-y} < +\infty$，称为几率（Odds），体现的是样本作为正例的相对可能性。如果对对数几率函数取对数，可得

$$\ln \frac{y}{1-y} = \boldsymbol{x}\boldsymbol{\theta} \tag{2-11}$$

当利用逻辑回归模型解决分类任务时，线性回归的结果正是以对数几率的形式出现的。逻辑回归模型由条件概率分布表示如下：

$$p(y=1|\boldsymbol{x}) = \frac{\mathrm{e}^{-\boldsymbol{x}\boldsymbol{\theta}}}{1+\mathrm{e}^{-\boldsymbol{x}\boldsymbol{\theta}}}; \quad p(y=0|\boldsymbol{x}) = \frac{1}{1+\mathrm{e}^{-\boldsymbol{x}\boldsymbol{\theta}}} \tag{2-12}$$

对于给定的样本，逻辑回归模型比较两个条件概率值的大小，并将样本划分到概率较大的分类中。

2.3.2 模型求解

逻辑回归模型在给定的训练数据集上应用最大似然估计法来确定模型的参数。模型的求解实际上就是确定模型的系数。

对给定的数据集 $\{(\boldsymbol{x}, y)\}$，逻辑回归使每个样本属于其真实标记的概率最大化，以此为依据确定参数的最优值。由于每个样本的输出 y 都满足伯努利分布，且不同的样本之间相互独立，因而，似然函数可以表示为如下形式：

$$
\begin{aligned}
L(\boldsymbol{\theta}|\boldsymbol{x}) &= \prod_{i=1}^{N} p\left(y^{(i)} \big| \boldsymbol{x}^{(i)}, \boldsymbol{\theta}\right) \\
&= \prod_{i=1}^{N} \left(p\left(y=1 \big| \boldsymbol{x}^{(i)}, \boldsymbol{\theta}\right)\right)^{y^{(i)}} \left(1 - p\left(y=1 \big| \boldsymbol{x}^{(i)}, \boldsymbol{\theta}\right)\right)^{1-y^{(i)}}
\end{aligned}
\tag{2-13}
$$

由于单个样本的标记只能取 0 或 1，因此式（2-13）第二行的两项中只有一项有非零的取值，将每个条件概率的对数几率函数形式代入式（2-13），利用对数操作将乘积转化为求和，就可以得到对数似然函数，如下：

$$
\begin{aligned}
l(\boldsymbol{\theta}|\boldsymbol{x}) &= \log L(\boldsymbol{\theta}|\boldsymbol{x}) \\
&= \log \prod_{i=1}^{N} \left(p\left(y=1 \big| \boldsymbol{x}^{(i)}, \boldsymbol{\theta}\right)\right)^{y^{(i)}} \left(1 - p\left(y=1 \big| \boldsymbol{x}^{(i)}, \boldsymbol{\theta}\right)\right)^{1-y^{(i)}} \\
&= \prod_{i=1}^{N} y^{(i)} \log\left(p\left(y=1 \big| \boldsymbol{x}^{(i)}, \boldsymbol{\theta}\right)\right) + \left(1-y^{(i)}\right) \log\left(1 - p\left(y=1 \big| \boldsymbol{x}^{(i)}, \boldsymbol{\theta}\right)\right) \\
&= \sum_{i=1}^{N} \left(y^{(i)} \boldsymbol{x}^{(i)} \boldsymbol{\theta} - \log\left(1 + \mathrm{e}^{-\boldsymbol{x}^{(i)}\boldsymbol{\theta}}\right)\right)
\end{aligned}
\tag{2-14}
$$

求似然函数的最大值就是以对数似然函数为目标函数求最大值，对 $l(\boldsymbol{\theta})$ 求关于 θ_j 的偏导数，即

$$\begin{aligned}
\frac{\partial l(\boldsymbol{\theta})}{\partial \theta_j} &= \frac{\partial}{\partial \theta_j}\left(\sum_{i=1}^{N}\left(y^{(i)}\boldsymbol{x}^{(i)}\boldsymbol{\theta} - \log\left(1 + \mathrm{e}^{-\boldsymbol{x}^{(i)}\boldsymbol{\theta}}\right)\right)\right) \\
&= \sum_{i=1}^{N}\left(y^{(i)}x_j^{(i)} - \frac{\mathrm{e}^{-\boldsymbol{x}^{(i)}\boldsymbol{\theta}}}{1 + \mathrm{e}^{-\boldsymbol{x}^{(i)}\boldsymbol{\theta}}}x_j^{(i)}\right) \\
&= \sum_{i=1}^{N}\left(y^{(i)} - h_{\boldsymbol{\theta}}\left(\boldsymbol{x}^{(i)}\right)\right)x_j^{(i)}
\end{aligned} \tag{2-15}$$

这与线性回归的梯度下降法中的偏导数具有相同的形式，所以，逻辑回归与线性回归"师出同门"。其迭代式如下：

$$\theta_j := \theta_j - \alpha\frac{\partial l(\boldsymbol{\theta})}{\partial \theta_j} \tag{2-16}$$

式中，α 为学习率。

2.3.3 算法步骤

用梯度下降法求 $l(\boldsymbol{\theta})$，可分为赋值和迭代两步。

（1）对 $\boldsymbol{\theta}$ 赋值，这个值可以是随机的，也可以是 $\boldsymbol{\theta}$ 一个全零的向量。

（2）改变 $\boldsymbol{\theta}$ 的值，使得 $J(\boldsymbol{\theta})$ 按梯度下降的方向减小。

梯度方向由 $J(\boldsymbol{\theta})$ 对 $\boldsymbol{\theta}$ 的偏导数确定，由于求的是极小值，因此，梯度方向是偏导数的反方向，结果为

$$\theta_j := \theta_j - \alpha\left(h_{\boldsymbol{\theta}}\left(\boldsymbol{x}^{(i)}\right) - y^{(i)}\right)x_j^{(i)} \tag{2-17}$$

迭代更新的方式有两种：一种是批量梯度下降，即对全部训练数据求得误差后再对 $\boldsymbol{\theta}$ 进行更新；另一种是增量梯度下降，即每扫描一步都要对 $\boldsymbol{\theta}$ 进行更新。前一种方法能够不断收敛，后一种方法的结果可能在收敛处不断徘徊。

2.3.4 算法描述

逻辑回归算法分为训练、测试和预测 3 个部分。训练部分主要通过训练习得属于每个属性的参数值，测试部分主要用测试样本对已训练好的模型进行测试，若测试的结果很好，就利用训练好的参数对新样本进行预测。下面以批量梯度下降法为例进行说明。算法 2-4 所示为训练模型。

算法 2-4　训练模型

输入：样本集 $\left\{(\boldsymbol{x}_1, y_1), (\boldsymbol{x}_2, y_2), \cdots, (\boldsymbol{x}_N, y_N), \boldsymbol{x}_i \in \mathbf{R}^n, y \in \{0,1\}\right\}$。

1：初始化模型参数 $\boldsymbol{\theta}$；

2：构建逻辑回归模型，即 $p(y=1|\boldsymbol{x}) = \dfrac{\mathrm{e}^{-\boldsymbol{x}\boldsymbol{\theta}}}{1 + \mathrm{e}^{-\boldsymbol{x}\boldsymbol{\theta}}}$，$p(y=0|\boldsymbol{x}) = \dfrac{1}{1 + \mathrm{e}^{-\boldsymbol{x}\boldsymbol{\theta}}}$；

3：计算负对数似然函数，即 $l(\boldsymbol{\theta}|\boldsymbol{x}) = \sum_{i=1}^{N}\left(y^{(i)}\boldsymbol{x}^{(i)}\boldsymbol{\theta} - \log\left(1 + \mathrm{e}^{-\boldsymbol{x}^{(i)}\boldsymbol{\theta}}\right)\right)$；

4：用梯度下降法计算参数，即 $\theta_j := \theta_j - \alpha\left(h_{\boldsymbol{\theta}}\left(\boldsymbol{x}^{(i)}\right) - y^{(i)}\right)x_j^{(i)}$。

输出：分类 $p(y=1|\boldsymbol{x})=\dfrac{\mathrm{e}^{-x\theta}}{1+\mathrm{e}^{-x\theta}}$，$p(y=0|\boldsymbol{x})=\dfrac{1}{1+\mathrm{e}^{-x\theta}}$。

2.3.5　算法评价

逻辑回归模型的优点如下：①计算代价不高，易于理解和实现；②适用于连续型和类别型自变量；③容易使用和解释。其缺点如下：①对模型中自变量的多重共线性较为敏感，如将两个高度相关的自变量同时放入模型，可能导致较弱的一个自变量的回归符号不符合预期，符号被扭转，需要利用因子分析或者变量聚类分析等手段来选择代表性的自变量，以减少候选自变量之间的相关性；②预测结果呈"S"形，因此从 log(Odds)向概率转化的过程是非线性的，随 log(Odds)值的变化，两端概率变化很小，边际值太小，而中间概率的变化很大，很敏感，导致很多区间的变量变化对目标概率的影响没有区分度，无法确定阈值；③容易欠拟合，分类精度可能不高。

2.4　实验：逻辑回归算法

2.4.1　实验目的

（1）了解逻辑回归算法的原理。

（2）会收集整理相关数据，能利用 Python 解析文本。

（3）会对数据进行可视化。

（4）能编写梯度下降法程序，找到最佳系数。

（5）运行程序，分析结果。

2.4.2　实验要求

（1）掌握逻辑回归算法的原理。

（2）掌握 Python 第三方库的安装。

（3）熟悉 Python 的运行环境。

（4）理解 Python 中相关的源码。

（5）能在此实验基础上灵活变通、扩展。

2.4.3　实验原理

逻辑回归算法是一种二分类算法，在线性回归的基础上，套用了一个逻辑函数，即 Sigmoid 函数 $g(\cdot)$，从而把线性回归模型推广为值域为 $(0,1)$ 的概率输出函数，这样就将线性回归模型的连续性预测值与分类任务的离散标记联系起来[16]。

给定任意一组输入，然后通过 Sigmoid 函数得到输出，输出为 0 或 1。Sigmoid 函数具有如下形式：

$$y=\frac{1}{1+\mathrm{e}^{-x\theta}} \tag{2-18}$$

当利用逻辑回归模型解决分类任务时，线性回归的结果正是以对数几率的形式出现的。逻辑回归模型由条件概率分布表示如下：

$$p(y=1|\boldsymbol{x}) = \frac{e^{-x\theta}}{1+e^{-x\theta}}, \quad p(y=0|\boldsymbol{x}) = \frac{1}{1+e^{-x\theta}} \tag{2-19}$$

对于给定的样本，逻辑回归模型比较两个条件概率值的大小，并将样本划分到概率较大的分类中。

2.4.4　实验步骤

本实验设计了一个简单的逻辑回归分类器，并且画出了相关的分类图，还介绍了正则化的相关内容。

本实验使用 Python 3.5+开发环境。

1. 导入相关工具包

```python
import pandas as pd
import numpy as np
import matplotlib as mpl
import matplotlib.pyplot as plt
from scipy.optimize import minimize
from sklearn.preprocessing import PolynomialFeatures
pd.set_option('display.max_columns', None)
pd.set_option('display.max_rows', 150)
%matplotlib inline
import seaborn as sns
sns.set_context('notebook')
sns.set_style('white')
```

2. 加载数据

```python
def loaddata(file, delimeter):
    data = np.loadtxt(file, delimiter=delimeter)
    print('Dimensions: ',data.shape) # 显示数据的维度
    print(data[1:6,:])
    return(data)
def plotData(data, label_x, label_y, label_pos, label_neg, axes=None):
    # 获得正负样本的下标（哪些是正样本，哪些是负样本）
    neg = data[:,2] == 0
    pos = data[:,2] == 1
    if axes == None:
        axes = plt.gca()
    axes.scatter(data[pos][:,0], data[pos][:,1], marker='+', c='k', s=60, linewidth=2, label=label_pos)
    axes.scatter(data[neg][:,0], data[neg][:,1], c='y', s=60, label=label_neg)
    axes.set_xlabel(label_x)
    axes.set_ylabel(label_y)
    axes.legend(frameon= True, fancybox = True)
```

```
# 加载实验数据，数据共 3 列，第一列为'Exam 1 score'，第二列为'Exam 2 score'，第三列为类别（0 和 1）
data = loaddata('/home/ds/data/LogisticRegression_data1.txt', ',')
Dimensions:　(100, 3)
[[ 30.28671077　43.89499752　0.　　　　]
 [ 35.84740877　72.90219803　0.　　　　]
 [ 60.18259939　86.3085521　 1.　　　　]
 [ 79.03273605　75.34437644　1.　　　　]
 [ 45.08327748　56.31637178　0.　　　　]]
# 给 X 新增加一列，这一列的数值都是 1
X = np.c_[np.ones((data.shape[0],1)), data[:,0:2]]
y = np.c_[data[:,2]]
```

3. 数据可视化

```
plotData(data, 'Exam 1 score', 'Exam 2 score', 'Pass', 'Fail')
```

图 2-4 所示为原始数据。

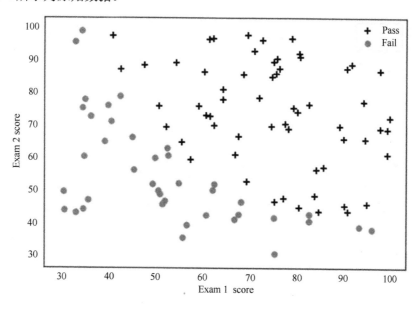

图 2-4　原始数据

4. 逻辑回归算法

```
# 定义 Sigmoid 函数
def Sigmoid(z):
    return(1 / (1 + np.exp(-z)))
# 定义损失函数
def costFunction(theta, X, y):
    m = y.size
    h = Sigmoid(X.dot(theta))
    J = -1.0*(1.0/m)*(np.log(h).T.dot(y)+np.log(1-h).T.dot(1-y))
    if np.isnan(J[0]):
```

```
            return(np.inf)
        return J[0]
# 定义梯度
def gradient(theta, X, y):
        m = y.size
        h = Sigmoid(X.dot(theta.reshape(-1,1)))
        grad =(1.0/m)*X.T.dot(h-y)
        return(grad.flatten())
initial_theta = np.zeros(X.shape[1])
cost = costFunction(initial_theta, X, y)
grad = gradient(initial_theta, X, y)
print('Cost: \n', cost)
print('Grad: \n', grad)
Cost:
0.69314718056
Grad:
[ -0.1   -12.00921659   -11.26284221]
```

2.4.5　实验结果

1. 计算梯度

```
initial_theta = np.zeros(X.shape[1])
cost = costFunction(initial_theta, X, y)
grad = gradient(initial_theta, X, y)
print('Cost: \n', cost)
print('Grad: \n', grad)
[out]
Cost:
0.69314718056
Grad:
[ -0.1    -12.00921659   -11.26284221]
```

2. 优化损失函数

```
res=minimize(costFunction, initial_theta, args=(X,y), jac=gradient, options={'maxiter':400})
res
/opt/conda/lib/python3.5/site-packages/ipykernel_launcher.py:6:  RuntimeWarning:  divide  by  zero
encountered in log
    /opt/conda/lib/python3.5/site-packages/ipykernel_launcher.py:6:  RuntimeWarning:  divide  by  zero
encountered in log
    [out]
    fun: 0.20349770158950983
    hess_inv: array([[  2.85339493e+03,  -2.32908823e+01,  -2.27416470e+01],
            [ -2.32908823e+01,   2.04489131e-01,   1.72969525e-01],
            [ -2.27416470e+01,   1.72969525e-01,   1.96170322e-01]])
```

```
jac: array([ −2.68557638e-09,    4.36433475e-07,   −1.39671758e-06])
message: 'Optimization terminated successfully.'
nfev: 34
nit: 25
njev: 30
status: 0
success: True
x: array([−25.16131634,   0.2062316 ,   0.20147143])
```

3. 预测

```
def predict(theta, X, threshold=0.5):
    p = Sigmoid(X.dot(theta.T)) >= threshold
return(p.astype('int'))
Sigmoid(np.array([1, 47, 80]).dot(res.x.T))
[out]
0.77629032493310179
```

4. 分类线

图 2-5 所示为分类线。

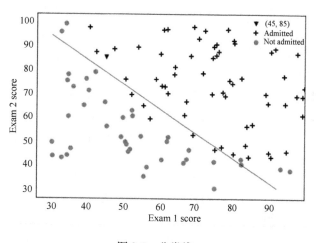

图 2-5　分类线

2.4.6　结果分析

此次实验结果中有少数数据点不能正确分类，可以通过增加正则项的方式加以修正，请读者自己尝试。

习题

1. 简述 KNN 算法的原理，以及 KNN 算法的优点和缺点。
2. 在 KNN 算法中，当数据量比较大时，需要归一化吗？如何提高计算效率？

3．从数学上讲，线性回归算法的损失函数是一个凸函数，因此 θ 初始值对结果并无影响，可以尝试使用不同的 θ 初始值来运行函数，看看得到的结果是否有变化，如果有变化，思考发生变化的原因。

4．逻辑回归是一种分类算法，该算法和线性回归有哪些区别与联系？

5．线性回归中将 b 作为常量来求（对应 $x_0 = 1$），而在逻辑回归中并没有这样做，这是为什么？

6．逻辑回归本质上仍为线性回归，为什么被单独列为一类？

7．如何解决欠拟合或过拟合问题？

8．为什么逻辑回归需要归一化或者取对数，为什么逻辑回归把特征离散化后效果更好？

9．如何用逻辑回归建立一个广告点击次数预测模型？

10．逻辑回归是监督学习方法吗？

11．逻辑回归中为什么要使用最大似然函数作为损失函数？

参考文献

[1] ANDREW N. 斯坦福大学公开课：机器学习课程[OL]. (2015-01-12) [2020-08-19]. https//open.163.com/new view/movie/free?mid=YFTMOGEEU&Pid=IFTLSE6TB.

[2] PETER H. 机器学习实战[M]. 李锐，等，译. 北京：人民邮电出版社，2013.

[3] 周志华. 机器学习[M]. 北京：清华大学出版社，2016.

[4] 李航. 统计学习方法[M]. 北京：清华大学出版社，2012.

[5] 何晓群. 应用回归分析[M]. 北京：中国人民大学出版社，2011.

[6] PETER F. 机器学习[M]. 段菲，译. 北京：人民邮电出版社，2015.

[7] 张良均. 数据挖掘：实用案例分析[M]. 北京：机械工业出版社，2013.

[8] HENK B, JOSEPH W, RICHARDS I, et al. 实用机器学习[M]. 程继供，等，译. 北京：机械工业出版社，2017.

[9] MATHIAS B. 机器学习项目开发实战[M]. 姚军，译. 北京：人民邮电出版社，2016.

[10] 刘凡平. 大数据时代的算法：机器学习人工智能及其典型实例[M]. 北京：电子工业出版社，2017.

[11] HAN J W, MICHELINE K. Data Mining Concepts and Techniques[M]. 机械工业出版社，2012.

[12] ZHANG J, LI Y, et al. A Radiomics Nomogram for the Preoperative Prediction of Lymph Node Metastasis in Bladder Cancer[J]. Clinical Cancer Research, 2017, 23(22): 6904-6911.

[13] TAN P, Michael S, Vipin K. Introduction to Data Mining[M]. 北京：人民邮电出版，2010.

[14] 张良均，王路，谭立云，等. Python 数据分析与挖掘实战[M]. 北京：机械工业出版社，2016.

[15] HUANG Y Q, LIANG C H, He L, et al. Development and Validation of a Radiomics Nomogram for Preoperative Prediction of Lymph Node Metastasis in Colorectal Cancer[J]. J. Clin Oncol, 2016, 34(18): 2157-2164.

[16] Géron A. Hands-on Machine Learning With Scikit-Learn and TensorFlow: Concepts, Tools, and Techniques to Build Intelligent Systems[M]. Sebastopol: O'Reilly Media, Inc., 2017.

[17] Soyoger. 线性回归详解[EB/OL]. (2017-08-28) [2020-08-19]. https://blog.csdn.net/qq_36330643/article/details/77649896.

第 3 章 贝叶斯学习

贝叶斯学习提供了一种推理假设概率的方法，可以通过已知值和已观察到的数据估算未知概率，在机器学习领域有广泛的应用，可用于分类、预测，以及对不同模型进行比较和选择，如中文分词、文本分类、垃圾邮件过滤、统计机器翻译、贝叶斯图像识别等。本章将重点对贝叶斯基础理论、贝叶斯方法、朴素贝叶斯法及贝叶斯网络进行详细讲解。

3.1 贝叶斯方法简述

1. 发展历程

贝叶斯方法最早起源于英国数学家 Thomas Bayes 在《论有关机遇问题的求解》一书中证明的关于贝叶斯定理的一个特例[1]。1763 年，由他的朋友 Richard Price 帮助整理，文章在《伦敦皇家学会自然科学会报》公开后并没有产生很大的反响。1774 年，法国数学家 Pierre-Simon Laplace 在《论事件原因存在的概率》中独立提出了与贝叶斯公式有异曲同工之妙的"不充分推理原则"[2]，但此时贝叶斯方法仍未受到关注。在后面近两百年的时间里，频率学派的经典统计学一直表现不俗，占统治地位，直到 20 世纪 50 年代，多位统计学家共同努力，逐步建立了贝叶斯统计，出现了贝叶斯学派，开始使用术语"贝叶斯"，贝叶斯方法才真正得到重视[3]。贝叶斯方法的本质，可以理解为从结果推测原因。从理论上说，贝叶斯推理虽然容易实现，但鉴于实践中未知参数的后验分布多为高维、复杂的分布，计算较困难，限制了贝叶斯方法的应用，直至蒙特卡罗（Markov Chain Monte Carlo，MCMC）[4]方法出现，将马尔可夫过程引入到蒙特卡罗模拟中，通过模拟方式对高维积分计算，突破了计算困难，才推动贝叶斯方法在理论研究和应用上新的发展。近年来，随着工业界和学术界对大数据和机器学习的极大关注，以及贝叶斯方法在语音、视觉等领域的成功应用，它已经成为非常重要的一类机器学习方法。

2. 应用

作为机器学习的核心方法之一，贝叶斯方法从 1763 年提出到现在，已有 250 多年的历史，在此期间有了长足的进步，不仅在参数估计、后验推理、模型检测、隐变量概率模型等统计学领域有广泛而深远的应用，其应用还可延伸到各个问题领域。贝叶斯方法在机器学习领域也有诸多应用，从单变量的回归与分类到多变量的结构化输出预测，从有监督学习到半监督学习、无监督学习等，如文本分类、垃圾邮件过滤、情感判别、推荐系统等，几乎任何一种学习任务都可以采用贝叶斯方法实现。本章主要采用贝叶斯理论解决分类问题。

3. 优缺点

贝叶斯方法在实际应用中存在以下优势：预测过程简单快速，易于训练，给所需资源带来良好表现；可以有机地结合先验知识或主观概率；可根据具体实际情况，在决策过程中不断使用该贝叶斯方法；可对决策结果的可能性或不确定性进行推理，给出量化的评价，而非全或无；当输入数据变量较少时，该方法同样有效；处理多分类问题，该方法也仍然有效。但贝叶斯方法也存在以下缺陷：输入数据量较多或数据间相关性较大，则会出现问题。如输入数据多，分析计算则比较复杂，特别是在解决复杂问题时，问题就更加凸显；还有些数据输入，在使用时必须采用主观概率，否则会妨碍贝叶斯方法的使用，这也是贝叶斯方法的一个局限。

4. 发展及挑战

由于贝叶斯理论的适应性和可扩展性，以及交叉学科中先验知识的引入，使贝叶斯学习在机器学习领域有了更广泛的应用场景，将发挥更大的作用。例如，正则化贝叶斯方法、非参数化贝叶斯方法都极大地推动了贝叶斯理论的发展。在系统实现方面，贝叶斯方法也已经能在多种分布式计算框架下实现。限于章节篇幅，本章不对此内容进行展开，感兴趣的读者可根据参考文献[5]自行学习。近来，大数据贝叶斯学习也受到人们的普遍关注。如何突破经典贝叶斯框架的局限，加强贝叶斯学习的灵活性，加快贝叶斯学习的推理过程，在不同的场景下建立合适模型，是适应大数据时代需要去挑战的。

3.2　贝叶斯基础理论

3.2.1　概率基础

在贝叶斯学习中，经常会用到一些概率计算。因此，有必要在介绍贝叶斯理论前先来回顾一些有关概率计算的基本知识。

1. 条件概率

条件概率是指事件 B 在事件 A 已经发生的条件下发生的概率，表示为 $P(B \mid A)$，主要解决在已知某些附加信息或条件下求事件的概率的问题。条件概率的计算公式如下：

$$P(B \mid A) = \frac{P(AB)}{P(A)}$$

（3-1）

假设一个盒子里装了 6 只球，其中绿色球 2 只，红色球 4 只，每次不放回地随机从盒子里取一只球。求连续 2 次取到红球的概率。

假设第一次取到红球表示为事件 A，第二次取到红球表示为事件 B，则连续两次取到红球的概率即 $P(AB)$，事件 A 发生的概率为 $P(A) = \dfrac{4}{6}$，在第一次取到红球事件 A 发生的条件下，第二次取到红球的条件概率为 $P(B \mid A) = \dfrac{3}{5}$，使用条件概率公式，连续两次取到红球的概率为 $P(AB) = P(B \mid A) P(A) = \dfrac{3}{5} \times \dfrac{4}{6} = 0.4$。

2. 全概率公式

全概率公式是指事件 $A_1, A_2, \cdots, A_n$ 构成一个完备事件组且都有正概率，则对任意事件 B 都有公式成立。它将一个复杂事件 B 的求解问题转化成在不同情况下发生简单小事件的概率求和问题。

$$P(B) = P(A_1 B) + P(A_2 B) + \cdots + P(A_n B) = \sum_{i=1}^{n} P(A_i B) = \sum_{i=1}^{n} P(B|A_i) P(A_i) \quad (3\text{-}2)$$

式（3-2）为全概率公式。当直接计算 $P(B)$ 较为困难，而 $P(A_i)$ 和 $P(B|A_i)$ $(i = 1, 2, \cdots)$ 计算较为简单时，可以利用全概率公式计算 $P(B)$。

举个例子。高射炮向敌机发射 4 发炮弹，每发炮弹击中与否相互独立且每发炮弹击中的概率均为 0.3，又知敌机若中 1 弹，坠毁的概率为 0.1，若中 2 弹，坠毁的概率为 0.3，若中 3 弹，坠毁的概率为 0.7，若中 4 弹，敌机必坠毁。求敌机坠毁的概率。

假设敌机坠毁表示为事件 B，敌机中弹表示为事件 $A_i (i = 0, 1, 2, 3, 4)$。从例子中知道 A_0, A_1, A_2, A_3, A_4 5 个事件构成完备事件组，但敌机坠毁只与 A_1, A_2, A_3, A_4 有关。

可以采用全概率公式求解 $P(B)$。

$$P(A_1) = C_4^1 \times 0.3^1 \times 0.7^3$$
$$P(A_2) = C_4^2 \times 0.3^2 \times 0.7^2$$
$$P(A_3) = C_4^3 \times 0.3^3 \times 0.7^1$$
$$P(A_4) = C_4^4 \times 0.3^4 \times 0.7^0$$

$$
\begin{aligned}
P(B) &= \sum_{i=1}^{n} P(B|A_i) P(A_i) \\
&= P(B|A_1) P(A_1) + P(B|A_2) P(A_2) + P(B|A_3) P(A_3) + P(B|A_4) P(A_4) \\
&= 0.1 \times C_4^1 \times 0.3^1 \times 0.7^3 + 0.3 \times C_4^2 \times 0.3^2 \times 0.7^2 + 0.7 \times C_4^3 \times 0.3^3 \times 0.7^1 + 1 \times C_4^4 \times 0.3^4 \times 0.7^0 \\
&= 0.1816
\end{aligned}
$$

3.2.2 贝叶斯方法

1. 贝叶斯公式

贝叶斯方法是一种统计推断方法，可以有效计算条件概率。如需要计算 $P(A|B)$，即在事件 B 已经发生的条件下，求解事件 A 发生的概率。由条件概率的定义可知

$$P(A|B) = \frac{P(B|A)P(A)}{P(B)} \quad (3\text{-}3)$$

式（3-3）为贝叶斯公式。当直接计算 $P(A|B)$ 较为困难，而 $P(A)$ 和 $P(B|A)$ 计算较为简单时，可以利用贝叶斯公式计算 $P(A|B)$。$P(A)$ 表示事件 B 发生前，事件 A 发生的可能性，称为"先验概率"；$P(A|B)$ 表示事件 B 发生后，对发生事件 A 概率的重新评估，称为"后验概率"；$\dfrac{P(B|A)}{P(B)}$ 是调整因子，对先验概率进行调整，使预估概率更接近真实概率。

上面的贝叶斯公式可描述为后验概率＝先验概率×调整因子。如果调整因子

$\dfrac{P(B\mid A)}{P(B)}>1$，即先验概率被增强，事件 A 发生的可能性变大；如果调整因子 $\dfrac{P(B\mid A)}{P(B)}=1$，即事件 B 的发生对判断事件 A 发生的可能性无帮助；如果调整因子 $\dfrac{P(B\mid A)}{P(B)}<1$，即先验概率被削弱，事件 A 发生的可能性变小。

假设事件 A 是由相互独立的小事件 $A_i(i=1,2,\cdots,n)$ 组成的，在事件 B 已经发生的条件下，计算某个小事件 $A_k(k=1,2,\cdots,n)$ 的概率。$P(B)$ 用全概率公式展开，则贝叶斯公式可表示为

$$P(A_k\mid B)=\frac{P(B\mid A_k)P(A_k)}{P(B)}=\frac{P(B\mid A_k)P(A_k)}{\displaystyle\sum_{i=1}^{n}P(B\mid A_i)P(A_i)} \tag{3-4}$$

贝叶斯公式可以理解成在条件概率基础上寻找事件发生的原因，A_i 为导致事件 B 发生的"原因"，先验概率 $P(A_k)(i=1,2,\cdots,n)$ 表示事件 B 发生前，各种原因发生的可能性；后验概率 $P(A_k\mid B)(i=1,2,\cdots,n)$ 表示事件 B 发生后，对各种原因概率的重新评估。

2. 贝叶斯方法实例

假设有两个盒子 A 和 B，A 盒中有 6 只绿球、5 只红球，B 盒中有 2 只绿球、4 只红球，已知从两个盒子里抽出了 1 只绿球。求这只球来自 A 盒的概率。

假设选中 A 盒为事件 A，抽出绿球为事件 B。由已知可得 $P(A)=\dfrac{1}{2}$，$P(B)=\dfrac{8}{17}$，$P(B\mid A)=\dfrac{16}{11}$，使用贝叶斯公式，则有

$$P(A\mid B)=\frac{P(B\mid A)P(A)}{P(B)}=\left(\frac{6}{11}\times\frac{1}{2}\right)\bigg/\frac{8}{17}\approx 0.58$$

从例子中可知，选中 A 盒的先验概率 $P(A)$ 为 0.5，因为调整因子 $\dfrac{P(B\mid A)}{P(B)}=\dfrac{6}{11}\bigg/\dfrac{8}{17}>1$，则后验概率 $P(A\mid B)$ 为 0.58，大于先验概率 0.5，表示先验概率被增强。

再举一个贝叶斯方法在疾病检测中的例子。某种疾病发病率约为 0.1%，即 1000 人中约有 1 个人是阳性，现在的检测手段很成熟，准确率高达 99%，但是有 5% 的误诊率。如果一个人的检测结果呈阳性，那么这个人真正感染这种病的概率有多大？

假设得病表示为事件 A_1，未得病表示为事件 A_2，检测结果呈阳性表示为事件 B，由已知可得

$P(A_1)=0.1\%$，$P(A_2)=1-0.1\%$，$P(B\mid A_1)=99\%$，$P(B\mid A_2)=5\%$，使用贝叶斯公式分析，求解 $P(A_1\mid B)$。

$$P(A_1\mid B)=\frac{P(B\mid A_1)P(A_1)}{P(B)}=\frac{P(B\mid A_1)P(A_1)}{\displaystyle\sum_{i=1}^{n}P(B\mid A_i)P(A_i)}=\frac{P(B\mid A_1)P(A_1)}{P(B\mid A_1)P(A_1)+P(B\mid A_2)P(A_2)}$$

$$=\frac{99\%\times 0.1\%}{99\%\times 0.1\%+5\%\times(1-0.1\%)}=\frac{0.00099}{0.05094}\times 100\%\approx 1.9\%$$

从例子可知，尽管这种疾病的检测准确度高达 99%，而检测结果呈阳性的可信度不到 2%，原因在于它的发病率低，仅约为 0.1%。

3. 贝叶斯方法应用

贝叶斯公式作为统计及概率论中最具影响力及最重要的概念之一，使得贝叶斯方法成为一种很好的利用经验帮助做出更合理判断的方法。当人们认识事物不全面的情况下，它可以帮助量化对某些事物的态度或看法，并基于新的证据动态调整人们的看法或态度，在经过一系列的事情证实后，形成比较稳定而正确的看法，越来越接近真相。

3.3　朴素贝叶斯

3.3.1　朴素贝叶斯法介绍

贝叶斯分类是一类分类算法的总称，这类算法均以上一节中介绍的贝叶斯公式为基础，故统称为贝叶斯分类。朴素贝叶斯法是贝叶斯分类中最简单，也是最常见的一种分类方法。本节讨论朴素贝叶斯法。

朴素贝叶斯法（Naive Bayes，NB）是一种基于贝叶斯定理与特征条件独立假设的分类方法[6]，该方法基于一个简单的假设，即所有特征属性间相互独立，这也是朴素贝叶斯法中"朴素"的由来。它的原理简单，实现容易，多用于文本分类，是应用最广泛的分类模型之一。

1. 朴素贝叶斯法简单描述

有类集合 $C = \{C_1, C_2, \cdots, C_n\}$ 和待分类项 $X = \{f_1, f_2, \cdots, f_m\}$，$f_j(j=1,2,\cdots,m)$ 为 X 的一个特征属性，假设特征属性间相互独立，计算最大的 $P(C_i | f_1, f_2, \cdots, f_m)(i=1,2,\cdots,n)$ 作为 P_{max}，获取 X 的所属类别。

朴素贝叶斯法的核心思想，即在特征属性独立的条件下，选择最大的后验概率作为确定待分类项属于某个类的依据。

2. 朴素贝叶斯公式

朴素贝叶斯的公式表述如下：

$$
\begin{aligned}
P_{max} &= \arg\max P(C_i | f_1, f_2, \cdots, f_m)(i=1,2,\cdots,n) \\
&= \arg\max \frac{P(f_1, f_2, \cdots, f_m | C_i)P(C_i)}{P(f_1, f_2, \cdots, f_m)}(i=1,2,\cdots,n) \\
&= \arg\max \frac{\prod_{j=1}^{m} P(f_j | C_i)P(C_i)}{P(f_1, f_2, \cdots, f_m)}(i=1,2,\cdots,n; j=1,2,\cdots,m) \\
&= \arg\max \frac{\prod_{j=1}^{m} P(f_j | C_i)P(C_i)}{\sum_{i=1}^{n}\sum_{j=1}^{m} P(f_j | C_i)P(C_i)}(i=1,2,\cdots,n; j=1,2,\cdots,m)
\end{aligned}
\tag{3-5}
$$

在贝叶斯公式基础上，引入特征属性独立条件。$P(C_i)$ 表示每个类别在训练样本中出现的概率，$P(f_j|C_i)$ 表示对每个特征属性计算所有划分的类条件概率。

因 $P(f_1,f_2,\cdots,f_m)$ 对所有类别都相同，如仅计算待分类项所属类型，而不需要计算待分类项的具体概率，可省略计算分母 $P(f_1,f_2,\cdots,f_m)$。将计算待分类项具体概率 $P_{\max}$ 问题简化成计算待分类项所属类型 $C_{\max}$ 问题。上面的朴素贝叶斯公式可改为

$$C_{\max} = \arg\max P(f_1,f_2,\cdots,f_m|C_i)P(C_i)(i=1,2,\cdots,n)$$
$$= \arg\max \prod_{j=1}^{m} P(f_j|C_i)P(C_i)(i=1,2,\cdots,n) \tag{3-6}$$

3. 朴素贝叶斯法计算步骤

令 D_i 表示训练集 D 中 C_i 类样本的集合，令 D_{i,f_j} 表示 D_i 在 X 的第 j 个属性 f_j 取值样本的集合。由上面的朴素贝叶斯公式，可得朴素贝叶斯法的计算步骤如下：

（1）计算先验概率 $P(C_i)=\dfrac{D_i}{D}(i=1,2,\cdots,n)$。

（2）计算类条件概率 $P(f_j|C_i)=\dfrac{D_{i,f_j}}{D_i}(i=1,2,\cdots,n;j=1,2,\cdots,m)$。

（3）计算 $\arg\max \prod\limits_{j=1}^{m} P(f_j|C_i)P(C_i)(i=1,2,\cdots,n;j=1,2,\cdots,m)$，求解待分类项所属类型 $C_{\max}$。

（4）利用公式 $\arg\max \dfrac{\prod\limits_{j=1}^{m} P(f_j|C_i)P(C_i)}{\sum\limits_{i=1}^{n}\prod\limits_{j=1}^{m} P(f_j|C_i)P(C_i)}(i=1,2,\cdots,n;j=1,2,\cdots,m)$，求解待分类项

具体概率 $P_{\max}$。

3.3.2　朴素贝叶斯法实例

下面介绍朴素贝叶斯法在房屋购买中的例子。根据表 3-1 中提供的训练数据（前 10 条房屋购买记录），预测测试数据（第 11 条记录的用户），计算其是否购房及购房的可能性有多大。

表 3-1　房屋购买记录

用户	年龄（岁）	性别	收入（万元）	婚姻状况	是否购房
1	24	男	45	未婚	购房
2	56	男	32	已婚	购房
3	23	女	30	已婚	不购房
4	31	女	15	未婚	不购房
5	47	女	30	已婚	购房
6	45	男	30	已婚	不购房
7	32	男	23	未婚	不购房

用户	年龄（岁）	性别	收入（万元）	婚姻状况	是否购房
8	26	男	15	未婚	不购房
9	23	男	20	未婚	不购房
10	46	女	40	已婚	不购房
11	35	男	35	已婚	?

表 3-1 中有 4 个特征属性（年龄、性别、收入和婚姻状况）和 2 个购房类别（购房和不购房）。因为年龄和收入是连续型特征，所以，先把年龄分为 30 岁以下、30～45 岁、45 岁及以上 3 个阶段，把收入分为 15 万元以下、15 万～30 万元、30 万元及以上 3 个级别。下面按照朴素贝叶斯法计算步骤求解。

（1）计算先验概率 $P(C_i)(i=1,2,\cdots,n)$。本例中训练数据"是否购房"只有两种结果——"购房"和"不购房"。根据表 3-1，很容易计算出：

$$P(购房) = \frac{3}{10}$$

$$P(不购房) = \frac{7}{10}$$

（2）计算类条件概率 $P(f_j \mid C_i)(i=1,2,\cdots,n; j=1,2,\cdots,m)$。对于年龄、性别、收入和婚姻状况 4 个特征属性，分别计算它们在两种结果发生前提下的概率，如表 3-2 至表 3-5 所示。

表 3-2 年龄属性的类条件概率

年龄（岁）	P(年龄|购房)	P(年龄|不购房)
年龄 < 30	1/3	3/7
30≤年龄 < 45	0/3	2/7
年龄≥45	2/3	2/7

表 3-3 性别属性的类条件概率

性别	P(年龄|购房)	P(年龄|不购房)
男	2/3	4/7
女	1/3	3/7

表 3-4 收入属性的类条件概率

收入	P(收入|购房)	P(收入|不购房)
收入 < 15 万元	0/3	0/7
15 万元 ≤ 收入 < 30 万元	0/3	4/7
收入 ≥ 30 万元	3/3	3/7

表 3-5　婚姻状况属性的类条件概率

婚姻状况	P(婚姻状况|购房)	P(婚姻状况|不购房)
已婚	2/3	3/7
未婚	1/3	4/7

（3）针对待分类项，计算 $\prod\limits_{j=1}^{m}P(f_j\mid C_i)P(C_i)$，求解出最大值即为所属类别。

首先计算以下两个条件概率：

P(男\|购房)P(30≤年龄<45\|购房)P(收入≥30 万元\|购房)P(已婚\|购房)P(购房) = 0

P(男\|不购房)P(30≤年龄<45\|不购房)P(收入≥30 万元\|不购房)P(已婚\|不购房)P(不购房) = 0.021

由此可得

$$C_{\max} = \arg\max \prod_{j=1}^{m}P(f_j\mid C_i)P(C_i)(i=1,2,\cdots,n; j=1,2,\cdots,m)$$

$$= \max(0, 0.021) = 0.021$$

显然，通过以上 3 步可以得出第 11 条记录的用户不购房的结论。可能细心的读者发现了，以上两个概率计算的和不是 1，原因是如果仅需要知道用户是否购房，可以省略计算朴素贝叶斯公式中的分母 $\sum\limits_{i=1}^{n}\prod\limits_{j=1}^{m}P(f_j\mid C_i)P(C_i)$，将计算待分类项具体概率 $P_{\max}$ 的问题，简化成计算待分类项所属类型 $C_{\max}$ 的问题。

（4）如果需要计算第 11 条记录的用户购房可能性有多大，就需要严格按照朴素贝叶斯公式要求，计算待分类项的具体概率 $P_{\max}$。

$$P_{\max} = \arg\max \frac{\prod\limits_{j=1}^{m}P(f_j\mid C_i)P(C_i)}{\sum\limits_{i=1}^{n}\prod\limits_{j=1}^{m}P(f_j\mid C_i)P(C_i)}(i=1,2,\cdots,n; j=1,2,\cdots,m)$$

$$= \max\left(\frac{0}{0+0.021}, \frac{0.021}{0+0.021}\right) = 1$$

显然，通过第（4）步可计算出第 11 条记录用户的购房概率为 1。

需要注意的是，如果某个属性值在训练集中没有与某个类同时出现，直接基于类条件概率

$$P(f_j\mid C_i)(i=1,2,\cdots,n; j=1,2,\cdots,m)$$

计算待分类项的所属类型

$$\arg\max \prod_{j=1}^{m}P(f_j\mid C_i)P(C_i)(i=1,2,\cdots,n; j=1,2,\cdots,m)$$

会出现问题。如本例中，因为P(30≤年龄<45\|购房) = 0/3，会导致在进行概率估算时出现错误，P(男\|购房)P(30≤年龄<45\|购房)P(收入≥30 万元\|购房)P(已婚\|购房)P(购房) = 0，无论其他属性的类条件概率多高，分类结果都是"不购房"，因为未被观测到，并不代

表出现的概率为0，这显然不合理。

上面"年龄"属性的取值信息抹掉了其他3个属性的取值，在进行概率估计时，解决这个问题的方法通常是使用拉普拉斯修正。

在拉普拉斯修正中，假设训练集的分类数用 N 表示；X 的第 j 个属性 $f_j (j = 1, 2, \cdots, m)$ 可能的取值数用 N_j 表示，则原来的先验概率 $P(C_i)(i = 1, 2, \cdots, n)$ 的计算公式由 $P(C_i) = \dfrac{D_i}{D}(i = 1, 2, \cdots, n)$ 拉普拉斯修正为 $P(C_i) = \dfrac{D_i + 1}{D + N}(i = 1, 2, \cdots, n)$。

原来的类条件概率 $P(f_j \mid C_i)(i = 1, 2, \cdots, n; j = 1, 2, \cdots, m)$ 的计算公式，由 $P(f_j \mid C_i) = \dfrac{D_{i,f_j}}{D_i}(i = 1, 2, \cdots, n; j = 1, 2, \cdots, m)$，拉普拉斯修正为 $P(f_j \mid C_i) = \dfrac{D_{i,f_j} + 1}{D_i + N_j}(i = 1, 2, \cdots, n; j = 1, 2, \cdots, m)$。

在拉普拉斯修正后，上例中第11条记录的用户会不会购买房子呢？仍分4个步骤进行计算。

（1）计算先验概率 $P(C_i)(i = 1, 2, \cdots, n)$。

$$P(购房) = (3+1)/(10+2) = 1/3$$
$$P(不购房) = (7+1)/(10+2) = 2/3$$

（2）计算类条件概率 $P(f_j \mid C_i)(i = 1, 2, \cdots, n; j = 1, 2, \cdots, m)$。

$P(年龄{<}30|购房) = (1+1)/(3+3)=1/3;\ P(30{\leqslant}年龄{<}45|购房) = (0+1)/(3+3)=1/6$

$P(年龄{\geqslant}45|购房) = (2+1)/(3+3)=1/2;\ P(年龄{<}30|不购房) = (3+1)/(7+3)=2/5$

$P(30{\leqslant}年龄{<}45|不购房) = (2+1)/(7+3)=3/10;\ P(年龄{\geqslant}45|不购房) = (2+1)/(7+3)=3/10$

$P(男|购房) = (2+1)/(3+2)=3/5;\ P(女|购房) = (1+1)/(3+2)=2/5$

$P(男|不购房) = (4+1)/(7+2)=5/9;\ P(女|购房) = (3+1)/(7+2)=4/9$

$P(收入{<}15\,万元|购房) = (0+1)/(3+3)=1/6;\ P(15\,万元{\leqslant}收入{<}30\,万元|购房) = (0+1)/(3+3)=1/6$

$P(收入{\geqslant}30\,万元|购房) = (3+1)/(3+3)=2/3;\ P(收入{<}15\,万元|不购房) = (0+1)/(7+3)=1/10$

$P(15\,万元{\leqslant}年龄{<}30\,万元|不购房) = (4+1)/(7+3)=1/2;\ P(收入{\geqslant}30\,万元|不购房) = (3+1)/(7+3)=2/5$

$P(已婚|购房) = (2+1)/(3+2)=3/5;\ P(未婚|购房) = (1+1)/(3+2)=2/5$

$P(已婚|不购房) = (3+1)/(7+2)=4/9;\ P(未婚|购房) = (4+1)/(7+2)=5/9$

（3）针对待分类项，再次计算 $\prod\limits_{j=1}^{m} P(f_j \mid C_i)P(C_i)$，求解出最大值即为所属类别。

$P(男|购房)\,P(30{\leqslant}年龄{<}45|购房)\,P(收入{\geqslant}30\,万元|购房)\,P(已婚|购房)\,P(购房) = 0.013$

$P(男|不购房)\,P(30{\leqslant}年龄{<}45|不购房)\,P(收入{\geqslant}30\,万元|不购房)\,P(已婚|不购房)\,P(不购房) = 0.020$

由此可得

$$C_{\max} = \arg\max \prod_{j=1}^{m} P(f_j \mid C_i)P(C_i)(i = 1, 2, \cdots, n; j = 1, 2, \cdots, m)$$

$$= \max(0.013, 0.020) = 0.020$$

显然，通过以上3步可以得出第11条记录的用户不购房的结论。这恰好与前面的预测结果吻合，但并不代表拉普拉斯修正是没有必要的，可以看到拉普拉斯修正后，原来为 0 的结果被平滑地过渡为 0.013，起到了修正的作用。

那么，如果不同分类任务中的属性是离散型或连续型，分别怎么办？

针对离散型属性或方便用离散区间替换的连续属性，可以用先验概率和类条件概率直接计算。对于连续型属性，假设服从某种概率分布，然后使用训练数据估计分布的参数，一般使用最大似然估计法（Maximum Likelihood Estimation，MLE）[7]，感兴趣的读者可根据参考文献自行学习。

3.3.3　朴素贝叶斯法优缺点

朴素贝叶斯法作为经典的分类算法，以贝叶斯公式作为支撑，有坚实的数学基础及稳定的分类效率。属于监督学习的生成模型，实现简单，没有迭代，在大量样本下会有较好的表现，在数据较少的情况下也仍然有效，可以处理多类别问题。

朴素贝叶斯法假设了属性间相互独立，而这种假设在实际过程中往往不成立，因此该方法在数据特征关联性较强的分类任务上性能表现不佳。特征属性间相关性越大，分类误差也就越大。

针对朴素贝叶斯特征属性条件独立性假设在现实任务中很难成立的问题，产生了半朴素贝叶斯分类方法[8]，基本思路是只考虑一部分特征属性间相互依赖，在一定程度上放松对原朴素贝叶斯法的条件独立性假设，通常采用独依赖估计（One-Dependent Estimator，ODE）[9]，即假设每个属性在类别之外最多仅有一个依赖属性。因此，在半朴素贝叶斯法中，最主要的问题就是如何确定每个属性的依赖属性。本章重点讲述朴素贝叶斯法，关于半朴素贝叶斯分类方法此处不再赘述，感兴趣的读者可以查阅相关文献。

3.4　贝叶斯网络

3.4.1　贝叶斯网络介绍

贝叶斯网络（Bayesian Network，BN）又称贝叶斯信念网，最早由 Judea Pearl[10]于 1986 年在专家系统中引入。贝叶斯网络[11-12]描述了特征属性间的依赖关系，提供了一种因果信息的表示方法，是贝叶斯方法的扩展。贝叶斯网络基于概率理论和图论，数学基础牢固，表现形象直观，是目前不确定知识表达和推理领域最有效的理论模型之一。

贝叶斯网络由一个有向无环图（Directed Acylic Graph，DAG）和条件概率表（Conditional Probability Table，CPT）组成。贝叶斯网络结构是一个有向无环图，由代表特征属性的节点及连接这些节点的有向边构成。每个节点都有一个条件概率表，代表一个特征属性，连接节点间的有向边描述了特征属性间的相互依赖关系，关系强度用条件概率表示。没有父节点的特征属性用先验概率表示。

假设节点 a 直接影响节点 b，贝叶斯网络结构图中可表示为 $a \rightarrow b$，条件概率 $P(b|a)$ 表示 a、b 的依赖关系强度，可量化父节点 a 对节点 b 的影响。

如一个人发烧，体温可能会高，图 3-1 直观地刻画了"发烧"和"体温高"之间的依赖关系。表 3-6 给出了"发烧"与"体温"间的条件概率表，量化了"发烧"和"体温高"的依赖关系。

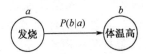

图 3-1 "发烧"与"体温高"间的贝叶斯网络结构图

表 3-6 "发烧"与"体温"间的条件概率表

发烧	体温	
	高	低
是	0.9	0.1
否	0.6	0.4

假设感染导致发烧的概率为 80%，肿瘤导致发烧的概率为 5%，血液病导致发烧的概率为 5%，其他原因导致发烧的概率为 10%，那么用贝叶斯网络表示如图 3-2 所示。

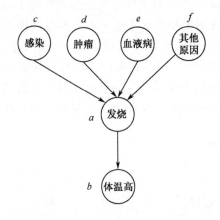

图 3-2 贝叶斯网络结构图

3.4.2 贝叶斯网络实现

1. 贝叶斯网络结构

令 $G = (I, E)$ 表示一个有向无环图，I 代表图中所有节点的集合，E 代表有向边的集合，$X = x_i (i \in I)$ 为图中某一节点所代表的特征属性。多特征属性非独立联合条件概率分布公式如下：

$$P(x_1, x_2, \cdots, x_m) = P(x_1)P(x_2 \mid x_1)P(x_3 \mid x_1, x_2) \cdots P(x_m \mid x_1, x_2, \cdots, x_{m-1}) \quad (3-7)$$

贝叶斯网络假定每个特征属性与其非后裔属性独立，因此，对任意特征属性，其联合分布可由各自的局部条件概率分布相乘获得。

$$P(x_1, x_2, \cdots, x_m) = \prod_{i=1}^{m} P(x_i \mid \mathrm{parent}(x_i))$$
$$= P(x_1 \mid \mathrm{parent}(x_1))P(x_2 \mid \mathrm{parent}(x_2)), \cdots, P(x_m \mid \mathrm{parent}(x_m))$$

依照上式，可将贝叶斯网络结构图（见图 3-2）的联合概率分布写成

$$P(a, b, c, d, e, f) = P(c)P(d)P(e)P(f)P(a \mid c, d, e, f)P(b \mid a)$$

来描述相关特征属性之间关系。

2. 贝叶斯网络结构形式

当 a 与 b 直接相连时，给出 a 的信息则会影响对 b 的判断，则 a 与 b 必相关，如图 3-3 所示。

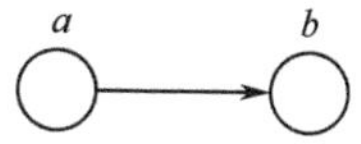

图 3-3　a 与 b 直接相连必相关

贝叶斯网络结构中特征属性间的依赖关系主要包含顺连结构、分连结构和汇连结构 3 种形式。

（1）如图 3-4 所示，当 a 与 b 通过 c 间接相连时，若呈顺连结构，在 c 给定的情况下，则 a 与 b 条件独立，即

$$P(a, b \mid c) = \frac{P(a, b, c)}{P(c)} = \frac{P(a)P(c \mid a)P(b \mid c)}{P(c)} = \frac{P(a, c)P(b \mid c)}{P(c)} = P(a \mid c)P(b \mid c)$$

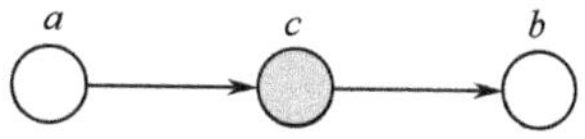

图 3-4　顺连结构

（2）如图 3-5 所示，当 a 与 b 通过 c 间接相连时，若呈分连结构，在 c 给定的情况下，则 a 与 b 条件独立，即

$$P(a, b \mid c) = \frac{P(a, b, c)}{P(c)} = \frac{P(c)P(a \mid c)P(b \mid c)}{P(c)} = P(a \mid c)P(b \mid c)$$

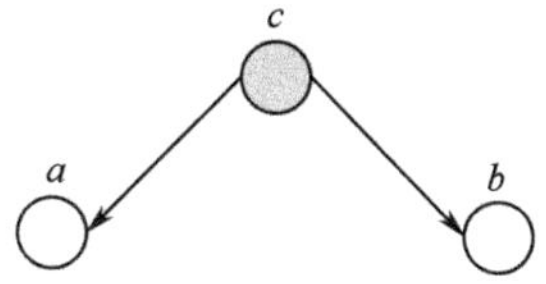

图 3-5　分连结构

（3）如图 3-6 所示，当 a 与 b 通过 c 间接相连时，若呈汇连结构，在 c 未给定的情况下，则 a 与 b 条件独立，即

$$P(a, b) = P(a)P(b)$$

上面两个表示式的差别在于条件概率的部分，在贝叶斯网络中，若已知其"因"变量，某些节点会与其"因"变量条件独立，只有与"因"变量有关的节点才会有条件概率的存在。

图3-6 汇连结构

3. 贝叶斯网络构造

构造贝叶斯网络，一般分为如下3步：

（1）标识贝叶斯网络中的节点，即有影响的特征属性。

（2）建立网络结构，即形成有向无环图，直观展示特征属性间的依赖关系。一般这一步需要领域专家的先验知识，想获取好的网络结构，还需要不断迭代改进。

（3）学习网络参数，即训练贝叶斯网络，构造完成条件概率表，量化特征属性间的依赖程度。贝叶斯网络参数是各特征属性的概率分布，如果每个特征属性的值都可以直接观察，此方法类似朴素贝叶斯分类。一般这一步是通过训练样本统计获得的，但往往贝叶斯网络中存在隐藏特征向量，即特征属性缺失，训练方法就比较复杂。例如，梯度下降法（Gradient Descent，GD）、期望最大化算法[13]（Expectation-Maximization，EM）是常用的估计参数隐变量的方法。

如何从数据中学习贝叶斯网络的结构和参数，已经成为贝叶斯网络研究的热点。一般有基于评分搜索的方法[14]、基于约束的方法[15]、随机抽样方法[16]等，此处不再赘述，感兴趣的读者可以查阅相关文献。

3.4.3 贝叶斯网络特性及应用

1. 贝叶斯网络特性

（1）贝叶斯网络本身是一种不定性因果关联模型。与其他决策模型不同，它本身是将多元知识图解并可视化的一种概率知识表达与推理模型，更为贴切地表述了网络节点特征属性间的因果关系及条件相关性。

（2）贝叶斯网络具有强大的不确定性问题处理能力。用条件概率表达各个特征属性间的相关关系，能在有限的、不完整的、不确定的信息条件下学习和推理。

（3）贝叶斯网络能有效地进行多源信息的表达与融合。可将故障诊断与维修决策相关的各种信息纳入网络结构中，按节点的方式统一进行处理，能有效地按信息的相关关系进行融合。

2. 贝叶斯网络应用

基于概率推理的贝叶斯网络是为解决不确定性和不完整性问题提出的，它对于解决复杂设备中不确定性和关联性引起的故障诊断很有优势，在处理不确定信息的智能化系统中得到重要应用，随后它逐步成为处理不确定性问题的主流，成功应用在统计决策、专家系统、信息检索、工业控制、智能科学、医疗诊断、学习预测等多个领域。

3.5 实验

本节通过应用朴素贝叶斯方法对新闻文本进行类别预测。

3.5.1　实验目的

（1）了解朴素贝叶斯算法的原理和工作流程。

（2）将文本量化为特征向量。

（3）应用 sklearn 完成朴素贝叶斯方法对新闻文本进行类别预测的程序。

（4）运行程序，分析结果。

3.5.2　实验要求

（1）了解朴素贝叶斯方法。

（2）从互联网获取新闻数据集。

（3）理解实现朴素贝叶斯方法对新闻文本预测类别的程序流程。

（4）实现新闻文本分类程序。

3.5.3　实验原理

1．新闻数据集

该新闻数据集包含 18846 条新闻文本，涉及 20 大类话题。

2．文本量化为特征向量

特征数值计算的常见方法通常有两种，一种是 CountVectorizer，另一种是 TfidfVectorizer。对于每个训练文本，CountVectorizer 只考虑每个词汇在该训练文本中出现的频率，即词频（Term Frequency）；而 TfidfVectorizer 除了考虑某一词汇在当前训练文本中出现的频率，还需要关注包含这个词汇其他训练文本数目的倒数，即逆文档频率（Inverse Document Frequency），是词频的权重调整系数。训练文本数量越多，TfidfVectorizer 特征量化方式就越有优势。

通常有不包含什么实际信息且特别高频的词汇在每条文本中都出现，如 the、to、a、an、and 等，一般在自然语言处理中会自动过滤掉，这样的词汇称为停用词（Stop Words），在进行文本特征量化时，去除停用词，可以有效提高模型的性能。

3．评价指标

本实验中引入了 4 个评价指标，分别是准确率、精确率、召回率和 F_1 指标，下面用代码细致地分析模型在这些指标上的表现。

$$准确率（Accuracy）= \frac{真阳性样本 + 真阴性样本}{真阳性样本 + 真阴性样本 + 假阳性样本 + 假阴性样本}$$

$$精确率（Precision）= \frac{真阳性样本}{真阳性样本 + 假阳性样本}$$

$$召回率（Recall）= \frac{真阳性样本}{真阳性样本 + 假阴性样本}$$

$$F_1 指标（F_1\text{-score}）= \frac{2}{\dfrac{1}{精确率} + \dfrac{1}{召回率}}$$

3.5.4 实验步骤

本实验为 Anaconda 3+Python 3.7 的环境，代码如下。

```
from sklearn.datasets import fetch_20newsgroups
from sklearn.cross_validation import train_test_split
from sklearn.feature_extraction.text import CountVectorizer
from sklearn.feature_extraction.text import TfidfVectorizer
from sklearn.naive_bayes import MultinomialNB
from sklearn.metrics import classification_report
news = fetch_20newsgroups(subset='all')    #下载全部数据存储在变量 news 中
print(len(news.data))                        #显示数据规模
print(news.data[0])                          #输出第一条新闻
#分割数据集
X_train, X_test, y_train, y_test = train_test_split(news.data, news.target, test_size=0.2, random_state=33)

count_vec = CountVectorizer() #采用默认配置（英文停用词不去除）对 CountVectorizer 初始化
tfidf_vec = TfidfVectorizer() #采用默认配置（英文停用词不去除）对 CountVectorizer 初始化
count_filter_vec = CountVectorizer(analyzer='word',stop_words='english') #采用去除停用词配置初始化 CountVectorizer
tfidf_filter_vec = TfidfVectorizer(analyzer='word',stop_words='english') #采用去除停用词配置初始化 TfidfVectorizer

#使用不去除停用词的 CountVectorizer 方式将训练文本转化成特征向量
X_count_train = count_vec.fit_transform(X_train)
#使用不去除停用词的 CountVectorizer 方式将测试文本转化成特征向量
X_count_test = count_vec.transform(X_test)
#使用不去除停用词的 TfidfVectorizer 方式将训练文本转化成特征向量
X_tfidf_train = tfidf_vec.fit_transform(X_train)
#使用不去除停用词的 TfidfVectorizer 方式将测试文本转化成特征向量
X_tfidf_test = tfidf_vec.transform(X_test)
#使用去除停用词的 CountVectorizer 方式将训练文本转化成特征向量
X_count_filter_train = count_filter_vec.fit_transform(X_train)
#使用去除停用词的 CountVectorizer 方式将测试文本转化成特征向量
X_count_filter_test = count_filter_vec.transform(X_test)
#使用去除停用词的 TfidfVectorizer 方式将训练文本转化成特征向量
X_tfidf_filter_train = tfidf_filter_vec.fit_transform(X_train)
#使用去除停用词的 TfidfVectorizer 方式将测试文本转化成特征向量
X_tfidf_filter_test = tfidf_filter_vec.transform(X_test)

nb_count = MultinomialNB() #初始化默认配置的朴素贝叶斯模型
nb_count.fit(X_count_train, y_train) #训练模型
#对 CountVectorizer（未去除停用词）后的数据预测分类结果
y_count_predict = nb_count.predict(X_count_test)
print('The accuracy of Naive Bayes Classifier 1 is', nb_count.score(X_count_test, y_test))
```

```
print(classification_report(y_test, y_count_predict, target_names = news.target_names))

nb_tfidf = MultinomialNB() #初始化默认配置的朴素贝叶斯模型
nb_tfidf.fit(X_tfidf_train, y_train) #训练模型
#对 TfidfVectorizer（未去除停用词）后的数据预测分类结果
y_tfidf_predict = nb_tfidf.predict(X_tfidf_test)
print('The accuracy of Naive Bayes Classifier 2 is', nb_tfidf.score(X_tfidf_test, y_test))
print(classification_report(y_test, y_tfidf_predict, target_names = news.target_names))

nb_count_filter = MultinomialNB() #初始化默认配置的朴素贝叶斯模型
nb_count_filter.fit(X_count_filter_train, y_train) #训练模型
#对 CountVectorizer（去除停用词）后的数据预测分类结果
y_count_filter_predict = nb_count_filter.predict(X_count_filter_test)
print('The accuracy of Naive Bayes Classifier 3 is', nb_count_filter.score(X_count_filter_test, y_test))
print(classification_report(y_test, y_count_filter_predict, target_names = news.target_names))

nb_tfidf_filter = MultinomialNB() #初始化默认配置的朴素贝叶斯模型
nb_tfidf_filter.fit(X_tfidf_filter_train, y_train) #训练模型
#对 TfidfVectorizer（去除停用词）后的数据预测分类结果
y_tfidf_filter_predict = nb_tfidf_filter.predict(X_tfidf_filter_test)
print('The accuracy of Naive Bayes Classifier 4 is', nb_tfidf_filter.score(X_tfidf_filter_test, y_test))
print(classification_report(y_test, y_tfidf_filter_predict, target_names = news.target_names))
```
运行上述程序。

3.5.5　实验结果

运行结果如图 3-7 至图 3-11 所示，采用 CountVectorizer 与 TfidfVectorizer 两种方法，分别考虑不去除停用词和去除停用词的条件，使用朴素贝叶斯方法对 3770 条测试的新闻文本数据进行分类，并给出准确率、精确率、召回率和 F_1 指标，结果如表 3-7 所示。可见，TfidfVectorizer 文本量化方法更加具备优势，同时，考虑过滤停用词要比不去除停用词，更能提高模型的性能。

表 3-7　新闻文本类别预测结果

文本特征量化	预测分类结果			
	准确率 （Accuracy）	精确率 （Precision）	召回率 （Recall）	F_1 指标 （ F_1 − score ）
CountVectorizer （未去除停用词）	84.72%	0.86	0.85	0.83
TfidfVectorizer （未去除停用词）	85.28%	0.88	0.85	0.85
CountVectorizer （去除停用词）	87.03%	0.88	0.87	0.86
TfidfVectorizer （去除停用词）	88.51%	0.89	0.89	0.88

```
18846
From: Mamatha Devineni Ratnam <mr47+@andrew.cmu.edu>
Subject: Pens fans reactions
Organization: Post Office, Carnegie Mellon, Pittsburgh, PA
Lines: 12
NNTP-Posting-Host: po4.andrew.cmu.edu


I am sure some bashers of Pens fans are pretty confused about the lack
of any kind of posts about the recent Pens massacre of the Devils. Actually,
I am  bit puzzled too and a bit relieved. However, I am going to put an end
to non-PIttsburghers' relief with a bit of praise for the Pens. Man, they
are killing those Devils worse than I thought. Jagr just showed you why
he is much better than his regular season stats. He is also a lot
fo fun to watch in the playoffs. Bowman should let JAgr have a lot of
fun in the next couple of games since the Pens are going to beat the pulp out of Jersey anyway. I was
very disappointed not to see the Islanders lose the final
regular season game.        PENS RULE!!!
```

图 3-7　新闻数据规模及第一条新闻文本

```
The accuracy of Naive Bayes Classifier 1 is 0.8472148541114058
                          precision    recall  f1-score   support

              alt.atheism       0.84      0.84      0.84       154
            comp.graphics       0.62      0.87      0.73       205
  comp.os.ms-windows.misc       0.89      0.12      0.21       201
 comp.sys.ibm.pc.hardware       0.60      0.87      0.71       189
    comp.sys.mac.hardware       0.90      0.81      0.85       196
           comp.windows.x       0.82      0.85      0.84       225
             misc.forsale       0.91      0.72      0.80       198
                rec.autos       0.90      0.90      0.90       187
          rec.motorcycles       0.98      0.92      0.95       227
       rec.sport.baseball       0.97      0.90      0.94       206
         rec.sport.hockey       0.94      0.98      0.96       196
                sci.crypt       0.85      0.98      0.91       183
          sci.electronics       0.87      0.89      0.88       188
                  sci.med       0.93      0.95      0.94       189
                sci.space       0.89      0.96      0.93       183
   soc.religion.christian       0.79      0.96      0.87       184
       talk.politics.guns       0.88      0.97      0.93       197
    talk.politics.mideast       0.93      0.98      0.95       189
       talk.politics.misc       0.84      0.90      0.87       162
       talk.religion.misc       0.90      0.42      0.58       111

              avg / total       0.86      0.85      0.83      3770
```

图 3-8　对 CountVectorizer（未去除停用词）后的数据预测分类结果

```
The accuracy of Naive Bayes Classifier 2 is 0.8527851458885941
                          precision    recall  f1-score   support

              alt.atheism       0.83      0.67      0.74       154
            comp.graphics       0.85      0.75      0.79       205
  comp.os.ms-windows.misc       0.85      0.84      0.84       201
 comp.sys.ibm.pc.hardware       0.77      0.87      0.82       189
    comp.sys.mac.hardware       0.93      0.84      0.88       196
           comp.windows.x       0.97      0.84      0.90       225
             misc.forsale       0.91      0.74      0.82       198
                rec.autos       0.86      0.93      0.89       187
          rec.motorcycles       0.99      0.93      0.96       227
       rec.sport.baseball       0.96      0.92      0.94       206
         rec.sport.hockey       0.91      0.99      0.95       196
                sci.crypt       0.70      0.98      0.82       183
          sci.electronics       0.88      0.85      0.86       188
                  sci.med       0.98      0.91      0.95       189
                sci.space       0.91      0.96      0.93       183
   soc.religion.christian       0.54      0.98      0.70       184
       talk.politics.guns       0.80      0.97      0.88       197
    talk.politics.mideast       0.93      0.98      0.96       189
       talk.politics.misc       0.99      0.57      0.73       162
       talk.religion.misc       0.91      0.18      0.30       111

              avg / total       0.88      0.85      0.85      3770
```

图 3-9　对 TfidfVectorizer（未去除停用词）后的数据预测分类结果

```
The accuracy of Naive Bayes Classifier 3 is 0.870291777188329
                          precision   recall  f1-score   support

            alt.atheism       0.84     0.88      0.86       154
          comp.graphics       0.65     0.89      0.75       205
comp.os.ms-windows.misc       0.92     0.24      0.38       201
comp.sys.ibm.pc.hardware      0.62     0.88      0.73       189
comp.sys.mac.hardware         0.92     0.87      0.89       196
       comp.windows.x         0.84     0.86      0.85       225
           misc.forsale       0.89     0.81      0.85       198
              rec.autos       0.90     0.93      0.91       187
        rec.motorcycles       0.98     0.94      0.96       227
     rec.sport.baseball       0.96     0.91      0.94       206
       rec.sport.hockey       0.94     0.99      0.96       196
              sci.crypt       0.90     0.97      0.93       183
        sci.electronics       0.87     0.91      0.89       188
                sci.med       0.96     0.95      0.95       189
              sci.space       0.92     0.95      0.94       183
 soc.religion.christian       0.88     0.95      0.91       184
     talk.politics.guns       0.90     0.97      0.93       197
  talk.politics.mideast       0.96     0.98      0.97       189
     talk.politics.misc       0.90     0.90      0.90       162
      talk.religion.misc      0.91     0.52      0.66       111

            avg / total       0.88     0.87      0.86      3770
```

图 3-10　对 CountVectorizer（去除停用词）后的数据预测分类结果

```
The accuracy of Naive Bayes Classifier 4 is 0.8851458885941644
                          precision   recall  f1-score   support

            alt.atheism       0.85     0.80      0.82       154
          comp.graphics       0.83     0.81      0.82       205
comp.os.ms-windows.misc       0.86     0.87      0.86       201
comp.sys.ibm.pc.hardware      0.78     0.88      0.83       189
comp.sys.mac.hardware         0.92     0.88      0.90       196
       comp.windows.x         0.97     0.88      0.92       225
           misc.forsale       0.90     0.81      0.85       198
              rec.autos       0.89     0.93      0.91       187
        rec.motorcycles       0.98     0.94      0.96       227
     rec.sport.baseball       0.96     0.93      0.95       206
       rec.sport.hockey       0.91     0.99      0.95       196
              sci.crypt       0.85     0.97      0.91       183
        sci.electronics       0.90     0.89      0.89       188
                sci.med       0.97     0.92      0.94       189
              sci.space       0.92     0.97      0.94       183
 soc.religion.christian       0.71     0.97      0.82       184
     talk.politics.guns       0.82     0.98      0.90       197
  talk.politics.mideast       0.92     0.99      0.95       189
     talk.politics.misc       0.98     0.73      0.83       162
      talk.religion.misc      0.94     0.27      0.42       111

            avg / total       0.89     0.89      0.88      3770
```

图 3-11　对 TfidfVectorizer（去除停用词）后的数据预测分类结果

习题

1. 什么是先验概率和后验概率？
2. 朴素贝叶斯算法的前提假设是什么？
3. 什么是朴素贝叶斯中的零概率问题？如何解决？
4. 朴素贝叶斯算法中如何使用拉普拉斯修正？
5. 贝叶斯网络的结构和参数如何学习？
6. 贝叶斯网络学习的结构如何存储？

参考文献

[1]   BAYES T. An Essay Towards Solving a Problem in the Doctrine of Chances[J]. Philosophical Transactions of the Royal Society, 1763, 53: 370-418.

[2]   LAPLACE P S. Memoir on the Probability of the Causes of Events[J]. Statistical Science, 1986, 1(3): 364-378.

[3]   LEE P M. Bayesian statistics: An Introduction[M]. NY: Wiley, 2012.

[4]   MENTROPOLIS N. Equation of state calculations by fast computing machines[J]. Journal of chemical physics, 1953, 21.

[5]   ZHU J, CHEN J, HU W, et al. Big Learning with Bayesian Methods[J]. 国家科学评论 (英文版), 2014(4): 627-651.

[6]   DOMINGOS P, PAZZANI M. On the optimality of the simple Bayesian classifier under zero-one loss[J]. Machine Learning, 1997, 29: 103-130.

[7]   FISHER R A. On the mathematical foundations of theoretical statistics[J]. Phil. Trans. Roy. Soc. A, 1922, 222.

[8]   KONONENKO I. Semi-naive Bayesian classifier[C]//In proceedings of the 6th European Working Session on Learning (EWSL), 1991: 206-219, Porto, Portugal.

[9]   WEBB G I, BOUGHTON J R, WANG Z. Not So Naive Bayes: Aggregating One-Dependence Estimators[J]. Machine Learning, 2005, 58(1): 5-24.

[10] PEARL J. Fusion, propagation, and structuring in belief networks[J]. Artificial Intelligence, 1986, 29(3): 241-288.

[11] PEARL J. Probabilistic Reasoning in Intelligent Systems: Networks on Plausible Inference[J]. Morgan Kaufmann, San Francisco, CA.

[12] JENSEN F V. An Introduction to Bayesian Networks[M]. NY: Springer, 1997.

[13] DEMPSTER A P. Maximum-likelihood estimation from incomplete data via the EM algorithm (with discussion)[J]. Journal of the Royal Statistical Society, 1977, 39(1): 1-38.

[14] COOPER G F, HERSKOVITS E. A Bayesian Method for the Induction of Probabilistic Networks from Data[J]. Machine Learning, 1992, 9(4): 309-347.

[15] HECHERMAN D. Learning Bayesian Network: The Combination of Knowledge and Statistical Data[C]//Proceedings of the 10th Conference on Uncertainty in Artificial Intelligence, 1994: 293-301. San Francisco, CA.

[16] HRYCEJ T. Gibbs sampling in Bayesian networks[J]. Artificial Intelligence, 1990, 46(3): 351-363.

[17] 李航. 统计学习方法[M]. 北京：清华大学出版社，2012.

[18] 周志华. 机器学习[M]. 北京：清华大学出版社，2016.

[19] PETER H. 机器学习实战[M]. 李锐，李鹏，曲亚东，等，译. 北京：人民邮电出版社，2013.

[20] 范淼，李超. Python 机器学习及实践[M]. 北京：清华大学出版社，2016.

[21] BISHOP C M. Pattern Recognition and Machine Learning (Information Science and Statistics)[M]. NY: Springer, 2006.

第4章　决策树

决策树（Decision Tree）是最为广泛的归纳推理算法之一，它以树形结构将决策或分类过程展现出来，简单直观、可读性强，可处理类别型或连续型变量的分类预测问题。决策树在各行各业有着非常广泛的应用，如医院的临床决策、人脸检测、故障诊断、故障预警、医疗数据挖掘、案例分析、分类预测的软件系统等。本章将介绍决策树的相关概念、属性划分选择、剪枝处理，以及常用的决策树算法（ID3 算法、C4.5 算法和CART 算法）。

4.1　决策树简述

为了对决策树的相关概念有一个直观的认识，本节以某高尔夫俱乐部经理根据天气预报来对雇员数量做出决策的经典案例为例。他在经营俱乐部的过程中发现，某些天好像所有人都来打高尔夫，员工都忙得团团转还是应付不过来；而有些天却一个人也不来，俱乐部为多余的雇员花费了不少资金。因此，他通过收集一段时间的天气预报（见表4-1）来看人们倾向于什么时候来打高尔夫，以适时调整雇员数量。

表 4-1　不同天气情况打高尔夫人数的数据集

序号	属性				类标号
	天气	温度	湿度	风况	（Y 为打高尔夫；N 为不打高尔夫）
1	晴	热	大	无	N
2	晴	热	大	有	N
3	多云	热	大	无	Y
4	雨	中	大	无	Y
5	雨	冷	正常	无	Y
6	雨	冷	正常	有	N
7	多云	冷	正常	有	Y
8	晴	中	大	无	N
9	晴	冷	正常	无	Y
10	雨	中	正常	无	Y
11	晴	中	正常	有	Y
12	多云	中	大	有	Y
13	多云	热	正常	无	Y
14	雨	中	大	有	N

对收集的数据集，采用决策树算法，最终生成树状的决策模型（见图 4-1），根据决策模型将得到非常有用的结论：如果天气情况是多云，人们总是选择打高尔夫，晴天时大部分人会来打高尔夫，而只有少数很着迷的人在雨天也会打；进一步地，在晴天当湿度较高时，人们不太喜欢来打高尔夫，但如果雨天没有风，人们还是愿意到俱乐部来打高尔夫。这就通过决策树给出了一个解决方案：在潮湿的晴天或者刮风的雨天应安排少量雇员，因为这种天气不会有太多人来打高尔夫；而其他天气则可考虑再雇佣一些临时员工，使得大批顾客来打高尔夫时俱乐部仍能正常运作。

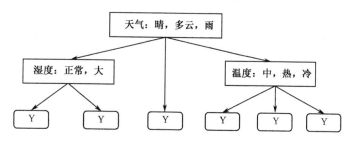

图 4-1 高尔夫引例决策树

由上述引例可知，决策树是一个两阶段过程：学习阶段和分类阶段。在学习阶段，给定训练数据集（由类标号已知的记录组成），构造决策模型。在分类阶段，使用决策模型对类标号未知的记录进行预测分析。学习阶段也称为监督学习，在被告知每个训练元组属于哪个类的"监督"下进行决策模型的学习。

4.1.1 树形结构

关于高尔夫俱乐部引例中的决策模型（见图 4-1）呈现倒置的树形，因此形象地将决策模型称为决策树。决策树是一种由节点和有向边组成的层次结构。节点包含一个根节点、若干个内部节点和若干个叶子节点。根节点和每个内部节点表示一个属性的测试，也称为判断节点。例如，图 4-1 中的根节点对属性"天气"进行测试，测试输出分为 3个分枝（Branch），每个分枝代表属性"天气"的一个可能取值——晴、多云或雨。叶子节点（Leaf Node）对应决策结果，图 4-1 中的 6 个叶子节点，分别为"Y"或"N"，表示"打高尔夫"或"不打高尔夫"。从根节点到每个叶子节点的路径对应一个判定测试序列，如在图 4-1 中，"天气 $\xrightarrow{\text{晴}}$ 湿度 $\xrightarrow{\text{正常}}$ Y"这个路径表明：天气情况晴，且湿度正常时，大多数顾客喜欢来打高尔夫。

4.1.2 树的构建

理论上，决策树的构建过程包括如下两个步骤。

1. 决策树的生成

该过程将初始的包含大量信息的数据集按照一定的划分条件逐层分类至不可再分或无须再分，充分生成树。具体而言，在每次分类中，先找出各个可以作为分类属性的自变量的所有可能划分条件，再对每个自变量，比较在各个划分条件下所得的两个分枝的差异，选出使分枝差异最大的划分条件作为该自变量的最优划分；再将各个自变量在最优划分条件下所得的两个分枝的差异进行比较，选出差异最大者作为该节点的分类属性，并采用该属性的最优划分。

例如，表 4-1 中的数据有"天气""温度""湿度""风况" 4 种属性，每种属性下面有多种取值。决策树构建时，根节点既可以对属性"天气"进行测试，也可以按照属性"温度"来判断。这种 "拍脑袋"的拆分合不合适，是不是最佳？需要量化指标来进行评价。4.2 节将阐述如何进行划分属性选择。

2. 生成树的剪枝

在上述决策树的生成过程中，没有考虑停止条件，所得到的生成树可能非常大，对训练集来说很可能存在过拟合。也就是说，对训练数据有非常高的分类准确率，但是对新数据进行的分类准确率较差。为了保证树的推广能力，需要通过剪枝过程对决策树的节点进行删减，控制树的复杂度，并由树的叶子节点来衡量复杂度。具体而言，先找出固定叶子节点下拟合效果最优的树，即局部最优模型；再比较各个叶节点数下的局部最优模型，最终选择出全局最优模型。4.3 节将详细介绍如何进行剪枝处理。

4.2 划分属性选择

决策树学习的关键是如何选择最优划分属性。一般而言，随着划分过程的不断进行，我们希望决策树的分枝节点所包含的样本尽可能属于同一类别，即节点的"纯度"越来越高。决策树算法通过引入信息增益或基尼不纯度来对一个数据集的有序程度进行量化。

4.2.1 信息增益

要计算信息增益，必须先得到信息熵。信息熵是度量样本集合纯度最常用的一种指标。假定当前样本集合 D 中第 k 类样本所占的比例为 $p_k(k=1,2,\cdots,|y|)$，则 D 的信息熵定义为

$$\text{Ent}(D) = -\sum_{k=1}^{|y|} p_k \log_2 p_k \qquad (4\text{-}1)$$

$\text{Ent}(D)$ 的值越小，则 D 的纯度越高。

假定离散属性 a 有 V 个可能的取值 $\{a^1,a^2,\cdots,a^V\}$，若使用 a 来对样本集 D 进行划分，则会产生 V 个分枝节点，其中第 v 个分枝节点包含了 D 中所有在属性 a 上取值为 a^v 的样本，记为 D^v。可根据式（4-1）计算出 D^v 的信息熵。考虑不同分枝节点包含的样本数不同，给分枝节点赋予权重 $|D^v|/|D|$，即样本数越多的分枝节点的影响越大，于是可计算出用属性 a 对样本集 D 进行划分所获得的"信息增益"（Information Gain）：

$$\text{Gain}(D,a) = \text{Ent}(D) - \sum_{v=1}^{V} \frac{|D^v|}{|D|}\text{Ent}(D^v) \qquad (4\text{-}2)$$

一般而言，信息增益越大，则意味着使用属性 a 来进行划分所获得的"纯度提升"越大。因此，可以用信息增益来进行决策树的划分属性选择。著名的 ID3 决策树学习算法[1]就是以信息增益为准则来划分属性的。

以表 4-1 中不同天气情况打高尔夫的数据集为例，该数据集包含 14 个训练样例，用以学习一棵能预测天气情况适不适合打高尔夫的决策树。显然，$|y|=2$。在决策树学习开始时，根节点包含 D 中的所有样例，其中正例占 $p_1=\dfrac{9}{14}$，反例占 $p_2=\dfrac{5}{14}$。于是，根据式（4-1）可计算出根节点的信息熵为

$$\mathrm{Ent}(D)=-\sum_{k=1}^{2} p_k \log_2 p_k=-\left(\frac{9}{14}\log_2\frac{9}{14}+\frac{5}{14}\log_2\frac{5}{14}\right)=0.94$$

接下来，计算当前属性集合{天气，温度，湿度，风况}中每个属性的信息增益，以属性"天气"为例，它有 3 个可能的取值：{晴，多云，雨}。如果使用该属性对 D 进行划分，则可能得到 3 个子集，分别记为 D^1（天气=晴）、D^2（天气=多云）、D^3（天气=雨）。

子集 D^1 包含编号为{1,2,8,9,11}的 5 个样例，其中正例占 $p_1=\dfrac{2}{5}$，反例占 $p_2=\dfrac{3}{5}$；子集 D^2 包含编号为{3,7,12,13}的 4 个样例，其中正例占 $p_1=1$，反例占 $p_2=0$；子集 D^3 包含编号为{4,5,6,10,14}的 5 个样例，其中正例占 $p_1=\dfrac{3}{5}$，反例占 $p_2=\dfrac{2}{5}$。根据式（4-1）可计算出用"天气"划分之后所获得的 3 个分枝节点的信息熵为

$$\mathrm{Ent}(D^1)=-\left(\frac{2}{5}\log_2\frac{2}{5}+\frac{3}{5}\log_2\frac{3}{5}\right)=0.97$$

$$\mathrm{Ent}(D^2)=-(\log_2 1)=0$$

$$\mathrm{Ent}(D^3)=-\left(\frac{3}{5}\log_2\frac{3}{5}+\frac{2}{5}\log_2\frac{2}{5}\right)=0.97$$

根据式（4-2）可计算出属性"天气"的信息增益为

$$\mathrm{Gain}(D,天气)=\mathrm{Ent}(D)-\sum_{v=1}^{3}\frac{|D^v|}{|D|}\mathrm{Ent}(D_v)=0.94-\left(\frac{5}{14}\times0.97+\frac{4}{14}\times0+\frac{5}{14}\times0.97\right)=0.247$$

类似地，可计算出其他属性的信息增益：

$$\mathrm{Gain}(D,温度)=0.029$$

$$\mathrm{Gain}(D,湿度)=0.1915$$

$$\mathrm{Gain}(D,风况)=0.1733$$

显然，属性"天气"的信息增益最大，于是它被选为划分属性。图 4-2 给出了基于属性"天气"对根节点进行划分的结果，各分枝节点所包含的样例子集显示在节点中。

图 4-2　基于属性"天气"对根节点划分

接下来，决策树学习算法将对每个分枝节点做进一步划分，以图 4-2 中第一个分枝节点（天气=晴）为例，该节点包含的样例集合 D^1 中有编号为{1,2,8,9,11}的 5 个样例，可用属性集合为{温度，湿度，风况}。基于 D^1 计算出各属性的信息增益：

$$\text{Gain}(D^1, 温度) = 0.57095$$
$$\text{Gain}(D^1, 湿度) = 0.97095$$
$$\text{Gain}(D^1, 风况) = 0.01997$$

属性"湿度"取得最大的信息增益，选择其作为划分属性。类似地，对每个分枝节点进行上述操作，最终得到的决策树如图 4-3 所示。

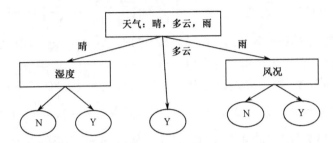

图 4-3　在不同天气打高尔夫数据集上基于信息增益生成的决策树

4.2.2　增益率

在上面的讨论中，我们有意忽略了表 4-1 中的"序号"这一列，若把"序号"也作为一个候选划分属性，则根据式（4-2）可计算出它的信息增益为 0.94，远大于其他候选划分属性。这是因为，"序号"将产生 14 个分枝，每个分枝仅包含一个样本，因此，这些分枝节点的纯度已经达到最大。可是，这样的决策树显然不具有泛化能力，无法对新样本进行有效预测。实际上，信息增益准则对可取值数目较多的树型有所偏好，为减少这种偏好带来的不利影响，著名的 C4.5 决策树算法[2]不直接使用信息增益，而是使用"增益率"（Gain Ratio）来选择最优划分树型，采用与式（4-2）相同的符号表示，增益率定义为

$$\text{Gain\_ratio}(D,a) = \frac{\text{Gain}(D,a)}{\text{IV}(a)} \qquad (4\text{-}3)$$

其中，

$$\text{IV}(a) = -\sum_{v=1}^{V} \frac{|D^v|}{|D|} \log_2 \frac{|D^v|}{|D|} \qquad (4\text{-}4)$$

称为属性 a 的"固有值"（Intrinsic Value）。属性 a 的可能取值数越多（V 越大），则 $\text{IV}(a)$ 的值通常会越大。针对表 4-1 中的数据集，有 IV(天气)=1.5774，IV(温度)=0.198，IV(湿度)=0.5，IV(风况)=0.9852。需要注意的是，增益率准则对可取数目较少的树型有所偏好，因此，C4.5 算法并不是直接选取增益率最大的候选划分属性，而是使用了一个启发式方法，先从候选划分中找出信息增益高于平均水平的属性，再从中选择增益率最高的属性作为划分选择。

设 D 为表 4-1 的数据集，采用信息增益率创建根节点 N。已知属性针对数据集 D 的信息增益分别如下：Gain(D,天气) = 0.247，Gain(D,温度) = 0.029，Gain(D,湿度) = 0.1915，Gain(D,风况) = 0.1733。其中，属性"天气""湿度"和"风况"的信息增益高于平均

水平，则针对上述 3 个属性，计算其信息增益率：

$$\text{Gain\_ratio}(D,\text{天气}) = 0.1566$$
$$\text{Gain\_ratio}(D,\text{湿度}) = 0.383$$
$$\text{Gain\_ratio}(D,\text{风况}) = 0.1759$$

由于属性"湿度"的信息增益率大于属性"风况"，则根节点基于属性"湿度"进行划分。

4.2.3　基尼指数

CART 决策树[3]使用"基尼指数"（Gini_index）来选择划分属性。数据集 D 的纯度可用基尼指数来度量：

$$
\begin{aligned}
\text{Gini}(D) &= \sum_{k=1}^{|y|}\sum_{k'\neq k} p_k p_{k'} \\
&= 1 - \sum_{k=1}^{|y|} p_k^2
\end{aligned}
\tag{4-5}
$$

直观来说，Gini(D)反映了从数据集 D 中随机抽取两个样本，其类别标记不一致的概率。因此，Gini(D)越小，则数据集 D 的纯度越高。

设 D 是表 4-1 的数据集，使用基尼指数计算 D 的不纯度。数据集 D 中，正例 $p_1 = \dfrac{9}{14}$，反例 $p_2 = \dfrac{5}{14}$。$\text{Gini}(D) = 1 - \left(\dfrac{9}{14}\right)^2 - \left(\dfrac{5}{14}\right)^2 = 0.459$。

基尼指数考虑每个属性的二元划分。首先考虑属性 a 是离散值属性的情况。其中 a 具有 v 个不同值出现在数据集 D 中。为了确定 a 上最好的划分，考察使用 a 的已知值形成的所有可能子集。如果 a 具有 v 个可能的值，则存在 2^v 个可能的子集。例如，对于属性"天气"，具有 3 个可能的值{晴，多云，雨}，则可能的子集是{晴，多云，雨}，{晴，多云}，{晴，雨}，{多云，雨}，{晴}，{多云}，{雨}和{}。不考虑幂集{晴，多云，雨}和空集{}，基于属性 a 的二元划分，存在 $\left(\dfrac{2^v - 2}{2}\right)$ 种形成数据集 D 的两个分区的可能方法。

当考虑二元划分时，计算每个结果分区的不纯度的加权和。例如，如果属性 a 的二元划分将数据集 D 划分成 D^1 和 D^2，则给定该划分，D 的基尼指数为

$$\text{Gini}(D,a) = \frac{|D_1|}{|D|}\text{Gini}(D_1) + \frac{|D_2|}{|D|}\text{Gini}(D_2) \tag{4-6}$$

对于每种属性，考虑每种可能的二元划分。对于离散值属性，选择该属性产生最小基尼指数的子集作为它的分裂子集。

对于连续值属性，必须考虑每个可能的分裂点，将每对（排序后的）相邻值的中点作为可能的分裂点。对于给定的（连续值）属性，选择产生最小基尼指数的点作为该属性的分裂点。

对离散或连续值属性 a 的二元划分导致的不纯度降低为

$$\Delta\text{Gini}(a) = \text{Gini}(D) - \text{Gini}(D,a) \tag{4-7}$$

最大化不纯度降低的属性选为分裂属性。或等价地，具有最小基尼系数的属性选为分裂属性。

$$a_* = \arg\min_{a \in A} \text{Gini}(D, a) \tag{4-8}$$

设 D 为表 4-1 的数据集，为了找出 D 中根节点的划分依据，需要计算每个属性的基尼指数。以属性"天气"为例，考虑属性"天气"每个可能分裂的子集。

考虑子集{晴，多云}，有 9 个满足条件"天气 ∈ {晴，多云}"的样例出现在分区 D^1 中，D 中的其余 5 个样例将指派到分区 D^2 中。基于该划分计算出的基尼指数为

$$\text{Gini}_{\text{天气}\in\{\text{晴, 多云}\}}(D) = \frac{9}{14}\text{Gini}(D^1) + \frac{5}{14}\text{Gini}(D^2)$$

$$= \frac{9}{14}\left(1 - \left(\frac{1}{3}\right)^2 - \left(\frac{2}{3}\right)^2\right) + \frac{5}{14}\left(1 - \left(\frac{2}{5}\right)^2 - \left(\frac{3}{5}\right)^2\right)$$

$$= 0.457$$

$$= \text{Gini}_{\text{天气}\in\{\text{雨}\}}(D)$$

类似地，用其余子集划分的基尼指数是 0.351（子集{晴，雨}和{多云}）和 0.39365（子集{多云，雨}和{晴}）。因此，属性"天气"的最好二元划分在{晴，雨}（或{多云}）上，因为它能最小化基尼指数。

在上述 3 种经典的属性划分选择方法之外，还有一些其他的属性划分选择方法。一种流行的决策树算法 CHAID 使用一种基于统计 χ^2 检验的属性选择度量。其他度量包括 C-SEP（在某些情况下，它比信息增益和基尼指数的性能好）和 G-统计量（一种信息论度量，非常近似于 χ^2 分布）。基于最小描述长度（Minimum Description Length，MDL）的属性选择划分具有最小偏向多值属性的偏倚。基于 MDL 的度量使用编码技术将"最佳"决策树定义为需要最少二进位的树，它的基本思想是首选简单的树。其他属性选择划分考虑多元划分，即数据集的划分基于属性的组合而不是单个属性。例如，CART 系统可以基于属性的线性组合发现多元划分。多元划分是一种属性（或特征）构造，其中新属性基于已有的属性创建。

上面提到的多种属性划分选择，到底哪种属性划分选择方法最好？其实，所有的度量都具有某种偏倚。已经证明，决策树归纳的时间复杂度一般随着树的高度指数增加。因此，倾向于产生较浅的树（如多路划分而不是二路划分，促成更平衡的划分）的划分方法可能更加可取。然而，较浅的树趋向于具有大量树叶和较高的错误率。尽管有一些比较研究，但是并未发现一种划分方法显著优于其他划分方法。

4.3 剪枝处理

决策树学习可能遭遇模型过拟合（Overfitting）的问题。过拟合是指模型过度训练，导致模型记住的不是训练集的一般性，而是训练集的局部特性。模型过拟合，使得模型预测能力不准确，一旦将训练后的模型运用到新数据，可能会得到错误的预测结果。因此，完整的决策树构造过程，除了决策树的构建，还应该包含树剪枝（Tree Pruning），

解决和避免模型过拟合问题。

当决策树产生时,因为数据中的噪声或离群值,许多分枝反映的是训练数据中的异常情况,树剪枝就是处理这些异常情况。决策树的剪枝一般通过极小化决策树整体的损失函数或代价函数来实现[4]。树剪枝有两种方法:先剪枝(Prepruning)和后剪枝(Postpruning)。

4.3.1 损失函数

决策树可以看作一系列 if-then 规则的集合。这个规则集合有一个重要的性质:互斥并且完备。也就是说,对于任意一个实例,顺着规则的起点(根节点)出发,最终都有且只有一条路径到达某一个具体的叶节点(具体的分类),不会出现实例无法分类的情况。

如果不考虑泛化能力,在训练集上生成的所有不同规则集合对应的决策树中挑选出最优的决策树,可以根据所有叶节点中的预测误差来衡量,即模型与训练数据的拟合程度。设树 T 的叶节点个数为 $|T|$,t 是树 T 的一个叶节点,该叶节点有 N_t 个样本点,其中 k 类的样本点有 N_{tk} 个,$k=1,2,\cdots,K$,K 为样本空间中的所属分类数量。叶节点 t 上的经验熵 $H_t(T)$ 为

$$H_t(T) = -\sum_k \frac{N_{tk}}{N_t} \log \frac{N_{tk}}{N_t} \tag{4-9}$$

它代表了该叶节点的分类还有多少未知信息量(混乱程度)。一个理想的极端情况是,当该叶节点中只有一个分类 k 时,则 $N_{tk}=N_t$,最终 $H_t(T)=0$,这个结论与分类已经完全的结果是相吻合的。因此,经验熵 $H_t(T)$ 代表了连接该叶节点的整个路径对数据分类的彻底性。

由于每个叶节点中的样例个数不同,我们采用

$$C(T) = \sum_{t=1}^{|T|} N_t H_t(T) = -\sum_{t=1}^{|T|} \sum_{k=1}^{K} N_{tk} \log \frac{N_{tk}}{N_t} \tag{4-10}$$

来衡量模型对训练数据的整体测量误差。

但是,如果仅仅用 $C(T)$ 作为优化目标函数,就会导致模型走向过拟合。因为我们可以尽可能地对每个分枝划分到最细节来使得每个叶节点的 $H_t(T)=0$,最终使得 $C(T)=0$。

为了避免过拟合,我们需要给优化目标函数增加一个正则项,正则项应该包含模型的复杂度信息。对于决策树来说,其叶节点的数量 $|T|$ 越多就越复杂,添加正则项

$$C_\alpha(T) = C(T) + \alpha |T| \tag{4-11}$$

来作为优化的目标函数,也就是树的损失函数。参数 α 控制了两者之间的影响程度。较大的 α 促使选择较简单的模型(树),较小的 α 促使选择较复杂的模型(树)。

决策树的生成过程并不是一个准确的求解树的损失函数的最优化方法,而是采取一种启发式的求解步骤,在每一步扩大树的规模时都是找当前步能使分类结果提升最明显的选择。

为了提高决策树的泛化能力,需要对树进行剪枝(Pruning),把过于细分的叶节点(通常是数据量过少导致噪声数据的影响增加)去掉而回退到其父节点或更高的节点,使其父节点或更高的节点变为叶节点。

4.3.2 先剪枝

先剪枝是通过提前停止树的构造来对树剪枝，一旦停止分类，节点就称为树叶，该树叶可能持有子集样本中次数最高的类别。在构造决策树时，χ^2 值和信息增益等测量值可以用来评估分类的质量，如果在一个节点划分样本，将导致低于预定义阈值的分裂，则给定子集的进一步划分将停止。选取适当的阈值是困难的，较高的阈值可能导致过分简化的树，反之，较低的阈值可能使得树的简化太少。

4.3.3 后剪枝

后剪枝是由已经完全生长的树剪去分枝，通过删减节点的分枝剪掉树节点，最下面没有剪掉的节点成为树叶，并使用先前划分次数最多的类别做标记。对于树中每个非叶子节点，算法计算剪去该节点上的子树可能出现的期望误差率。如果剪去该节点导致较高的期望错误率，则保留该子树，否则剪去该子树。产生一组逐渐剪枝后的树，使用一个独立的测试集评估每棵树的准确率，就能得到具有最小期望错误率的决策树。也可以交叉使用先剪枝和后剪枝形成组合式，后剪枝所需的计算比先剪枝多，但通常产生较可靠的树。

可以使用的后剪枝方法有多种，如错误率降低剪枝、悲观误差剪枝、最小误差剪枝、代价复杂性剪枝等。

1. 错误率降低剪枝（Reduced-Error Pruning，REP）

REP 是最简单粗暴的一种后剪枝方法，其目的是减少误差样本数量。顾名思义，该剪枝方法根据错误率进行剪枝，如果一棵子树在修剪后错误率没有下降，则认为该子树是可以修剪的。

具体思路如下：对于完全决策树 T 中的每个非叶子节点的子树，尝试把它替换成一个叶子节点，该叶子节点的类别用子树所覆盖训练样本中存在最多的那个类来代替，这样就产生了一棵简化决策树 T'。

接下来，比较 T 和 T' 这两个决策树在测试数据集中的错误率。

决策树 T 的错误率为 $f(T) = -\sum_{t \in T} e(t)$，其中 t 表示当前树 T 的节点，$e(t)$ 表示在节点 t 下的样本的误判个数。

决策树 T' 的错误率为 $f(T') = -\sum_{t' \in T'} e(t')$，其中 t' 表示当前树 T' 的节点，$e(t')$ 表示在节点 t' 下的样本的误判个数。

如果 $f(T) \leqslant f(T')$，说明剪枝之后误差降低，可以进行剪枝，用叶子节点替换该子树。该算法以自底向上的方式遍历所有的子树，直至没有任何子树可以替换，从而使得测试数据集的表现得以改进时，算法终止。

REP 剪枝中的测试数据集不能沿用训练数据集和验证数据集，需要用新的数据集。如果用旧的数据集，不可能出现分裂后的错误率比分裂前错误率要高的情况。由于新的数据集没有参与决策树的构建，能够降低训练数据的影响，降低过拟合的程度，提高预测的准确率。

2. 悲观误差剪枝（Pessimistic Error Pruning，PEP）

PEP 基于训练数据误差评估，不用单独准备剪枝数据集。然而，训练数据也会带来错分误差偏向于训练集，因此需要加入修正 0.5。PEP 自上而下进行剪枝。

给定决策树 T，其误差率为 $E(T) = \sum_{t \in T} \dfrac{e(t) + 0.5}{N(t)}$，$e(t)$ 表示节点 t 之下的训练集误判的个数。$N(t)$ 表示节点 t 之下的训练集的总个数。

去掉节点 k 及其子树后的决策树 T'，其误差率为 $E(T') = \sum_{t \in T'} \dfrac{e(t) + 0.5}{N(t)}$。

设 $n(t) = \dfrac{e(t) + 0.5}{N(t)}$，当 $n(t) \leqslant E(T') - E(T)$ 时，可以去掉节点 k 及其子树，即进行剪枝。

3. 最小误差剪枝（Minimum Error Pruning，MEP）

MEP 是由 Niblett & Bratko 在 1987 年发明的。与悲观误差剪枝方法相近，但是对类的计数处理是不同的，它采用自底向上剪枝。那么，怎么来评估误差？最早，Bojan & Bratko 提出误差率计算公式

$$E_{\text{pruning}} = \frac{n - n_c + k - 1}{n + k} \tag{4-12}$$

式中，E_{pruning} 表示在某个节点剪枝之后的期望误差率，n 表示该节点的样本数量，n_c 表示其中类别最多的样本个数，k 表示数据的标签类别个数。此处假设所有样本是均等的，而不剪枝的期望误差率为

$$E_{\text{notpruning}} = \sum_{\text{split}=1}^{M} \frac{|S_{\text{split}}|}{|S|} * E_{\text{split-pruning}} \tag{4-13}$$

式中，$\dfrac{|S_{\text{split}}|}{|S|}$ 表示分裂为某一枝的样本比例。

剪枝的条件为 $E_{\text{pruning}} \leqslant E_{\text{notpruning}}$，一旦满足条件，则剪掉该节点及其所有分枝，用叶子节点代替。

一种改进版本的思想如下：一个观测样本到达节点 t，其隶属于类别 i 的概率为

$$p_i(t) = \frac{n_i(t) + p_{\text{ai}} m}{N(t) + m} \tag{4-14}$$

式中，$n_i(t)$ 表示该节点下的训练样本中，被判断为 i 类的样本数量。P_{ai} 表示该类别的先验概率。$N(t)$ 表示该节点下训练样本的数量。m 是评估方法的一个参数（m 可以依据数据噪声给出，但是也可以作为一个参数，通过调节找到合适值）。剪枝期望误差 E_s 在某个节点的计算方式如下：

$$E_s = 1 - \frac{n_c + p_{\text{ac}} m}{N + m} = \frac{N - n_c + (1 - p_{\text{ac}}) m}{N + m} \tag{4-15}$$

式中，N 是节点所在枝的样本数量，n_c 是该节点下样本数目最多的类别所包含的样本数量。p_{ac} 表示最多类别的先验概率。若是不剪枝，则期望误差为

$$E_{\text{split-}s} = \sum_{\text{split}=1}^{M} \frac{|S_{\text{split}}|}{|S|} * E_{\text{split-}s} \tag{4-16}$$

剪枝条件如下：若 $E_s \leqslant E_{\text{split-}s}$，则去掉该节点及其分枝。

4. 代价复杂性剪枝（Cost-Complexity Pruning，CCP）

CCP 选择节点表面误差率增益值最小的非叶子节点，删除该非叶子节点的左右子节点，若有多个非叶子节点的表面误差率增益值相同小，则选择非叶子节点中子节点数最多的非叶子节点进行剪枝。

其剪枝过程可描述如下：

令决策树的非叶子节点为 $\{T_1, T_2, T_3, \cdots, T_n\}$。

（1）计算所有非叶子节点的表面误差率增益值。

（2）选择表面误差率增益值最小的非叶子节点（若多个非叶子节点具有相同小的表面误差率增益值，选择节点数最多的非叶子节点）。

（3）对选中的非叶子节点进行剪枝。

表面误差率增益值的计算公式如下：

$$\alpha = \frac{R(t) - R(T)}{N(T) - 1}$$
$$R(t) = r(t) \cdot p(t) \tag{4-17}$$
$$R(T) = \sum_{i=1}^{m} r_i(t) \cdot p_i(t)$$

式中，$R(t)$ 表示叶子节点的误差代价；$r(t)$ 为节点的错误率；$p(t)$ 为节点数据量的占比；$R(T)$ 表示子树的误差代价；$r_i(t)$ 为子节点 i 的错误率，$p_i(t)$ 表示为节点 i 的数据量的占比；$N(T)$ 表示子树的节点个数。

4.4 决策树算法

划分数据集的最大原则是使无序的数据变得有序。如果一个训练数据中有 10 个特征，那么选取哪个做划分依据？这就必须采用量化的方法来判断，量化划分方法有多种，其中一项就是"信息论度量信息分类"。基于信息论的决策树算法有 ID3、CART 和 C4.5 等算法，其中 C4.5 和 CART 两种算法从 ID3 算法中衍生而来。

C4.5 和 CART 算法支持数据特征为连续分布时的处理，主要通过使用二元切分来处理连续型变量，即求一个特定的值——分裂值：特征值大于分裂值就走左子树，否则就走右子树。这个分裂值的选取原则是使得划分后的子树中的"混乱程度"降低，具体到 C4.5 和 CART 算法则有不同的定义方式。

ID3 算法由 Ross Quinlan 发明，建立在"奥卡姆剃刀"的基础上，越是小型的决策树越优于大的决策树。ID3 算法中根据信息论的信息增益评估和选择特征，每次选择信息增益最大的特征来做判断模块。ID3 算法可用于划分标称型数据集，它没有剪枝的过程，为了去除过度数据匹配的问题，可通过裁剪合并相邻的、无法产生大量信息增益的叶子节点[5]（如设置信息增益阈值）。使用信息增益其实是有一个缺点的，那就是它偏向于具有大量值的属性，就是说在训练集中，某个属性所取的不同值的个数越多，那么越有可能拿它来作为分裂属性，而这样做有时候是没有意义的。另外，ID3 算法不能处理连续分布的数据特征，于是就有了 C4.5 算法。CART 算法也支持连续分布的数据特征。

C4.5 算法是 ID3 算法的一个改进算法，它继承了 ID3 算法的优点。C4.5 算法用信息增益率来选择属性，弥补了用信息增益选择属性时偏向选择取值多的属性的不足，它在树构造过程中进行剪枝；能够完成对连续属性的离散化处理；能够对不完整数据进行处理。C4.5 算法产生的分类规则易于理解、准确率较高，但效率较低。这是因为在树的构造过程中，需要对数据集进行多次顺序扫描和排序。也是因为必须进行多次数据集扫描，C4.5 算法只适合于能够驻留于内存的数据集[6]。

CART（Classification And Regression Tree）算法采用基尼（Gini）指数（选基尼指数最小的特征）作为分裂标准，同时它也包含后剪枝操作[13]。ID3 算法和 C4.5 算法虽然在对训练样本集的学习中可以尽可能多地挖掘信息，但其生成的决策树分枝较多、规模较大。为了简化决策树的规模，提高生成决策树的效率，就出现了根据基尼系数来选择测试属性的决策树算法 CART。

下面对 ID3 算法、C4.5 算法和 CART 算法分别进行简单介绍。

4.4.1 ID3 算法

1. ID3 算法生成决策树的过程

算法：ID3_DT(S, A, C)。输入：训练集 S，特征集 A，分类集 C。输出：决策规则集。ID3 算法生成决策树的步骤如表 4-2 所示。

表 4-2 ID3 算法生成决策树的步骤

步骤	内容
1	创建一个节点 N
2	if A 为空，then 以 C 中多数类 c 来标记 N 为叶子节点
3	else if S 为空，then 以父节点中的多数类 c 来标记 N 为叶子节点
4	else if 决策树深度已经达到了设置的最大值，then 以父节点中的多数类 c 来标记 N 为叶子节点
5	else if S 属于同一类 c，then 以该类 c 标记 N 为叶子节点
6	else 计算并选择 A 中具有最大增益的属性 a 来标记 N
7	根据属性 a 的取值 $\{a_i \mid i=1,2,\cdots,n\}$，将训练集 S 分割成 n 个子集 $\{s_i \mid i=1,2,\cdots,n\}$
8	递归调用 ID3_DT($S_1, A-a$)，ID3_DT($S_2, A-a$)，$\cdots$，ID3_DT($S_n, A-a$)

其中递归划分停止的条件如下：
（1）没有条件属性可以继续划分。
（2）给定的分枝的数据集为空。
（3）数据集属于同一类。
（4）决策树已经达到设置的最大值。

2. ID3 算法使用实例

表 4-3 所示为某学院学生成绩数据库（训练样本集合），训练样本包含 4 个属性，它们分别为成绩、任课教师、A 课程的修习类别、是否修过 B 课程。样本集合的类别属性为 C 课程是否合格，该属性有两个取值：合格和不合格。

表 4-3 某学院学生成绩数据库

序号	成绩/分	任课教师	A 课程的修习类别	是否修过 B 课程	C 课程是否合格
1	>80	甲	核心	否	不合格
2	<60	乙	核心	否	不合格
3	60~80	丙	核心	否	合格
4	>80	甲	专业选修	否	合格
5	<60	丁	非限定选修	是	不合格
6	>80	甲	非限定选修	是	不合格
7	60~80	丙	非限定选修	是	合格
8	<60	乙	专业选修	否	合格
9	<60	乙	非限定选修	是	不合格
10	>80	丁	专业选修	否	不合格

从表 4-3 中可以看出，C 课程合格的学生有 4 个，C 课程不合格的学生有 6 个。所以，利用信息熵公式 $H(X) = -\sum_{i=1}^{n} p_i \log p_i$ 可以得到

$$H(X) = -\frac{2}{5}\log_2 \frac{2}{5} - \frac{3}{5}\log_2 \frac{3}{5} = 0.97$$

（1）成绩属性：成绩为 ">80" 的学生有 4 个（这 4 个学生中 C 课程合格的有 1 个，不合格的有 3 个），成绩为 "<60" 的学生有 4 个（这 4 个学生中 C 课程合格的有 1 个，不合格的有 3 个），成绩为 "60~80" 的学生有两个（这两个学生的 C 课程成绩都是合格的）。所以成绩属性的信息熵为

$$H(成绩) = -\frac{4}{10}\left(\frac{1}{4}\log_2 \frac{1}{4} + \frac{3}{4}\log_2 \frac{3}{4}\right) - \frac{4}{10}\left(\frac{1}{4}\log_2 \frac{1}{4} + \frac{3}{4}\log_2 \frac{3}{4}\right) - 0 = 0.65$$

利用信息增益公式计算成绩的信息增益：
$$g(成绩) = H(X) - H(成绩) = 0.97 - 0.65 = 0.32$$

（2）任课教师属性：甲 3 个（这 3 个中 C 课程 1 个合格，2 个不合格），乙 3 个（这 3 个中 C 课程 1 个合格，2 个不合格），丙 2 个（这 2 个 C 课程都是合格的），丁 2 个（这 2 个 C 课程都是不合格的）。可以计算任课教师属性的信息熵：

$$H(任课教师) = -\frac{3}{10}\left(\frac{1}{3}\log_2 \frac{1}{3} + \frac{2}{3}\log_2 \frac{2}{3}\right) - \frac{3}{10}\left(\frac{1}{3}\log_2 \frac{1}{3} + \frac{2}{3}\log_2 \frac{2}{3}\right) - 0 - 0 = 0.551$$

所以，任课教师的信息增益：
$$g(任课教师) = H(X) - H(任课教师) = 0.97 - 0.551 = 0.419$$

（3）A 课程的修习类别属性：作为核心课程的为 3 个（这 3 个中 C 课程 1 个合格，

2 个不合格），作为专业选修的为 3 个（这 3 个中 C 课程 2 个合格，1 个不合格），作为非限定选修的为 4 个（这 4 个中 C 课程 1 个合格，3 个不合格）。该属性的信息熵为

$$H(A\text{课程的修习类别}) = -\frac{3}{10}\left(\frac{1}{3}\log_2\frac{1}{3} + \frac{2}{3}\log_2\frac{2}{3}\right) - \frac{3}{10}\left(\frac{2}{3}\log_2\frac{2}{3} + \frac{1}{3}\log_2\frac{1}{3}\right) -$$

$$\frac{4}{10}\left(\frac{1}{4}\log_2\frac{1}{4} + \frac{3}{4}\log_2\frac{3}{4}\right) = 0.876$$

所以，A 课程的修习类别的信息增益为

$$g(A\text{课程的修习类别}) = H(X) - H(A\text{课程的修习类别}) = 0.97 - 0.876 = 0.094$$

（4）是否修过 B 课程属性：修过的 4 个（这 4 个中 C 课程 1 个合格，3 个不合格），未修过的 6 个（这 6 个中 C 课程 3 个合格，3 个不合格）。该属性的信息熵为

$$H(\text{是否修过}B\text{课程}) = -\frac{4}{10}\left(\frac{1}{4}\log_2\frac{1}{4} + \frac{3}{4}\log_2\frac{3}{4}\right) - \frac{6}{10}\left(\frac{1}{2}\log_2\frac{1}{2} + \frac{1}{2}\log_2\frac{1}{2}\right) = 0.925$$

所以，是否修过 B 课程的信息增益为

$$g(\text{是否修过}B\text{课程}) = H(X) - H(\text{是否修过}B\text{课程}) = 0.97 - 0.925 = 0.045$$

从上面对各属性的信息增益计算，并根据 ID3 算法选择分裂属性的标准可知，第一个选择的分裂属性为成绩。通过成绩属性的分裂，将样本训练集分为 4 个分枝，其中丙教师任课分枝样本全部通过 C 课程，丁教师任课分枝样本全部未通过 C 课程，所以，这两枝停止分裂。而甲任课教师和乙任课教师的样本包括合格与不合格，并且属性集中还有 3 个属性，因而需要进一步计算属性的信息增益，进而选择分裂属性。通过计算，并根据 ID3 算法原理建立的完整决策树如图 4-4 所示。

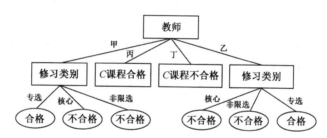

图 4-4　根据 ID3 算法对学生数据库建立的决策树

3. ID3 算法的优缺点

ID3 算法建树过程简单且易懂。但是 ID3 存在多值偏向问题，首先，在选择分裂属性时，会优先选择取值较多的属性，而在某些情况下，这些属性并不是最优属性；对于连续型属性，传统的 ID3 算法不能直接进行处理；其次，属性间的关联性不强，但它正是 ID3 算法可以在 Hadoop 平台上并行化的前提；再次，ID3 算法对噪声数据很敏感；最后，结果会随着训练集规模的不同而不同。

4.4.2　C4.5 算法

ID3 算法并不完美，局限性较强。为了改进其缺陷，Quinlan 有针对性地提出了更为

完善的 C4.5 算法，C4.5 算法同样以"信息熵"作为核心，是在 ID3 算法基础上的优化改进，同时，也保持了分类准确率高、速度快的特点。

1. 基本思想

与 ID3 算法不同，C4.5 算法挑选具有最高信息增益率的属性作为测试属性。对样本集 T，假设变量 a 有 k 个属性，属性取值 $a_1, a_2, \cdots, a_k$，对应 a 取值为 a_i 的样本个数分别为 n_i，若 n 是样本的总数，则应有 $n_1 + n_2 + \cdots + n_k = n$。

以 ID3 算法思想为核心，C4.5 算法在此基础上重点从以下几个方面进行了改进：

（1）利用信息增益率作为新的属性判别能力度量，较好地消除了 ID3 算法倾向于选择具有较多值而不是最优值的属性导致的过拟合现象。

使用信息增益率能解决问题，但这也产生了一个新的问题：既然是比率，就不能避免分母为 0 或者非常小（当某个 S_i 接近 S 时出现）的情况，出现这种情况的后果就是要么比率非常大，要么就未定义。为了避免这种情况的出现，可以将信息增益率计算分两步走来解决：首先是计算所有属性的信息增益，忽略掉结果低于平均值的属性；其次，对高于平均值的属性进一步计算信息增益率，从中择优选取分裂属性。

（2）缺失数据的处理思路。在面对缺失数据这一点上，C4.5 算法针对不同的情况，采取不一样的解决方法。方法如下：

① 若对某一属性 x 计算信息增益或者信息增益率的过程中，出现某些样本没有属性 x 的情况，C4.5 算法的处理方式如下：一是直接忽略这些样本；二是根据缺失样本占总样本的比例，对属性 x 的增益或增益率进行相应的"打折"；三是将属性 x 的一个均值或者最常见的值赋给这些缺失样本；四是总结分析其他未知属性的规律，补全这些缺失样本。

② 若属性 x 已被选为分裂属性，分枝过程中出现样本缺失属性 x 的情况，C4.5 算法的处理方式如下：一是直接忽略这些样本；二是用一个出现频率最高的值或者均值赋给这些样本属性 x；三是直接将这些缺失属性 x 的样本依据规定的比例分配到所有子集中；四是将所有缺失样本归为一类，全部划分到一个子集中；五是总结分析其他样本，相应地分配一个值给缺失属性 x 的样本。

③ 若某个样本缺失了属性 x，又未被分配到子集中，面对这种情况，C4.5 算法的处理方法如下：一是若存在单独的缺失分枝，将直接分配到该分枝；二是将其直接赋予一个最常见的属性 x 的值，然后进行正常的划分；三是综合分析属性 x 已存在的所有分枝，按照一定的概率将其直接分到其中某一类；四是根据其他属性来进行分枝处理；五是所有待分类样本在属性 x 节点处都终止分类，然后依据当前 x 节点所覆盖的叶子节点类别，为其直接分配一个概率最高的类。

（3）连续属性的处理思路。面对连续属性的情况，C4.5 算法的思路是将连续属性离散化，分成不同的区间段，再进行相应的处理。具体处理过程如下：一是按照一定的顺序排列连续属性；二是选取相邻两个属性值的中点作为潜在划分点，计算其信息增益；三是修正划分点计算后的信息增益；四是在修正后的划分点中做出选择，小于均值的划分点可以直接忽略；五是计算最大信息增益率；六是选择信息增益率最大的划分点作为分裂点。

（4）剪枝策略。C4.5 算法有两种基本剪枝策略：子树替代法和子树上升法。前者的思路是从树的底部向树根方向，若某个叶节点替代子树后，误差率与原始树很接近，便可用这个叶节点取代整棵子树；后者则是误差率在一定合理范围时，将一棵子树中出现频率最高的子树替代整棵子树，使其上升到较高节点处。C4.5 算法虽说突破了 ID3 算法很多方面的瓶颈，产生的分类规则准确率也比较高、易于理解，但是在核心的思想上还是保持在"信息熵"的范畴，最终仍生成多叉树。同时，缺点也较为明显：建造树时，训练集要进行多次排序和扫描，所以效率不高。此外，C4.5 算法只能处理驻留于内存的数据集，若训练集过大，超过内存容量时，该算法便无能为力了。

2. C4.5 算法建树过程

算法：C45_DT(A,S)。输入：训练集 S，特征集 A。输出：决策规则集。
C4.5 算法建树步骤如表 4-4 所示。

表 4-4　C4.5 算法建树步骤

步骤	内容
1	创建一个节点 N
2	if A 为空，then 以 C 中多数类 c 来标记 N 为叶子节点
3	else if S 为空，then 以父节点中的多数类 c 来标记 N 为叶子节点
4	else if 决策树深度已经达到设置的最大值，then 以父节点中的多数类 c 来标记 N 为叶子节点
5	else if S 同属一个类 c，then 以类 c 标记 N 为叶子节点
6	else 计算并选择 A 中具有最大信息增益率的属性 a 来标记 N；如果 A 中具有连续性的属性，则还需要先对其进行离散化
7	根据属性 a 的取值 $\{a_i \mid i=1,2,\cdots,n\}$，将训练集 S 横向分割成 n 个子集 $\{S_i \mid i=1,2,\cdots,n\}$
8	递归调用 C45_DT($A-a,S_1$)，C45_DT($A-a,S_2$)，$\cdots$，C45_DT($A-a,S_n$)

递归划分停止的条件与 ID3 算法停止的条件相同。

3. C4.5 算法的优缺点

与 ID3 算法相同，C4.5 算法产生的决策规则简单且易懂。此外，C4.5 算法可以处理连续性属性。但同时 C4.5 算法也是内存驻留算法，传统 C4.5 算法能处理的数据集规模很小。

4.4.3　CART 算法

CART 算法与 ID3 算法和 C4.5 算法不同，它生成的是一棵二叉树，采用的是一种二分递归分割技术，每次都将当前的数据集分为两个互不相交的子集，使得所有非叶子节点都只有两个分枝，因此，它所生成的决策树结构最简单。

1. 分裂属性的选择标准

CART 算法分裂属性的选择标准为基尼指数，因为基尼指数可以用来衡量分割点的优劣程度。CART 算法选择具有最小基尼指数的属性作为当前数据集的分裂属性。属性具有的基尼指数越小，表示用该属性划分数据集后，数据越纯，效果越好。

基尼指数分类方法适用于具有连续性或离散性属性的数据集。

2. CART 算法建树过程

算法：CART_DT(A,S)。输入：训练集 S，特征集 A。输出：决策规则集。

CART 算法建树步骤如表 4-5 所示。

表 4-5　CART 算法建树步骤

步骤	内容
1	创建一个节点 N
2	if A 为空，then 返回 C 中多数类 c 来标记 N 为叶子节点
3	else if S 为空，then 以父节点中的多数类 c 标记 N 为叶子节点
4	else if 决策树的深度已经达到设置的最大值，then 以父节点中的多数类 c 标记 N 为叶子节点
5	else if S 同属一个类别 c，then 以类 c 标记 N 为叶子节点
6	else 计算并选择 A 中具有最小基尼指数的属性 A_i 来标记 N
7	根据最小基尼指数对应的属性 A_i 的取值 a，将训练集 S 分割成两个子集 $\{S_j \mid j=1,2\}$
8	递归调用 CART_DT($A-A_i,S_1$)，CART_DT($A-A_i,S_2$)

递归划分停止的条件如下：

（1）没有剩余的条件属性可以继续划分。

（2）给定的分枝的数据集为空。

（3）所有数据集属于同一类。

（4）决策树已经达到设置的最大值。

3. CART 算法的优缺点

CART 算法产生的决策树结构简单、容易理解且准确率高。但是同样，它也为内存驻留算法，在单机环境下只能处理小规模的数据。

4.5　实验：基于 CART 算法的鸢尾花决策树构建

4.5.1　实验目的

（1）了解鸢尾花（Iris）数据集的结构和原理。

（2）了解 Python 3.7 的基本编程环境。

（3）实现利用 Scikit-learn 构建基于 CART 算法的鸢尾花决策树。

4.5.2　实验要求

（1）了解 Python 中搭建机器学习算法库的步骤。

（2）会使用鸢尾花数据集。

（3）能自主构建 CART 决策树模型。

4.5.3　实验原理

1．鸢尾花数据集

鸢尾花数据集是机器学习中的一个经典数据集，它包含在 Scikit-learn 的 datasets 模块中。接下来就以这个训练集为基础，一步一步地训练一个决策树模型。首先，来看一下该数据集的基本构成。数据集的准确名称为 Iris DataSet，包含 150 行数据。每行数据由 4 个特征值及 1 个目标值组成。其中，4 个特征值分别为萼片长度、萼片宽度、花瓣长度、花瓣宽度；而目标值即为 3 种不同类别的鸢尾花，分别为 Iris Setosa、Iris Versicolour、Iris Virginica。图 4-5 给出了前 5 个样本的特征数值。

```
print("First five rows of data:\n{}".format(iris_dataset['data'][:5]))

First five rows of data:
[[5.1 3.5 1.4 0.2]
 [4.9 3.  1.4 0.2]
 [4.7 3.2 1.3 0.2]
 [4.6 3.1 1.5 0.2]
 [5.  3.6 1.4 0.2]]
```

图 4-5　Iris 数据集样本示例

2．在 Python 中搭建机器学习环境

有两种方式安装 Python 机器学习环境。第一种是直接安装 Python 语言，第二种是安装 Anaconda 集成环境，该集成环境含有 Python 及机器学习包。下面简单介绍两种方式：

1）在 Python 中安装需要的工具包

Python 是用于数据科学应用的强大语言，它有用于数据加载、可视化、统计等各种功能的库，Scikit-learn 是一个开源项目，任何人都可以轻松获取其源代码，它包含许多目前最先进的机器学习算法，是最有名的 Python 机器学习库。Scikit-learn 是基于 NumPy 和 SciPy 科学计算库的，若想进行数据可视化，还应安装 matplotlib、IPython 和 Jupyter Notebook，如果已经安装了 Python，可以用 pip 安装上述工具包，代码如下：

```
pip install numpy scipy matplotlib ipython scikit-learn pandas
```

2）直接安装 Anaconda 集成环境

Anaconda 是用于大规模数据处理与分析和科学计算的 Python 发行版，Anaconda 已经预先安装好 NumPy、SciPy、matplotlib、pandas、IPython、Jupyter Notebook 和 Scikit-learn。对于尚未安装 Python 工具包的，推荐使用 Anaconda。首先登录 Anaconda 的官网（https://www.anaconda.com），Anaconda 分为 Windows、macOS 与 Linux 3 个系统版本，在此推荐下载基于 Python 3.7 的 Anaconda，在运行安装过程后，Anaconda 会自动配置环境变量，就可以开始进行决策树模型构建了。

本次实验环境为 Anaconda。为保证图示化显示生成模型，在这里安装 graphviz 软件，Anaconda 中并没有自带 graphviz，需要自行下载安装，安装步骤如下：首先进入 graphviz 的官网（http://www.graphviz.org/），在下载区找到 Stable 2.38 Windows install packages（稳定版的 2.38 安装包），打开后选择安装 graphviz-2.38.msi，安装完成后，需要配置环境变量，将 graphviz 安装目录下的 bin 文件夹添加到 Path 环境变量中，如图 4-6 所示。

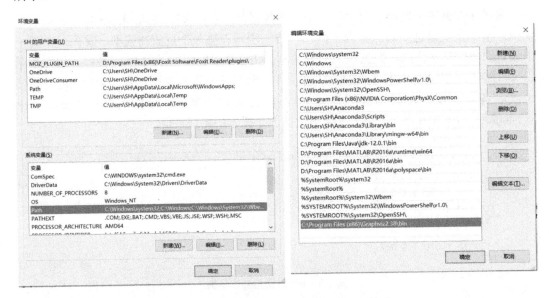

图 4-6　环境变量配置——安装 graphviz 软件

环境变量配置完成后进入 Windows 命令行界面，输入 dot -version，然后按 Enter 键，如果显示 graphviz 的相关版本信息，则安装配置成功，如图 4-7 所示。

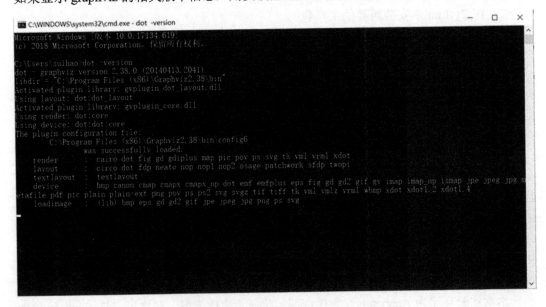

图 4-7　安装 graphviz 软件配置成功界面

为了能在 Anaconda 中调用 graphviz，需要在 Anaconda 中启动命令行，输入 pip install graphviz，至此，就可以在 Anaconda 中调用 graphviz 进行可视化了。

4.5.4 实验步骤

在 Anaconda 环境下的 Jupyter Notebook 编译器运用 Python 语言编写数据导入、调用决策树算法及相关工具包，实验过程及具体代码如下。

1. 导入相关的工具包与数据集

Scikit-learn 决策树算法类库内部实现是使用了调优过的 CART 树算法，既可以做分类，又可以做回归。分类决策树的类对应的是 DecisionTreeClassifier。

```python
# 导入工具包和数据集
from sklearn.tree import DecisionTreeClassifier
from sklearn.model_selection import train_test_split
from sklearn.datasets import load_iris

iris = load_iris()
```

2. 随机生成训练集和测试集

Scikit-learn 中的 train_test_split 函数可以打乱数据集并进行拆分，将 75% 的行数据与对应标签作为训练集，剩下 25% 的数据及其标签作为测试集。Scikit-learn 中的数据通常用大写的 X 表示，而标签用小写的 y 表示，用大写的 X 是因为数据是一个二维数组，用小写的 y 是因为目标是一个一维数组。使用 random_state 参数来指定随机数生成器的种子以确保多次运行同一函数能够得到相同的输出。

```python
# 数据集划分
X_train, X_test, y_train, y_test = train_test_split(
    iris.data, iris.target, stratify=iris.target, random_state=0)
```

3. 初始化决策树

```python
# 决策树初始化
tree = DecisionTreeClassifier(random_state=0)
```

4. 训练决策树

```python
# 决策树训练
tree.fit(X_train, y_train)
```

5. 评估模型

```python
# 决策树评估
print('Accuracy on training set : {:.3f}'.format(tree.score(X_train, y_train)))
print('Accuracy on test set : {:.3f}'.format(tree.score(X_test, y_test)))
```

6. 模型可视化

```python
# 决策树可视化
from sklearn.tree import export_graphviz
export_graphviz(tree, out_file='tree.dot', class_names=['setosa', 'versicolor', 'virginica'],
        feature_names=iris.feature_names, impurity=False, filled=True)
```

```
import graphviz
with open('tree.dot') as f:
dot_graph = f.read()
graphviz.Source(dot_graph)
```

4.5.5 实验结果

1. 决策树模型展示

运行该 Python 程序，得到的决策树模型如图 4-8 所示。

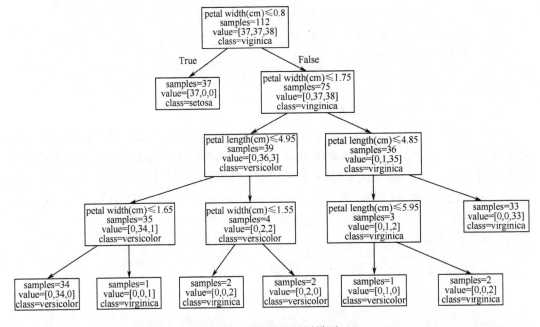

图 4-8　鸢尾花决策树模型

决策树的可视化有助于我们理解算法是如何进行预测的，也是向非专家解释机器学习算法的优秀示例。可以通过找出大部分数据的实际路径来观察整棵树。图 4-8 中每个节点的 samples 都给出了该节点的样本个数，value 给出的是每个类别的样本个数。

2. 评估结论及分析

该模型的实验运行结果如图 4-9 所示。

```
Accuracy on training set : 1.000
Accuracy on test set : 0.974
```

图 4-9　实验运行结果

从决策树训练的输出结果可知：训练集的精度为 100%，测试集的精度为 97.4%。也就是说，对于测试集中的鸢尾花，我们的预测有 97.4%是正确的，根据一些数学假设，对于新的鸢尾花，可以认为模型的预测结果有 97.4%都是正确的，高精度意味着程序可信，可以使用。

习题

1．简述决策树分类的主要步骤。

2．在决策树归纳中，为什么树剪枝是有用的？使用独立的测试集评估剪枝有什么缺点？

3．简述 ID3 算法生成决策树的过程。阐述 ID3 算法的优缺点。C4.5 算法有哪两种基本剪枝策略？请分别阐述它们的思路。简述 C4.5 算法建树过程。请阐述 C4.5 算法的优缺点。请阐述 CART 算法建树过程。请阐述 CART 算法的优缺点。

参考文献

[1]　QUILAN J R. Induction of decision trees, Machine Learning[J]. Machine Learning, 1986, 1(1): 81-106.

[2]　QUILAN J R. C4.5: Programs for Machine Learning[M]. San Mateo: Morgan Kaufmann, 1993.

[3]　Olshen R A, BREIMAN L, FRIEDMAN J, et al. Classification and Regression Trees[M]. London: Chapman & Hall, 1984.

[4]　CESTNIK B, BRATKO I. On estimating probabilities in tree pruning[C]. Berlin Heidelberg: European Working Session on Learning Springer, 1991.

[5]　VISHWAKARMA U, JA I A. Reduces Unwanted Attribute in Intruder File Based on Feature Selection and Feature Reduction Using ID3 Algorithm[J]. International Journal of Computer Science & Information Technolo, 2014, 5(1): 896-900.

[6]　HASHIM H, TALAB A, SATTY A, et al. Data Mining Methodologies to Study Student's Academic Performance Using the C4.5 Algorithm[J]. International Journal of Computer Science & Application, 2015, 5(2): 59-68.

第 5 章　支持向量机

在机器学习领域，迄今为止已有一些比较经典的分类方法，如最近邻算法、K 近邻算法、朴素贝叶斯法等。尽管如此，机器学习的分类问题中，还没有一种被共同接受的理论框架。总体来说，在样本数量少的情况下，以上 3 种分类器的置信度都将大大降低；而在样本数量多且特征维度高的情况下，它们的分类效率也将大大降低。针对这些问题，本章将介绍一种新的分类器——支持向量机（Support Vector Machine，SVM），它不用考虑样本数量的多少，也无须知道各类样本的分布情况。相反，它基于最大间隔理论，考虑如何采用优化方法，求解不同类别样本之间的分界线（线性和非线性皆可），旨在拉大不同类别样本的间距。

5.1　最大间隔理论简介

1992—1995 年，Corinna 和 Vladimir 在统计学习理论的基础上发展了一种新的通用学习方法——支持向量机（SVM）[1]。它在解决小样本、非线性及高维模式识别问题中表现出许多特有的优势，并能够推广应用到函数拟合等其他机器学习问题中。一些学者认为，SVM 正在成为继模式识别和神经网络之后新的研究热点，并将大力推动机器学习理论和技术的发展。

支持向量机的理论中，最基础最核心的当属最大间隔理论。目前，它已成为模式识别领域的研究热点，其核心思想是寻找一个最优投影矢量，使得投影后不同类别样本之间的间距最大[2]。迄今为止，该理论已广泛应用于特征选择和集成学习中。它的基本理念如下：如果在训练阶段，模型能够产生大的间隔，那么分类阶段将得到好的置信度和较高的可靠性。例如，在特征提取方面，最大边界准则（Maximum Margin Criterion，MMC）[3]旨在训练阶段拉近同类样本，同时拉远异类样本；在集成学习方面，AdaBoost 算法[4]放大类边界上易混淆的样本，旨在把若干个弱分类器集成为一个强分类器。一言以蔽之，大间隔就是拉近同类，拉远异类，使两者产生较大的边距。

最近几年，基于最大间隔理论的成果如下：2014 年，程国采用基于中间值的最大间距准则[5]，使特征空间中类间散度矩阵和类内散度矩阵的差最大化，从而达到最大的分类间距；2018 年，B. Hosseini 等[6]提出了基于最大间隔理论的近邻度量学习算法，旨在改进 KNN。该算法通过对半正定度量矩阵的学习，使得训练样本在此度量下同类近邻点的马氏距离（Mahalanobis Distance）较近，而异类近邻点的较远。实验证明，该算法的分类效果优于 KNN 和 SVM。此外，自然语言处理用于语音识别和机器翻译等，其传统的方法是对语法语句建立似然函数模型，力争做到歧义最小化。J. J. Huang 等[7]引入最大间隔思想，提出了基于具体识别任务的端对端训练模型，旨在最大限度上鉴别语句的好与差，从而提取出语义的鉴别信息，其识别效果优于似然函数建模。

近年来，在诸多经典的分类器中，基于最大间隔理论的 SVM 已经在图像识别、信号处理和基因图谱识别等方面取得了成功的应用，显示了它的优势。在线性可分的情况下，即用一条直线可将不同类别的样本分开，SVM 的目标是寻找不同类别样本的最大间隔；在线性不可分的情况下，SVM 采用核函数实现原始低维样本空间到高维希尔伯特（Hilbert）空间的非线性映射，使映射后的样本在高维空间中变得线性可分，并实现间隔最大化。事实证明，SVM 能解决样本的分类、回归和密度函数估计等问题。同时，SVM 也为样本分析、因子筛选、信息压缩、知识挖掘和数据修复等提供了新工具。

5.2　两类问题的线性分类

5.2.1　线性可分的情况

首先，从最简单的例子入手来介绍支持向量机的相关概念。实心点和空心点分别代表两类二维数据的样本，分别记作 +1（正类）和 −1（负类），它们在二维平面中的分布情况如图 5-1 所示。现在的任务是将这两类数据分开，根据分布情况，只需要画一条从左下方到右上方的直线即可，如图 5-2（a）所示。当然，这条直线的斜率稍稍变化一点也行，如图 5-2（b）所示，照样能分开这两个类。以此类推，有无数条直线都能完全分开这两个类，如图 5-2（c）所示。像这样用一条直线就能分开两个类的情况即线性可分。

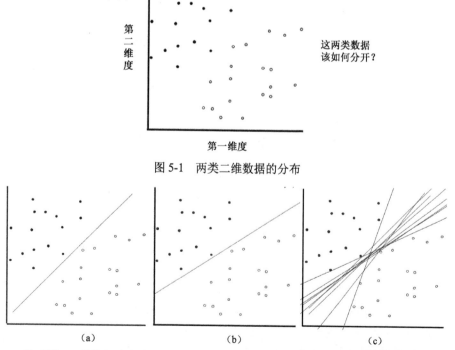

图 5-1　两类二维数据的分布

图 5-2　针对图 5-1 的数据分布情况，可以（a）在两类数据的边界寻找一条直线将其完全分开；（b）另一条不同斜率的直线也能分开；（c）可将其分开的直线有很多条

5.2.2 最大间隔与支持向量

图 5-2（c）留给我们一个疑惑：到底应该采用哪条线，分类效果会最优？带着这个疑惑，接下来介绍最大间隔和支持向量的概念。

首先对比一下图 5-3（a）和（b）中的分割线及阴影区域（该区域的左右边界与分类线平行且左右对称，左边界正好碰触到正类的边缘样本，右边界正好碰触到负类的边缘样本）。虽然两幅图中的直线都能将正负类完全分开，但是它们所产生的边距不同，即阴影区域的宽度不同。随着这条直线的斜率变化，阴影区域的宽度也跟着变化，我们把该区域所能达到的最大宽度称为最大间隔。支持向量，就是能碰触到最大间隔的两个边界线上的数据点（样本），如图 5-4 所示。

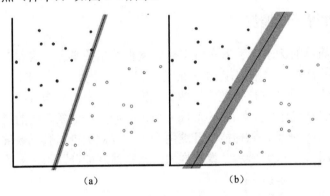

图 5-3　阴影区域为两类数据的（a）间隔与（b）最大间隔

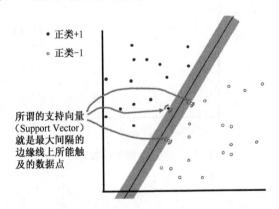

图 5-4　支持向量的示意图

通俗一点讲，我们感觉最大间隔的情况最安全，原因如下：

（1）如果样本的位置在边界线附近产生一点点误差或扰动，错分的概率会最小。

（2）如果去掉那些非支持向量的样本，这个模型不会有变化，后面会着重解释，分类线的求解过程和斜率只受支持向量（样本）的影响。

（3）从经验的角度讲，它分类效果好。

（4）从 VC 维相关理论的角度讲，它可行性好。

5.2.3　最大间隔的相关理论

通过以上两节的内容，我们知道了最大间隔和支持向量的概念。它们是怎么求出来的呢？求解的过程比较复杂，本节将着重给出相关的理论。

1. 样本点到分类线的距离公式

在图 5-5 所示的二维平面中，分类线上所有的点 x 都满足 $w^T x + b = 0$（其中 $w = [w_1, w_2]^T$，且该直线的斜率为 w_2/w_1），该线左上方的样本为正类样本，满足 $w^T x + b > 0$；而该线右下方的样本为负类样本，满足 $w^T x + b < 0$。图 5-5 中的样本 $x(x_1, y_1)$ 就是正类样本，满足 $w^T x + b = x_1 w_1 + x_2 w_2 + b > 0$。

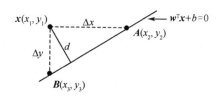

图 5-5　样本 x 到分类线 $w^T x + b = 0$ 的距离 d 的示意图

定理 1：图 5-5 中样本点 $x(x_1, y_1)$ 到分类线 $w^T x + b = 0$ 的距离 $d = \dfrac{\left| w^T x + b \right|}{\sqrt{w_1^2 + w_2^2}}$。

证明：在该分类线上寻找两点 $A(x_2, y_2)$ 和 $B(x_3, y_3)$，分别平行和垂直于 x，即分别满足 $y_1 = y_2$ 和 $x_1 = x_3$。同时，令 $\Delta x = |x_2 - x_1|$，$\Delta y = |y_3 - y_1|$。根据三角形面积公式，x、A 和 B 三点围成的三角形面积为

$$S = \frac{1}{2} d \sqrt{\Delta x^2 + \Delta y^2} = \frac{1}{2} \Delta x \Delta y \tag{5-1}$$

由式（5-1）得

$$d = \frac{\Delta x \Delta y}{\sqrt{\Delta x^2 + \Delta y^2}} \tag{5-2}$$

分别将 A 和 B 两点带入直线方程 $w^T x + b = 0$，可得 $x_2 w_1 + y_2 w_2 = x_3 w_1 + y_3 w_2 = -b$。

因此，该直线斜率为

$$\frac{w_2}{w_1} = \frac{x_2 - x_3}{y_3 - y_2} = \frac{x_2 - x_1}{y_3 - y_1} = -\frac{\Delta x}{\Delta y}, \quad x_2 - x_1 > 0 \text{ 且 } y_3 - y_1 < 0 \tag{5-3}$$

将式（5-3）的结果代入式（5-2）中，再结合 $x_2 w_1 + y_2 w_2 + b = 0$ 且 $y_1 = y_2$，得

$$d = \frac{|w_1| \Delta x}{\sqrt{w_1^2 + w_2^2}} = \frac{|(x_2 - x_1) w_1|}{\sqrt{w_1^2 + w_2^2}} = \frac{|x_1 w_1 + y_1 w_2 + b|}{\sqrt{w_1^2 + w_2^2}} \tag{5-4}$$

2. 最大分类间隔

支持向量机是从线性可分情况下的最大分类间隔发展而来的，其基本思想如图 5-6 所示，空心点属于正类样本，记作 $y = +1$；实心点属于负样本，记作 $y = -1$。H 为正

确分开两类样本的分类线，即图 5-5 中的直线 $w^T x + b = 0$。H_1、H_2 是最大间隔的左右两条边界，即图 5-4 所示的穿过支持向量的阴影区域边界，它们不仅平行，而且关于分类线 H 对称。

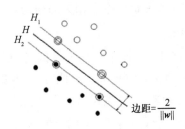

图 5-6　支持向量机的边距（margin）示意图

现在，我们把二维平面拓展到 m $(m \geq 2)$ 维的情况，大于二维的平面称为超平面（hyper-plane），大于二维的分类线称为分类面。假设线性可分样本集中共有 n 个样本，即 (x_i, y)，$i = 1, \cdots, n$ 且 $x_i \in \mathbf{R}^m$，$y \in \{+1, -1\}$ 是类别符号。m 维空间中线性判别函数的一般形式为 $f(x) = w^T x + b$，分类面方程为 $w^T x + b = 0$，（其中 $w = [w_1, \cdots, w_m]^T$）。对两类样本的最大间隔做归一化，使两类所有样本都满足 $|f(x)| \geq 1$，即让那些离分类面最近的样本 x 满足 $|f(x)| = 1$（如图 5-6 中过斜线 H_1 和 H_2 的 4 个样本，即图 5-4 中的支持向量）。SVM 要求分类面对所有样本正确分类，即要求满足

$$y_i(w^T x_i + b) - 1 \geq 0 \tag{5-5}$$

此时，分类间隔等于 $\dfrac{2}{\|w\|}$（其中 $\|w\| = \sqrt{\sum_{j=1}^{m} w_j^2}$），就是图 5-6 中 H_1 和 H_2 之间的宽度。为了使分类间隔尽可能大，应使 $\|w\|$ 尽可能小。满足式（5-5）同时使 $\|w\|$ 最小的分类面 H 称为最优分类面。

3. 最大分类间隔的二次函数极值问题

根据前面的讨论，在线性可分条件下构建最大分类间隔，相当于在式（5-5）的约束下，让式（5-6）最小化，即

$$\Psi(w) = \min \frac{1}{2}\|w\|^2 = \min \frac{1}{2}(w \cdot w) \tag{5-6}$$

注：式（5-6）中 $(w \cdot w)$ 就是 $w^T w$。为了方便起见，后面的公式统一用 $(a \cdot b)$ 表示 $a^T b$。

结合式（5-5）和式（5-6），最大分类间隔的求解可以转化成如下表达式：

$$L(w, b) = \min \left\{ \frac{1}{2}(w \cdot w) + \sum_{i=1}^{n} \alpha_i [1 - y_i(w \cdot x_i + b)] \right\} \tag{5-7}$$

式（5-7）是一个不等式约束下求 $L(w, b)$ 最小化的二次函数极值问题，存在唯一解。根据 Karush-Kuhn-Tucke（KKT）条件[8,9]，式（5-7）达到极值时必须满足

$$\forall i, \quad \alpha_i [1 - y_i(w \cdot x_i + b)] = 0 \tag{5-8}$$

根据 Lagrange 乘子的非负性，$\alpha_i \geqslant 0$ $(i = 1, \cdots, n)$，且 $1 - y_i(\boldsymbol{w} \cdot \boldsymbol{x}_i + b) \leqslant 0$。因此，$\alpha_i > 0$ 对应于使式（5-5）中等号成立的样本 $\boldsymbol{x}_i$，即支持向量，正如图 5-6 中用圆圈标出的点，它们通常只是全体样本中很少的一部分。

对 $\boldsymbol{w}$ 和 b 求极小值，就要把式（5-7）分别对 $\boldsymbol{w}$ 和 b 求偏导并置 0，即

$$\frac{\partial L(\boldsymbol{w}, b)}{\partial \boldsymbol{w}}\Big|_{\boldsymbol{w} = \boldsymbol{w}^*} = \boldsymbol{w} - \sum_{i=1}^{n} \alpha_i y_i \boldsymbol{x}_i = 0 \tag{5-9}$$

$$\frac{\partial L(\boldsymbol{w}, b)}{\partial b}\Big|_{b = b^*} = -\sum_{i=1}^{n} \alpha_i y_i = 0 \tag{5-10}$$

由式（5-9）可知，$\boldsymbol{w}^* = \sum_{i=1}^{n} \alpha_i y_i \boldsymbol{x}_i$ 是支持向量的线性组合。在 SVM 的训练过程中，支持向量是关键元素，因为它们共同决定了最优分类面 $\boldsymbol{w}^*$。如果去掉其他所有训练样本点，再重新进行训练，得到的分类面是相同的。

结合式（5-9）和式（5-10）的结论，式（5-7）可以转化成如下对偶问题：

$$L_D(\alpha_i) = \max \sum_{i=1}^{n} \alpha_i - \frac{1}{2} \sum_{i,j=1}^{n} \alpha_i \alpha_j y_i y_j (\boldsymbol{x}_i \cdot \boldsymbol{x}_j) \tag{5-11}$$

不难看出，式（5-11）是以 α_i 为变量，求解函数 $L_D(\alpha_i)$ 最大化的二次函数极值问题。它该如何求解呢？其实，式（5-11）的规模与训练样本的个数成正比，当训练样本的数据量很大时，求解的实际计算开销也会很大。为了避免这个障碍，人们想出了很多高效的求解算法，其中比较著名的当属连续最小优化方法（Sequential Minimal Optimization，SMO），详见参考文献[10]。

至于偏移量 b 的最优解 b^*，根据式（5-8），支持向量一定满足 $y_i(\boldsymbol{x}_i \cdot \boldsymbol{w}^* + b) = 1$，所以必然可推导出

$$b^* = y_j - \sum_{i=1}^{n} \alpha_i y_i (\boldsymbol{x}_i \cdot \boldsymbol{x}_j) \tag{5-12}$$

对于一个类别未知的测试样本 x，可以根据训练得到的 $\boldsymbol{w}^*$ 和 b^* 判断其所属类别 y，即

$$y = \text{sign}[f(\boldsymbol{x})] = \text{sign}(\boldsymbol{x} \cdot \boldsymbol{w}^* + b^*) \tag{5-13}$$

式（5-13）中，sign 用于判断正负号，即 $\boldsymbol{x} \cdot \boldsymbol{w}^* + b^* > 0$ 时，$y = +1$，判为正类；反之 $\boldsymbol{x} \cdot \boldsymbol{w}^* + b^* < 0$ 时，$y = -1$，判为负类。

5.2.4　线性不可分的情况

最大分类间隔起初是在线性可分的前提下讨论的，也就是要保证训练样本能被一条直线全部正确地区分开。但是在实际应用中，并不能保证完全符合线性可分性。即使大多数样本是线性可分的，由于各种原因，训练集中也可能会出现"野点"，如一个标错的点可能会对最终的最大分类间隔产生严重影响。换言之，在线性不可分的情况下，某些训练样本不能满足式（5-5）的条件。此时，可以在式（5-5）后面增加一个松弛项 $\varepsilon_i \geqslant 0$，即式（5-14），示意图详如图 5-7 所示。

$$y_i[(\boldsymbol{w} \cdot \boldsymbol{x}_i) + b] - 1 + \varepsilon_i \geqslant 0 \tag{5-14}$$

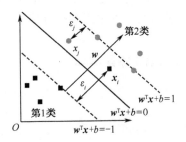

图 5-7 支持向量机中松弛项 ε_i 示意图

在线性可分的情况下，支持向量机的目标函数如式（5-7）所示。若换成线性不可分的情况，就要对式（5-7）稍做变形，即

$$\begin{cases} \Psi(\boldsymbol{w}) = \min \dfrac{1}{2}\|\boldsymbol{w}\|^2 + C\sum_{i=1}^{n}\varepsilon_i \\ \forall i, \quad y_i(\boldsymbol{w}\cdot\boldsymbol{x}_i + b) \geq 1 - \varepsilon_i, \ (\varepsilon_i \geq 0) \end{cases} \qquad (5\text{-}15)$$

结合图 5-7 和式（5-15），能总结出以下结论：

（1）当 $\varepsilon_i \geq 1$ 时，$y_i(\boldsymbol{w}\cdot\boldsymbol{x}_i + b) < 0$，即样本 $\boldsymbol{x}_i$ 分类错误。

（2）当 $0 < \varepsilon_i < 1$ 时，样本 $\boldsymbol{x}_i$ 分类正确，但是在两条边界线 H_1 和 H_2 的内部。

（3）当 $\varepsilon_i = 0$ 时，样本 $\boldsymbol{x}_i$ 分类正确，且在边界线外。

因此，在式（5-15）中，$\sum_{i=1}^{n}\varepsilon_i$ 是训练样本错分的上界。如何确定该式中非负常数 C？通常采用交叉验证法（Cross-Validation），即尝试性地赋给 C 若干个不同的值，分别代入式（5-15）中，看看 C 取什么值能取得最好的分类效果。但是，这种尝试性的方法缺乏理论依据作为支撑，且需要大量的实验数据来观察验证，很难做到以理服人。

对于 C 的求解，与上一节相类似，可以结合式（5-14）和 $\varepsilon_i \geq 0$ 的约束条件，把式（5-15）转化成满足 KKT 条件的 Lagrange 乘子的二次函数极值问题，即

$$L(\boldsymbol{w}, b, \varepsilon_i) = \min \frac{1}{2}\|\boldsymbol{w}\|^2 + \sum_i \alpha_i[1 - \varepsilon_i - y_i(\boldsymbol{x}_i\cdot\boldsymbol{w} + b)] + C\sum_i \varepsilon_i - \sum_i \beta_i\varepsilon_i \qquad (5\text{-}16)$$

式中，α_i 和 β_i 分别是 $y_i(\boldsymbol{w}\cdot\boldsymbol{x}_i + b) - 1 + \varepsilon_i \geq 0$ 和 $\varepsilon_i \geq 0$ 这两个约束条件的 Lagrange 乘子。类似于式（5-8），再次根据 KKT 条件，式（5-16）中优化问题的解必须满足如下条件：

$$\forall i, \quad \alpha_i[1 - \varepsilon_i - y_i(\boldsymbol{w}\cdot\boldsymbol{x}_i + b)] = 0, \ \text{且} \ \beta_i\varepsilon_i = 0 \qquad (5\text{-}17)$$

根据乘子的非负性，$\alpha_i \geq 0$ 和 $\beta_i \geq 0$，所以满足式（5-17）的前提条件是 β_i 与 ε_i 不能同时大于 0，且 α_i 与 $1 - \varepsilon_i - y_i(\boldsymbol{w}\cdot\boldsymbol{x}_i + b)$ 也不能同时大于 0。不难得出：只有当 $\varepsilon_i = 0$ 且 $1 - \varepsilon_i - y_i(\boldsymbol{w}\cdot\boldsymbol{x}_i + b) = 0$ 时，即 $\boldsymbol{x}_i$ 是支持向量，才有可能 $\alpha_i \neq 0$ 且 $\beta_i \neq 0$。

现在，将式（5-16）分别对变量 $\boldsymbol{w}$、b 和 ε_i 求导：

$$\frac{\partial L}{\partial \boldsymbol{w}}\Big|_{\boldsymbol{w} = \boldsymbol{w}^*} = \boldsymbol{w} - \sum_i \alpha_i y_i \boldsymbol{x}_i = 0 \qquad (5\text{-}18)$$

$$\frac{\partial L}{\partial b}\Big|_{b = b^*} = -\sum_i \alpha_i y_i = 0 \qquad (5\text{-}19)$$

$$\frac{\partial L}{\partial \varepsilon_i}\Big|_{\varepsilon_i = \varepsilon_i^*} = C - \beta_i - \alpha_i = 0 \qquad (5\text{-}20)$$

由式（5-18）得 $\boldsymbol{w}^* = \sum_i \alpha_i y_i \boldsymbol{x}_i$，由式（5-19）得 $\sum_i \alpha_i y_i = 0$，由式（5-20）得 $0 \leq \alpha_i \leq C, \forall i$。

类似于 5.2.3 节中式（5-7）到式（5-11）的变换，现在将式（5-18）～式（5-20）得到的 3 个变量最优解分别代入式（5-16）中，可以得到 L 的对偶问题函数 L_D，如

式（5-21）所示，它是以 α_i 为变量，求解 L_D 最大值的优化问题。

$$L_D(\alpha_i) = \max \sum_i \alpha_i - \frac{1}{2} \sum_i \sum_j \alpha_j \alpha_i y_j y_i (\boldsymbol{x}_i \cdot \boldsymbol{x}_j)$$

$$\forall i, \quad 0 \leqslant \alpha_i \leqslant C, \quad \sum_i \alpha_i y_i = 0 \tag{5-21}$$

式（5-21）中，满足 $\alpha_i > 0$ 条件的样本 $\boldsymbol{x}_i$ 就是支持向量，所以式（5-18）所求得的 $\boldsymbol{w}*$ 其实是支持向量的线性组合。如果 $\alpha_i = 0$，则说明样本 $\boldsymbol{x}_i$ 是不在边界线上的非支持向量。

至此，两类样本分类问题的线性支持向量机（Linear-SVM）理论介绍就全部结束了。至于在有噪声 ε_i 的情况下，偏移量 b 的最优解 $b*$ 如何求出，请仿照式（5-12）自己推导。

5.2.5　小结

支持向量机是以统计学习理论为基础的，因而具有严格的理论和数学基础。总结起来，它具有以下两个特点：

（1）SVM 以统计学习理论为基础，主要针对小样本情况，且最优解是基于有限的样本信息的，而不是样本趋于无穷大时的最优解的。

（2）SVM 通过把原始的二次函数极值问题转化成对偶问题去求解，理论上可保证算法的全局最优解，从而避免了神经网络的解陷入局部最小（因为神经网络的目标函数非凸）。

但是，采用传统的二次函数极值转换成对偶问题的方法，会使 SVM 训练速度慢，且受到训练样本集规模的制约。目前已提出了许多解决方法和改进算法，主要是从如何处理大规模样本集的训练问题、提高训练算法收敛速度等方面改进，如分解方法、修改优化问题法、增量学习法、几何方法等。感兴趣的读者请自行查阅相关课外资料。

5.3　非线性空间映射与核函数

5.3.1　非线性空间映射的概念和原理

在 5.2 节中论述了两类样本的线性分类问题，分别针对线性可分和线性不可分两种情况，并给出了相关的理论推导和函数表达式。但是，如果只考虑用直线来区分两类不同的样本，在有些情况下，即使把边界区域的样本视作噪声，仍然无法分开，如图 5-8 所示。

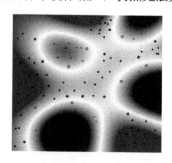

图 5-8　两类样本（空心圈和实心点）的非线性边界线

此时，需要用曲线作为边界线去区分不同的类别，同时将两类样本分别映射到曲线边界的两边，即做非线性映射。具体地，将原始 m 维输入空间的样本 x 映射到高维特征空间 G 中，即 $\Phi: \mathbf{R}^m \rightarrow G$，其中 $x \in \mathbf{R}^m, \Phi(x) \in G$。当在特征空间 G 中利用二次规划方法求解最优超平面 w^* 时，表达式 $w^* \cdot \Phi(x)$ 只涉及点的内积运算，即 $w^* \cdot \Phi(x) = \sum_{i=1}^{n} \alpha_i y_i \Phi(x) \cdot \Phi(x_i)$，而没有单独的 $\Phi(x_i)$ 出现。

类似于式（5-7），非线性映射后，目标函数表达式为

$$L(w, b) = \min \frac{1}{2}(w \cdot w) - \sum_{i=1}^{n} \alpha_i [y_i(w \cdot \Phi(x_i) + b) - 1] \qquad (5-22)$$

式（5-22）中，w 的最优解记作 w^*，即

$$w^* = \sum_{i=1}^{n} \alpha_i y_i \Phi(x_i) \qquad (5-23)$$

式中，w^* 是非线性空间中支持向量（$\alpha_i > 0$）的线性组合，即图 5-8 中边界被放大的样本。类似于式（5-5），如果 $y_i(w \cdot \Phi(x_i) + b) - 1 \geqslant 0$，则说明样本 x_i 经过非线性映射后，类别判断是正确的。

与式（5-21）类似，将 w^* 代入式（5-22），可得其对偶表达式：

$$L_D(\alpha_i) = \max \sum_{i=1}^{n} \alpha_i - \frac{1}{2} \sum_{i,j=1}^{n} \alpha_i \alpha_j R_{ij} \qquad (5-24)$$

式中，$R_{ij} = y_i y_j [\Phi(x_i) \cdot \Phi(x_j)]$。

5.3.2　核函数的选择与分析

如果能够找到一个核函数 K，使得 $K(x, x_i) = \Phi(x) \cdot \Phi(x_i)$，那么在高维空间中，实际上只需要进行内积运算。这种运算可以直接用原空间中的非线性函数 $K(x, x_i)$ 作为核函数来实现。因此，在不知道具体变换 Φ 的情况下，也可以等效求解出 $\Phi(x) \cdot \Phi(x_i)$。

核函数的选取是统计学习理论中的一个难点，其研究也是支持向量机中的一个重要内容。目前常用的核函数有以下 3 种。

1. 多项式核函数

$$K(x, x_i) = (x \cdot x_i + a)^q \qquad (5-25)$$

这是一个 q 阶多项式，a 是偏移量。

2. 径向基核函数

$$K(x, x_i) = \exp\left\{-\frac{(x - x_i)^2}{2\sigma^2}\right\} \qquad (5-26)$$

式中，参数 σ 为径向基的宽度，即圆的半径。图 5-8 中的非线性边界，正好符合径向基的形状，因为径向基的形状本身就是以某点为圆心，向外辐射的一个圆域。常见的径向基核函数是高斯核函数。

3. 双曲正切核函数

$$K(\boldsymbol{x}, \boldsymbol{x}_i) = \tanh[v(\boldsymbol{x} \cdot \boldsymbol{x}_i) + c] \tag{5-27}$$

式中，tanh 是双曲正切函数，参数 $v > 0$ 为该函数值域的幅度，$c < 0$ 为偏移量。

接下来，以式（5-25）的二次多项式（$q = 2$）为例来阐释 m 维原始空间里的样本 $\boldsymbol{a}$ 和 $\boldsymbol{b}$ 如何通过核函数 $K(\boldsymbol{a}, \boldsymbol{b})$ 变换变成高维非线性空间里的 $\boldsymbol{\Phi}(\boldsymbol{a}) \cdot \boldsymbol{\Phi}(\boldsymbol{b}) = (\boldsymbol{a} \cdot \boldsymbol{b} + 1)^2$。

$$
\begin{aligned}
K(\boldsymbol{a}, \boldsymbol{b}) &= (\boldsymbol{a} \cdot \boldsymbol{b} + 1)^2 \\
&= (\boldsymbol{a} \cdot \boldsymbol{b})^2 + 2\boldsymbol{a} \cdot \boldsymbol{b} + 1 \\
&= \left(\sum_{i=1}^{m} a_i b_i\right)^2 + 2\sum_{i=1}^{m} a_i b_i + 1 \\
&= \sum_{i=1}^{m}\sum_{j=1}^{m} a_i b_i a_j b_j + 2\sum_{i=1}^{m} a_i b_i + 1 \\
&= \sum_{i=1}^{m} (a_i b_i)^2 + 2\sum_{i=1}^{m}\sum_{j=i+1}^{m} a_i b_i a_j b_j + 2\sum_{i=1}^{m} a_i b_i + 1
\end{aligned}
\tag{5-28}
$$

$$\boldsymbol{\Phi}(\boldsymbol{a}) \cdot \boldsymbol{\Phi}(\boldsymbol{b}) = 1 + 2\sum_{i=1}^{m} a_i b_i + \sum_{i=1}^{m} a_i^2 b_i^2 + \sum_{i=1}^{m}\sum_{j=i+1}^{m} 2a_i b_i a_j b_j \tag{5-29}$$

通过式（5-28）和式（5-29）的对比，可以发现，两者完全一样。将式（5-29）展开，得到如式（5-30）所示的多项式内积。

$$
\boldsymbol{\Phi}(\boldsymbol{a}) \cdot \boldsymbol{\Phi}(\boldsymbol{b}) =
\begin{pmatrix}
1 \\ \sqrt{2}a_1 \\ \sqrt{2}a_2 \\ \vdots \\ \sqrt{2}a_m \\ a_1^2 \\ a_2^2 \\ \vdots \\ a_m^2 \\ \sqrt{2}a_1 a_2 \\ \sqrt{2}a_1 a_3 \\ \vdots \\ \sqrt{2}a_1 a_m \\ \sqrt{2}a_2 a_3 \\ \vdots \\ \sqrt{2}a_1 a_m \\ \vdots \\ \sqrt{2}a_{m-1} a_m
\end{pmatrix}
\cdot
\begin{pmatrix}
1 \\ \sqrt{2}b_1 \\ \sqrt{2}b_2 \\ \vdots \\ \sqrt{2}b_m \\ b_1^2 \\ b_2^2 \\ \vdots \\ b_m^2 \\ \sqrt{2}b_1 b_2 \\ \sqrt{2}b_1 b_3 \\ \vdots \\ \sqrt{2}b_1 b_m \\ \sqrt{2}b_2 b_3 \\ \vdots \\ \sqrt{2}b_1 b_m \\ \vdots \\ \sqrt{2}b_{m-1} b_m
\end{pmatrix}
\begin{array}{l}
\left.\rule{0pt}{1em}\right\} 1 \\[0.5em]
+ \\[0.5em]
\left.\rule{0pt}{3em}\right\} \sum_{i=1}^{m} 2a_i b_i \\[0.5em]
+ \\[0.5em]
\left.\rule{0pt}{3em}\right\} \sum_{i=1}^{m} a_i^2 b_i^2 \\[0.5em]
+ \\[0.5em]
\left.\rule{0pt}{5em}\right\} \sum_{i=1}^{m}\sum_{j=i+1}^{m} 2a_i a_j b_i b_j
\end{array}
\tag{5-30}
$$

通过观察式（5-30）可以发现，经过二次多项式的映射，样本 $\boldsymbol{a}$ 和 $\boldsymbol{b}$ 被变换到高维非线性空间后，维度增加了很多。

图 5-9 所示为采用二次多项式作为核函数映射后，两类样本及边界形状的示意图。同样，也能看到，白色的边界线符合二次多项式的形状，沿着边界有少部分被放大的样本（支持向量）。

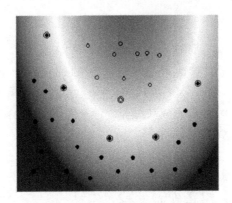

图 5-9 二次多项式核函数映射后的样本及边界形状

依照式（5-30），将 $\Phi(\boldsymbol{x})$ 的元素分解，一共有 4 个部分，即常数项 1 个、线性项 m 个、纯二次项 m 个、二次交叉项 $m(m-1)/2$ 个，如式（5-31）所示，共 $m(m-1)/2+2m+1$ 维。如果映射到式（5-26）的高斯核后，会产生无穷大的高维空间。

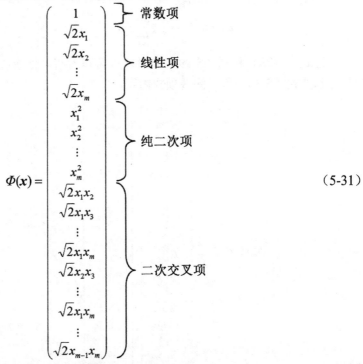

$$\Phi(\boldsymbol{x}) = \begin{pmatrix} 1 \\ \sqrt{2}x_1 \\ \sqrt{2}x_2 \\ \vdots \\ \sqrt{2}x_m \\ x_1^2 \\ x_2^2 \\ \vdots \\ x_m^2 \\ \sqrt{2}x_1x_2 \\ \sqrt{2}x_1x_3 \\ \vdots \\ \sqrt{2}x_1x_m \\ \sqrt{2}x_2x_3 \\ \vdots \\ \sqrt{2}x_1x_m \\ \vdots \\ \sqrt{2}x_{m-1}x_m \end{pmatrix} \begin{matrix} \text{常数项} \\ \\ \text{线性项} \\ \\ \\ \\ \text{纯二次项} \\ \\ \\ \\ \\ \\ \text{二次交叉项} \\ \\ \\ \end{matrix} \tag{5-31}$$

对测试样本 $\boldsymbol{x}$ 进行分类时，可以根据 $y = \mathrm{sign}[f(\Phi(\boldsymbol{x}))] = \mathrm{sign}(\boldsymbol{w}^* \cdot \Phi(\boldsymbol{x}) + b)$ 的正负号来判断其类别 y，类似式（5-13）的线性情况。其中，

$$\begin{aligned} \boldsymbol{w}^* \cdot \Phi(\boldsymbol{x}) &= \sum_{\alpha_i > 0} \alpha_i y_i \Phi(\boldsymbol{x}_i)\Phi(\boldsymbol{x}) \\ &= \sum_{\alpha_i > 0} \alpha_i y_i (\boldsymbol{x}_i \cdot \boldsymbol{x} + 1)^2 \end{aligned} \tag{5-32}$$

式（5-32）是一个以二次多项式为核函数的非线性映射表达式，支持向量一共有 $s(s \leq n)$ 个，其中 n 为训练样本个数。

所以，对 t 个测试样本的数据集 $\boldsymbol{X}_{\text{test}} = [\boldsymbol{x}^{(1)}, \cdots, \boldsymbol{x}^{(t)}]$ 进行分类，本质上就是对这 s 个二次多项式分别做 t 次线性叠加，如图 5-10 所示，$K(\boldsymbol{x}_i \cdot \boldsymbol{x} + 1) = (\boldsymbol{x}_i \cdot \boldsymbol{x} + 1)^2$，每次系数都固定为 $\alpha_i y_i$。$\boldsymbol{Y} = [y^{(1)}, \cdots, y^{(t)}]$ 是 t 个测试样本的类别，结合式（5-32），$y^{(k)} = \text{sign}$ $(\boldsymbol{w}^* \cdot \boldsymbol{\Phi}(\boldsymbol{x}^{(k)}) + b)$。若 $\boldsymbol{w}^* \cdot \boldsymbol{\Phi}(\boldsymbol{x}^{(k)}) + b > 0$，则 $\boldsymbol{x}^{(k)}$ 判为正类；反之，则判为负类。

由图 5-10 可以看出，支持向量机的网络结构类似于神经网络，其输出是若干中间层节点的线性组合，而每个中间层节点对应输入样本与一个支持向量的内积，因此也被称为支持向量网络。

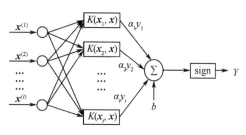

图 5-10 非线性支持相量机示意图

5.3.3 核函数的选择依据

根据泛函的相关理论，只有找到一种函数使得 $K(\boldsymbol{x}, \boldsymbol{x}_i)$ 满足 Mercer 条件，那么就可以用这个内积函数 $K(\boldsymbol{x}, \boldsymbol{x}_i)$，将原始空间中的样本经过非线性变换映射到高维希尔伯特空间（Hilbert Space）中，实现线性分类。

Mercer 条件：对于任意的对称函数 $K(\boldsymbol{x}, \boldsymbol{x}_i)$，它是某个特征空间中内积运算的充分必要条件是

$$\int g(\boldsymbol{x}) K(\boldsymbol{x}, \boldsymbol{x}_i) g(\boldsymbol{x}_i) \mathrm{d}\boldsymbol{x}\mathrm{d}\boldsymbol{x}_i \geqslant 0 \tag{5-33}$$

式（5-33）中，$K(\boldsymbol{x}, \boldsymbol{x}_i)$ 必须是一个半正定函数，换句话说，对于任意一个平方可积函数 $g(\boldsymbol{x})$（$\int g^2(\boldsymbol{x})\mathrm{d}\boldsymbol{x}$ 有界）而言，式（5-33）的不等式条件恒成立。

5.3.4 小结

通过引用核函数，SVM 可以根据事先选择的非线性映射，将输入的样本向量映射到一个高维的特征空间中，就可以把原始样本空间中的非线性问题变换成高维空间中的线性问题。在这个高维空间中求解最大分类间隔，不仅要求能够把两类分开，而且要使分类间隔最大。

5.4 多类问题的分类

从设计思想上讲，支持向量机本身是用来解决两类问题的分类的。可现实情况是，很多类型的数据，类别往往不止两个，甚至多达成千上万个，如图像的形状识别、用于验证人们身份的指纹识别、用于支票验证的字符识别等，支持向量机对此会显得力不从

心。为了能识别多类样本，机器学习领域的专家学者各抒己见，曾经提出很多关于支持向量机的改进方案。

归纳起来，多类问题的分类大致分为两种，即间接法和直接法。前者主要是通过组合多个二分类器来实现多分类器的构造，主要有一对一法和一对多法两种；而后者直接在目标函数上进行修改，将多个分类面的参数求解合并到一个最优化问题中，通过求解该最优化问题，"一次性"实现多类分类。

除了间接法和直接法，多类 SVM 的分类问题还可以通过有向无环图（DAG）法、二叉树法、纠错编码法来解决。

5.4.1 一对一法

一对一法（one-v.s.-one，ovo）[11]是在任意两类样本之间设计一个 SVM，k 个类别的样本就需要设计 $k(k-1)/2$ 个 SVM。当对一个未知样本进行分类时，最后得票最多的类别判为该样本的类别。

假设有 A,B,C,D 四个类别。对此，需要做 6 次不同的两两训练，即(A, B)、(A, C)、(A, D)、(B, C)、(B, D)、(C, D)，然后得到 6 个训练结果。在测试的时候，对类别未知的测试样本采取投票的形式来决定其类别，即

A = B = C = D = 0;

(A, B)分类：如果判为 A 类，则 A = A + 1；否则 B = B + 1。

(A, C)分类：如果判为 A 类，则 A = A + 1；否则 C = C + 1。

...

(C, D)分类：如果判为 C 类，则 C = C + 1；否则 D = D + 1。

最后，测试样本被归到得票最多的那个类，即 $\max(A,B,C,D)$。这种方法虽然好，但是当类别个数 k 很大的时候，需要投票 $k(k-1)/2$ 次，代价还是相当大的。

5.4.2 一对多法

一对多法（one-v.s.-rest，ovr）[11]是在训练时依次把某个类别的样本归为一类，剩余的其他样本归为另一类，这样 k 个类别的样本就构造出了 k 个 SVM。分类时将未知样本分类为具有最大分类函数值的那类。

假如有 4 类要划分，即 A、B、C、D，于是在抽取训练集的时候，分别选取：

（1）A 作为正集，B、C、D 作为负集。

（2）B 作为正集，A、C、D 作为负集。

（3）C 作为正集，A、B、D 作为负集。

（4）D 作为正集，A、B、C 作为负集。

使用这 4 个训练集分别进行训练，得到 4 个二分类器。测试时，把测试样本分别代入这 4 个二分类器中进行测试。最后每个二分类器都有一个输出结果，选取其中的最大值作为最终分类结果，即 $y = \max\{f_1(x), f_2(x), f_3(x), f_4(x)\}$。

这种方法的缺陷是，4 次划分的训练集中，正负两类样本个数不同，存在 1:3 的比例关系。所以，这会导致支持向量向负类倾斜，即构成最优分类面 w^* 的负类支持向量的

个数明显多于正类。在此,可以从完整的负类集中抽取 1/3 的样本,与完整的正类样本结合起来进行训练。

5.4.3 其他方法

1. 直接法[12]

直接法把 k 类问题(假设数据集一共有 k 个类)一次性合并成一个优化求解的目标函数,即

$$L(\boldsymbol{W}, \boldsymbol{B}) = \min \frac{1}{2} \sum_{r=1}^{k} \|\boldsymbol{w}_r\|^2 + C \sum_{i=1}^{n} \sum_{y_{ir}=-1}^{k} \varepsilon_i^r$$

$$\varepsilon_i^r \geqslant 0, (\boldsymbol{w}_r \cdot \boldsymbol{x}_i) + b_j \geqslant (\boldsymbol{w}_r \cdot \boldsymbol{x}_i) + b_r + 2 - \varepsilon_i^r, \ y_{ij} = 1$$

(5-34)

式中,$i = 1, \cdots, n$ 是样本个数,$r = 1, \cdots, k$ 是类别。$\boldsymbol{W} = [\boldsymbol{w}_1, \cdots, \boldsymbol{w}_k]$ 和 $\boldsymbol{B} = [b_1, \cdots, b_k]$ 分别是这 k 个类的分类面和偏移量。与此同时,还要为这 n 个样本构造一个类别标签矩阵 $\boldsymbol{Y} \in \mathbf{R}^{n \times k}$。其中,$y_{ij}$ 是该矩阵中第 i 行第 j 列的元素。当样本 x_i 属于第 j 类时,$y_{ij} = 1$,否则 $y_{ij} = -1$。

虽然这种指导思想看起来简单,但由于它的最优化问题求解过程太复杂,计算量太大,实现起来比较困难,因此未被广泛应用。

2. 有向无环图法[11]

假设有 1、2、3、4 四个类,那么有向无环图(DAG)法可以按照图 5-11 所示的方式训练分类器。

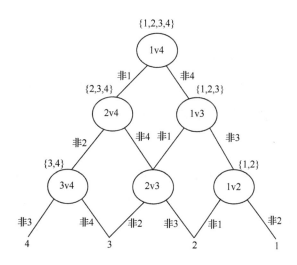

图 5-11 多类问题的有向无环图法

这种方式减少了分类器的数量,分类速度飞快,而且也没有分类重叠和不可分类现象。但是假如一开始的分类器回答错误,那么后面的分类器没有办法纠正,错误会一直向下累积。为了减少这种错误累积,根节点的选取至关重要。

3. 二叉树法[13]

对于一个数据集，可以采用一些聚类的方法（如 k-means）把数据集分成两个子类，然后对两个子类进一步划分，如此循环，直到子类中只包含一个类别为止。这样，就得到了一个倒立的二叉树。最后，在二叉树各决策节点训练支持向量机分类器，这里就可以发现我们需要的分类器已经减少了很多了。这里，构造不同的树结构（不一定是完全二叉树），就会得到不同的方法。但是使用完全二叉树结构时，需要学习的二类分类器数目是最少的。

4. 纠错编码法[11]

假设一个数据集一共有 K 类，对于每个类使用 L 个二类分类器就会得到 L 个分类结果，每个结果用 0 或 1 表示，从而形成 L 位二进制码。因此，对于这 K 类数据集，可以学习到一个 $K×L$ 的矩阵作为码本。对于一个测试样本，用同样的方法得到 L 个二分类结果，构成长度为 L 的二进制码向量，拿这个向量和 $K×L$ 码本中的每一行做汉明距离（Hamming Distance），距离最小者的类别即该测试样本所属的类别。

5.4.4 小结

支持向量机的多分类问题本身就比较复杂，虽然迄今为止有很多解决方案，但是最常用也最高效的还是一对一法和一对多法。支持向量机的 MATLAB 代码工具包 libsvm 中，多类分类就是根据一对一法来实现的。而 Python 语言中 SVM 工具包既可以实现一对一法，也可以实现一对多法。

5.5 实验

以下 4 个实验都运行在 MacBook Proc10.13.6 版本的平台上，配置为 Intel Core i5、CPU 3.1GHz、RAM 8GB、LPDDR3。编程语言为 Python，采用 Python 3.7.1 版本。

5.5.1 实验1：两类问题的线性可分问题

1. 实验原理

本实验的数据集来自 Python 随机产生的两类二维数据点，将其作为线性可分的样本，每类 10 个，旨在展示 Python 自带的工具包 sklearn 中 SVM 的性能和分类效果。其中，参数 kernel='linear'表示选择的是线性分类器，非负参数 C 是一个正则项，参见 5.2.4 节式（5-15）。

2. 实验步骤

（1）编写 Python 脚本 test_SVM.py。

```
#!/usr/bin/env python3

import numpy as np
import matplotlib.pyplot as pl
```

```
from sklearn import svm

np.random.seed(2)
X = np.r_[np.random.randn(10,2)-[2,2], np.random.randn(10,2)+[2,2]]   #每类随机生成 10 个样本
Y = [0] * 10+[1] * 10                                                  #类别标签，10 个 0，10 个 1

clf=svm.SVC(kernel='linear', C=1)            #采用线性分类器
clf.fit(X,Y)                                 #训练该分类器

w=clf.coef_[0]
a=-w[0]/w[1]                                  #计算斜率
xx=np.linspace(-5,5)                          #产生-5 到 5 的线性连续值，间隔为 1
yy=a*xx-(clf.intercept_[0])/w[1]             # clf.intercept_[0]为直线在横坐标的截距

#得出支持向量的方程
b1=clf.support_vectors_[0]                    #负类的支持向量
yy_down=a*xx+(b1[1]-a*b1[0])
b2=clf.support_vectors_[-1]                   #正类的支持向量
yy_up=a*xx+(b2[1]-a*b2[0])

print("w:",w)                                 #输出权重系数
print("a:",a)                                 #输出斜率
print("suport_vectors_:",clf.support_vectors_) #输出支持向量

label=['class1','class2']
pl.scatter(X[0:9,0], X[0:9,1], s=40, c='m', alpha=0.9, marker = 'o')   #画出第一类样本散点图
pl.scatter(X[10:19,0], X[10:19,1], s=40, c='k', alpha=0.9, marker = 'x')   #画出第二类样本散点图
pl.scatter(clf.support_vectors_[:,0],clf.support_vectors_[:,1],s=100, edgecolors = 'm',facecolors = 'none')
                                              #画出支持向量
pl.legend(label, loc=1)
pl.plot(xx,yy,'k-')                           #画出两类的分界线 f(x)=0
pl.plot(xx,yy_down,'r-.')                     #画出 f(x)=-1 的直线
pl.plot(xx,yy_up,'c--')                       #画出 f(x)=1 的直线
pl.title('linear separable case')
pl.show()
```

（2）运行程序。

```
#python3 test_SVM.py
```

3. 实验结果

该实验结果分为两个部分，即图 5-12 和输出的变量清单。图 5-12 中的实线是 $f(x)=0$ 的分界线，上下两条虚线分别是 $f(x)=1$ 和 $f(x)=-1$ 的等高线。支持向量有 3 个（正类 2 个，负类 1 个，见输出的变量清单，以及图 5-12 中虚线上的 3 个样本）。

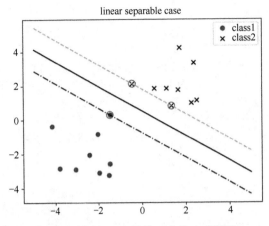

图 5-12　两类问题线性可分的实验结果

输出的变量清单如下。

w: [0.56649496 0.78291539]	//权重系数
a: -0.7235711103254046	//分界线斜率
suport_vectors_: [[-1.44854596　0.29220801]	//3 个支持向量
[1.36234499　0.81238771]	
[-0.43476758　2.1127265]]	

5.5.2　实验 2：两类问题的非线性分类问题

1. 实验原理

本实验的数据集来自 Python 随机产生的两类二维数据点，将其作为线性不可分的样本，每类 10 个，旨在展示 Python 自带的工具包 sklearn 中 SVM 的性能和分类效果。该实验分别对多项式核函数和高斯核函数进行测试。在多项式核函数中，参数 degree 指高阶次数，对应式（5-25）中的幂次项 q；而在高斯核函数中，γ 是 $\frac{1}{\sigma^2}$，参见式（5-26）。

2. 实验步骤

（1）编写三次多项式的 Python 脚本 poly_SVM.py。

```
#!/usr/bin/env python3

import numpy as np
import matplotlib.pyplot as plt
from sklearn import svm
np.random.seed(0)
x = np.r_[np.random.randn(10,2)+[0,2],   np.random.randn(5,2)+[2,2],
np.random.randn(5,2)+[-2,2]]                #前 10 个是第一类，后 10 个是第二类
y = [-1] * 10+[1] * 10                       #类别标签，10 个 0，10 个 1

svc = svm.SVC(kernel='poly', C=1, degree=3, gamma='auto').fit(x,y)
print("support vectors:",svc.support_vectors_)    #输出支持向量
```

```
x1_min,x1_max=x[:,0].min(),x[:,0].max()
x2_min,x2_max=x[:,1].min(),x[:,1].max()


X,Y=np.mgrid[x1_min:x1_max:200j, x2_min:x2_max:200j]
Z = svc.decision_function(np.c_[X.ravel(), Y.ravel()])
Z = Z.reshape(X.shape)
#画出 f(x)=-1、f(x)=0 和 f(x)=1 的等高线
plt.contour(X,Y,Z, colors = ['b','k','g'], linestyles = ['--','-','-.'], levels = [-1,0,1])
label = ['class 1','class 2']
plt.scatter(x[0:9,0], x[0:9,1], s=40, c='m', alpha=0.9, marker = 'o')
plt.scatter(x[10:19,0], x[10:19,1], s=40, c='k', alpha=0.9, marker = 'x')
plt.legend(label, loc = 2)


plt.scatter(svc.support_vectors_[:,0], svc.support_vectors_[:,1],
            s=100, edgecolors = 'm',facecolors = 'none')
plt.title('nonlinear case: poly, degree=3')
plt.show()
```

（2）编写高斯的 Python 脚本 rbf_SVM.py。

```
#!/usr/bin/env python3


import numpy as np
import matplotlib.pyplot as plt
from sklearn import svm


np.random.seed(0)
x = np.r_[np.random.randn(10,2)+[0,2],   np.random.randn(5,2)+[2,2],
np.random.randn(5,2)+[-2,2]]
                                        #前 10 个是第一类，后 10 个是第二类
y = [-1] * 10+[1] * 10                   #类别标签，10 个 0，10 个 1


svc = svm.SVC(kernel = 'rbf',   gamma='auto').fit(x,y)
print("support vectors:",svc.support_vectors_)       #输出支持向量


x1_min,x1_max=x[:,0].min(),x[:,0].max()
x2_min,x2_max=x[:,1].min(),x[:,1].max()


X,Y=np.mgrid[x1_min:x1_max:200j, x2_min:x2_max:200j]
Z = svc.decision_function(np.c_[X.ravel(), Y.ravel()])
Z = Z.reshape(X.shape)
#画出 f(x)=-1, f(x)=0 和 f(x)=1 的等高线
plt.contour(X,Y,Z, colors = ['b','k','g'], linestyles = ['--','-','-.'], levels = [-1,0,1])
label = ['class 1','class 2']
plt.scatter(x[0:9,0], x[0:9,1], s=40, c='m', alpha=0.9, marker = 'o')
```

```
plt.scatter(x[10:19,0], x[10:19,1], s=40, c='k', alpha=0.9, marker = 'x')
plt.legend(label, loc = 2)

plt.scatter(svc.support_vectors_[:,0], svc.support_vectors_[:,1],
            s=100, edgecolors = 'm',facecolors = 'none')
plt.title('nonlinear case: RBF')
plt.show()
```

（3）运行程序。

```
#python3   poly_SVM.py
#python3   rbf_SVM.py
```

3. 实验结果

运行 poly_SVM.py，得到如下支持向量和图 5-13。

```
support vectors: [[ 1.76405235   2.40015721]
 [ 1.86755799   1.02272212]
 [ 1.49407907   1.79484174]
 [ 0.3130677    1.14590426]
 [-0.55298982   2.6536186 ]
 [ 4.26975462   0.54563433]
 [ 2.04575852   1.81281615]
 [-2.88778575   0.01920353]]
```

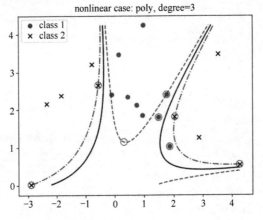

图 5-13　两类问题非线性可分情况之多项式核函数

运行 rbf_SVM.py，得到如下支持向量和图 5-14。

```
support vectors: [[ 1.76405235   2.40015721]
 [ 0.97873798   4.2408932 ]
 [ 1.86755799   1.02272212]
 [-0.10321885   2.4105985 ]
 [ 0.14404357   3.45427351]
 [ 1.49407907   1.79484174]
 [ 0.3130677    1.14590426]
 [-0.55298982   2.6536186 ]
```

```
[ 2.8644362    1.25783498]
[ 4.26975462   0.54563433]
[ 2.04575852   1.81281615]
[ 3.53277921   3.46935877]
[-2.88778575   0.01920353]
[-2.34791215   2.15634897]
[-0.76970932   3.20237985]
[-2.38732682   1.69769725]]
```

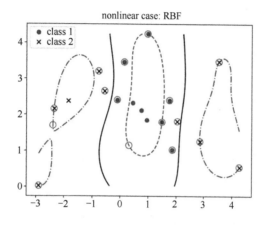

图 5-14　两类问题非线性可分情况之高斯核函数

5.5.3　实验 3：UCI 数据集中 wine.data 的多类分类问题

1. 实验原理

该实验采用机器学习领域国际上知名的 UCI 数据集中的 wine.data 数据，其下载网址为 http://archive.ics.uci.edu/ml/datasets/Wine。该数据集包含不同类别的葡萄酒数据，共有 3 类样本，其中，第一类有 59 个样本，第二类有 71 个样本，第三类有 48 个样本，共计 178 个样本。每个样本都有 13 个属性，即：

（1）Alcohol。

（2）Malic acid。

（3）Ash。

（4）Alcalinity of ash。

（5）Magnesium。

（6）Total phenols。

（7）Flavanoids。

（8）Nonflavanoid phenols。

（9）Proanthocyanins。

（10）Color intensity。

（11）Hue。

（12）OD280/OD315 of diluted wines。

（13）Proline。

该实验将每类样本一半划分为训练样本、一半划分为测试样本，并取前两个维度特征（Alcohol 和 Malic acid），然后采用高斯核，用一对一法的非线性支持向量机来做训练，最后在测试样本上查看分类效果。

2．实验步骤

（1）编写脚本 wine_SVM.py。

```python
!/usr/bin/env python3

from sklearn import svm
import numpy as np
import matplotlib.pyplot as plt
import matplotlib
import sklearn
from sklearn.model_selection import train_test_split

#1.读取数据集
path='/.../wine.data'.                                      #给出 wine.data 的绝对路径
data=np.loadtxt(path, dtype=float, delimiter=',')           #加载数据

#2.划分数据与标签
y,x=np.split(data,indices_or_sections=(1,),axis=1)          #x 为数据，y 为标签
x=x[:,0:2]                                                  #每个样本取前两个维度
train_data,test_data,train_label,test_label
=train_test_split(x,y, random_state=1, train_size=0.5,test_size=0.5)   #一半训练样本，一半测试样本

#3.训练 svm 分类器
classifier=svm.SVC(C=1,kernel='rbf',gamma='auto', decision_function_shape='ovo') # ovo:一对一策略
classifier.fit(train_data,train_label.ravel())

#4.计算 svm 分类器的准确率
print("训练集： ",classifier.score(train_data,train_label))
print("测试集： ",classifier.score(test_data,test_label))

x1_min,x1_max = x[:,0].min(),x[:,0].max()
x2_min,x2_max = x[:,1].min(),x[:,1].max()

X,Y=np.mgrid[x1_min:x1_max:200j, x2_min:x2_max:200j]
Z = classifier.predict(np.c_[X.ravel(),Y.ravel()])
Z = Z.reshape(X.shape)
plt.contourf(X,Y,Z, alpha = 0.5)
plt.contour(X,Y,Z, colors = 'k')                            #画三类的分界线
```

```
tr1=np.argwhere(train_label[:,0]==1)
tr2=np.argwhere(train_label[:,0]==2)
tr3=np.argwhere(train_label[:,0]==3)          #分别获取三类训练样本的标签索引

te1=np.argwhere(test_label[:,0]==1)
te2=np.argwhere(test_label[:,0]==2)
te3=np.argwhere(test_label[:,0]==3)           #分别获取三类测试样本的标签索引

#三类训练样本二维散点图
plt.scatter(train_data[tr1,0],train_data[tr1,1], s=30, marker='o', edgecolors='none')
plt.scatter(train_data[tr2,0],train_data[tr2,1], s=30, marker='s', edgecolors='none')
plt.scatter(train_data[tr3,0],train_data[tr3,1], s=30, marker='v', edgecolors='none')

#三类测试样本二维散点图
plt.scatter(test_data[te1,0],test_data[te1,1], c='y', s=30, marker='o', edgecolors='k')
plt.scatter(test_data[te2,0],test_data[te2,1], c='y', s=30, marker='s', edgecolors='k')
plt.scatter(test_data[te3,0],test_data[te3,1], c='y', s=30, marker='v', edgecolors='k')
 plt.title('Multi-classification on wine.data using one v.s one approach')
 plt.show()
```

（2）运行程序。

```
#python3    wine_SVM.py
```

3. 实验结果

运行后，分界线、训练样本和测试样本的散点分布如图 5-15 所示。从图中可以看出，SVM 通过训练得到的决策分类面（分界线）有一定的置信度，因为每类的训练样本和测试样本大多都在各自区域内。

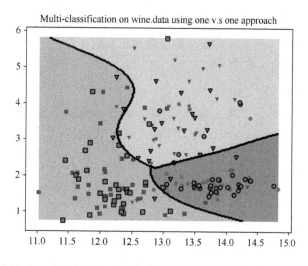

图 5-15　wine.data 数据集上 3 类样本的分界线（曲线），训练样本（无边框）和测试样本（有边框）的分布情况（第一类样本为圆点，第二类样本为矩形；第三类样本为三角形）

运行后输出的分类正确率如下所示，对训练样本的分类正确率约 85.39%，对测试样本的分类正确率约 80.90%。

训练集：0.8539325842696629
测试集：0.8089887640449438

5.5.4 实验 4：USPS 手写阿拉伯数据库的识别

1. 实验原理

该实验选用的 USPS 手写阿拉伯数据库[14]（http://www.cs.toronto.edu/~roweis/data.html）包含阿拉伯数字"0"到"9"共 10 个类，每类有 1100 个样本。该数据库被广泛用于分类器设计、特征抽取等实验。其中，每个样本的分辨率为 16 像素×16 像素，即包含 256 维特征。图 5-16（a）所示为训练集中的部分样本；图 5-16（b）所示为测试集中的部分样本。

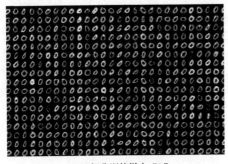 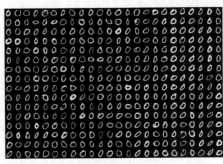

（a）部分训练样本"0" （b）部分测试样本"0"

图 5-16 USPS 手写阿拉伯数据库样本示例

该实验将每类样本的前一半当作训练样本，后一半当作测试样本，采用线性和非线性支持向量机，目的是对比不同的核函数在训练时间、测试时间、分类准确度（测试结果）方面的差异。其中，在多项式核函数及双曲正切核函数中，参数 coef0 是偏移量，分别对应式（5-25）中的 a 和式（5-27）中的 c。

2. 实验步骤

该实验分为两个部分：①编写并运行脚本 load_usps.py，将网站上直接下载的原始数据 usps_all.mat 转换成 Python 可读的文件格式 usps_data.npy；②运行脚本 usps_SVM.py 并输出结果。

（1）编写脚本 load_usps.py。

```
#!/usr/bin/env python3
import numpy as np
import scipy.io as scio

data_path='/.../usps_all.mat'                    #读数据，提供绝对路径
load_data = scio.loadmat(data_path)
save('data.mat','A')
```

```
matrix = load_data['data']
data = np.transpose(matrix)
np.save('/Users/... /usps_data.npy',data)          #保存，提供绝对路径
```

（2）运行程序。

```
#python3    load_usps.py
```

（3）编写脚本 usps_SVM.py。

```
#!/usr/bin/env python3

import time
import numpy as np
import matplotlib.pyplot as pyplot
import matplotlib
import sklearn
from sklearn import svm
from sklearn.model_selection import train_test_split
usps_data = np.load('/.../usps_data.npy')                #读数据

class_no=usps_data.shape[0]                              #类别个数
sample_per=usps_data.shape[1]                            #每类样本个数
dim=usps_data.shape[2]                                   #样本维度

label=np.zeros((class_no, sample_per))
for i in range(1,class_no):
    label[i-1,:]=i                                       #构造类别标签

train_label=label[:,0:550].reshape(5500,1)              #训练样本类别标签
test_label=train_label                                   #测试样本类别标签

train_data=np.zeros((10,550,256))
test_data=np.zeros((10,550,256))
for i in range(1,class_no):
    train_data[i-1,:,:]=usps_data[i-1,0:550,:]          #各类样本的前一半数据作为训练样本
    test_data[i-1,:,:]=usps_data[i-1,550:1100,:]        #各类样本的后一半数据作为测试样本

train_data=train_data.reshape(5500,256)
test_data=test_data.reshape(5500,256)

#3.训练 svm 分类器
start_time = time.time()
#classifier=svm.SVC(C=1,kernel='linear', decision_function_shape='ovr') # ovr:一对多策略
#classifier=svm.SVC(kernel='poly', gamma=1, coef0=256, degree=2, decision_function_shape='ovr')
classifier=svm.SVC(kernel='rbf', gamma='auto', decision_function_shape='ovr')
#classifier=svm.SVC(kernel='sigmoid', gamma=1, coef0=-1, decision_function_shape='ovr')
```

```
classifier.fit(train_data,train_label.ravel()) #ravel 函数在降维时默认是行序优先
end_time = time.time()
print("Time for training process:", end_time-start_time, "s")     #输出训练时间

#4.计算 svm 分类器的准确率
start_time = time.time()
print("测试集：",classifier.score(test_data,test_label))          #输出测试样本分类的正确率
end_time = time.time()
print("Time for testing process:", end_time-start_time, "s")          #输出测试时间
print("number of support vectors:", classifier.support_vectors_.shape[0])     #输出支持向量的个数
```

（4）运行程序。

```
#python3   usps_SVM.py
```

3. 实验结果

从表 5-1 中可以看出，采用线性核函数和多项式核函数能取得较好的分类效果，且训练时间短，支持向量的个数为1300～1500个；而高斯核函数和双曲正切核函数的分类效果要差很多，而且训练时间长，支持向量的个数也多很多。因此，得出一个结论：USPS 手写阿拉伯数据库的数据样本总体上属于线性可分的类型。

表 5-1 支持向量机在 USPS 手写阿拉伯数据库上的实验结果

核函数		训练时间（s）	测试时间（s）	支持向量数	测试结果
线性	C=0.1	1.17	2.07	1338	94.44%
	C=1	1.17	2.07	1338	94.44%
	C=10	1.20	2.08	1338	94.44%
多项式	a=1, q=3	1.78	2.28	1455	95.75%
	a=1, q=4	2.12	2.43	1543	93.38%
	a=256, q=2	1.54	2.35	1496	97.09%
	a=256, q=3	1.76	2.29	1459	96.20%
	a=256, q=4	2.09	2.43	1533	94.18%
	a=256, q=5	2.44	2.66	1675	91.35%
高斯	$\gamma = 0.1$	13.97	7.85	4592	20%
	$\gamma = 1$	13.84	7.84	4952	20%
	$\gamma = 10$	13.89	7.82	4592	20%
	$\gamma = 100$	13.85	7.81	4592	20%
双曲正切	v=2, c=-1	12.23	7.94	4592	20%
	v=2, c=-1	12.22	7.96	4592	20%

习题

1. 请仿照式（5-12），自己推导：在有噪声 ε_i 的线性可分的情况下，求解偏移量 b 的最优解。

2. 在线性支持向量机中，如果把求得的偏移量 b 代入最优分类向量 $\boldsymbol{w}$ 中，请写出代入后的分类判别表达式 $f(\boldsymbol{x})$，并阐释代入后，向量 $\boldsymbol{w}$ 及样本 $\boldsymbol{x}$ 在维度上发生的变化。

3. 如果 hinge 损失函数的表达式为 $l(z) = \max(0, 1-z)$，试证明，式（5-15）中的松弛项 ε_i（$i = 1, \cdots, n$）均满足 $l(\varepsilon_i) = \max(0, 1 - y_i(\boldsymbol{w} \cdot \boldsymbol{x}_i + b))$。

4. 根据式（5-33）的 Mercer 条件，$K(a,b) = (a-b)^3$ 能作为非线性映射的核函数吗？如果换成 $K(a,b) = (a-b)^4 - (a+b)^4$ 呢？

5. 线性映射可以用核函数表示吗？如果可以，它的表达式是什么？

6. 把 5.5 节中的实验 1 改成线性不可分的情况，即数据集换成 X = np.r_[np.random.randn(10,2)-[1,1], np.random.randn(10,2)+[1,1]]，同时改变 clf=svm.SVC (kernel='linear', C=1) 中参数 C 的值（$C>0$），看看支持向量和分界线会有什么变化。如果线性可分，C 的大小对支持向量和分界线有影响吗？

7. 把 5.5 节中实验 2 的多项式核函数的 degree 改成 2，运行程序后观察非线性分界线的情况，并与图 5-13 做比较。

8. 把 5.5 节中实验 2 的高斯核函数的参数 γ 分别改成 0.1、1、2、5、10，运行程序后观察非线性分界线随 γ 的变化情况，并与图 5-14 做比较。

9. 把 5.5 节中实验 3 的一对一法换成一对多法，再把非线性情况换成线性情况，比较实验结果。

10. 把 5.5 节中实验 4 的一对多法换成一对一法，比较实验结果。

参考文献

[1] CORINNA C, VLADIMIR N V. Support-Vector Networks[J]. Machine Learning, 1995, 20: 273-297.

[2] 陈才扣，杨静宇. Fisher 大间距线性分类器[J]. 中国图像图形学报, 2007, 12(12): 2143-1247.

[3] HAIFENG L, TAO J. Efficient and Robust Feature Extraction by Maximum Margin Criterion[J]. IEEE Transactions on Neural Networks, 2006, 17(1): 157-165.

[4] YOAV F, ROBERT E S. A Decision-Theoretic Generalization of on-Line Learning and an Application to Boosting[J]. Journal of Computer and System Science, 1997, 55(1): 119-139.

[5] 程国. 基于中间值的最大间距准则特征提取方法[J]. 甘肃科学学报，2014，26(4): 21-24.

[6] HOSSEINI B, HAMMER B. Feasibility Based Large Margin Nearest Neighbor Metric Learning[C]. European Symposium on Artificial Neural Networks, computational intelligence and machine learning, 2016.

[7] Huang J J, YI L, WEI P, et al. Large Margin Neural Language Model[C]. Conference on Empirical Methods in Natural Language Processing, 2018.

[8] KUHN H W, TUCHER A W. Nonlinear programming[C]. The Second Berkeley Symposium on Mathematical Statistics and Probability, 1950.

[9] Boyd S, Vandenberghe L. Convex Optimization[M]. Cambridge: Cambridge University Press, 2004.

[10] JOHN C P. Sequential Minimal Optimization: A Fast Algorithm for Training Support Vector Machines[R]. MSR-TR-98-14, Microsoft Research, 1998.

[11] 刘志刚，李德仁，秦前清，等. 支持向量机在多类分类问题中的推广[J]. 计算机工程与应用，2004(7): 10-13, 65.

[12] WESTON J, WATKINS C. Multi-class Support Vector Machines[R]. CSD-TR-98-04, Royal Holloway, University of London, 1998.

[13] 宋晓婉，黄树成. 一种基于 SVM 的多类文本二叉树分类算法[J]. 计算机与数字工程，2020，48(8): 1835-1839.

[14] HULL J J. A database for handwritten text recognition research[J]. Journal of IEEE Transactions on Pattern Recognition and Machine Intelligence, 1994, 16(5): 550-554.

第6章 集成学习

集成学习（Ensemble Learning）在机器学习的各领域得到广泛应用[1]，如分类、回归、特征选取、异常点检测等，是一种常用且有效的统计学习方法[2]。它本身不是一个单独的机器学习方法，而是通过构建若干个个体学习器，并根据某种策略将这些个体学习器有机结合，得到一个统一的强学习器，使其性能比单一的个体学习器更加优越。集成学习是一种通过"博采众长"来提升性能的机器学习方法。

本章首先简述集成学习的思想，其次介绍集成学习的两类常用算法 Bagging 和 Boosting 的原理，并在此基础上进一步介绍 Bagging 算法的扩展体随机森林算法及 Boosting 算法的代表 AdaBoost 算法，再次介绍常用的个体学习器结合策略，最后通过一个糖尿病预测实验对比各种集成学习算法的效果。

6.1 集成学习简述

在现实生活中，当我们面对复杂问题时，通常会征求几个朋友的意见，然后综合朋友的意见做出最后的抉择，这样往往能够避免不必要的失误并取得令人满意的结果，也就是我们常说的"三个臭皮匠赛过诸葛亮"，这就是集成学习的思想。

从 Kearns 和 Valiant[3]首次提出的"强可学习"和"弱可学习"概念可知，在"概率近似正确（Probably Approximately Correct，PAC）框架"中，若存在一个算法能以很高的准确率学习到某个概念，则称这个概念是强可学习的；反之，若存在一个算法仅能以比随机猜测略优的准确率学习到某个概念，则称这个概念是弱可学习的[4]。后来，Schapire[5]证明了在 PAC 框架下，一个强可学习的概念的充分必要条件是这个概念是弱可学习的。也就是说，如果能找到处理一个问题的弱学习器（个体学习器），则可进一步将这些弱学习器提升为强学习器。

集成学习正是基于这个原理，通过某种方法生成若干个个体学习器，并通过一定的策略有机结合这些个体学习器，最终形成一个强学习器，并获得比单一的个体学习器更加优越的性能[6, 7]。集成学习示意图如图 6-1 所示。

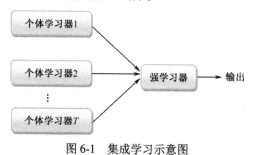

图 6-1　集成学习示意图

为了让集成的性能更加优越，生成的个体学习器应该具备什么性质呢？假设现有 3 个分类器，分别对 3 幅病理图像进行分析，预测其是否存在病变（预测正确用 √ 表示，错误用 × 表示），然后通过"投票法"以"少数服从多数"的原则将 3 个分类器的预测结果集成，产生最终的判断。表 6-1～表 6-3 所示为 3 种情况下的集成效果。第一种情况，各分类器在 3 幅病理图像上的表现不同，但预测的正确率都为 2/3，最后集成的正确率为100%；第二种情况，每个分类器的表现也不相同，但每个分类器的预测正确率仅为 1/3，最终集成的正确率反而降为 0；第三种情况，3 个分类器的预测结果完全一样，正确率都是 2/3，但集成之后的性能没有发生任何变化，仍为 2/3。

表 6-1　集成提升性能

分类器	病理图像 1	病理图像 2	病理图像 3
分类器 1	√	×	√
分类器 2	√	√	×
分类器 3	×	√	√
集成	√	√	√

表 6-2　集成降低性能

分类器	病理图像 1	病理图像 2	病理图像 3
分类器 1	×	×	√
分类器 2	√	×	×
分类器 3	×	√	×
集成	×	×	×

表 6-3　集成不起作用

分类器	病理图像 1	病理图像 2	病理图像 3
分类器 1	√	×	√
分类器 2	√	×	√
分类器 3	√	×	√
集成	√	×	√

从上面的例子可见，首先个体学习器自身的性能不能太差，其次个体学习器之间要尽可能地"不同"，简而言之就是，个体学习器应该"好而不同"，才能保证最终集成的性能可以超越个体学习器的性能，以达到提升学习效果的目的。

6.2　个体学习器与集成学习算法

在集成学习中，如何生成若干个体学习器，以及如何选择适当的结合策略，是集成学习需要解决的两个核心问题。

6.2.1　个体学习器

按照集成学习中个体学习器的性质，可以将个体学习器分为如下两种类型。

1. 同质个体学习器

若所构建的所有个体学习器都是同一类型的学习器，则称它们为同质个体学习器，如都是决策树个体学习器，或都是神经网络个体学习器等。

2. 异质个体学习器

当集成学习中的所有个体学习器不全是同一类型的学习器时，则称它们为异质个体学习器。例如，个体学习器中既有决策树个体学习器、神经网络个体学习器，又有支持向量机个体学习器，或有逻辑回归个体学习器、朴素贝叶斯个体学习器等。

现实中，同质个体学习器的应用更为广泛。通常人们所说的集成学习，若不特别说明，则集成的都是同质个体学习器。基于 CART 决策树模型或神经网络模型[8]的同质个体学习器是最为常见的。

6.2.2　集成学习算法

通常，个体学习器的集成方式有两种：一种是并行（Parallel Ensemble）集成；另一种是串行（Sequential Ensemble）集成。根据集成方式的不同，可将集成学习算法相应地划分为两大类：一类是 Bagging 算法，另一类是 Boosting 算法。选择哪种集成方式，需要根据个体学习器之间的依赖关系来决定[9]。

1. Bagging 算法

若个体学习器之间不存在强依赖关系，一系列的个体学习器可并行生成，则可采取"并行"方式整合这些个体学习器，那么这类集成学习算法就称为 Bagging 算法。目前广泛应用的随机森林（Random Forest）算法就是 Bagging 算法的一个扩展。

2. Boosting 算法

如果个体学习器之间存在强依赖关系，即某个体学习器的生成依赖前一个个体学习器的输出结果，则只能采取"串行"方式整合这些个体学习器，这类集成学习算法称为 Boosting 算法，AdaBoost 算法是其中的优秀代表。

6.3 节和 6.4 节将分别介绍这两类算法及其代表算法的原理和算法实现过程。

6.3　Bagging 算法和随机森林算法

6.3.1　Bagging 算法

由 6.2 节可知，Bagging 算法[10]的个体学习器之间没有依赖关系，相互"独立"，可以并行地生成。

为了得到"独立"的个体学习器，Bagging 算法对一个给定的训练数据集，通过随机采样产生若干个不同的训练子集，然后对这些子集的数据分别进行独立的训练，以获得不同的个体学习器，最后根据某种结合策略对这些个体学习器进行整合，得到最终的强学习器。

这里，有必要进一步介绍随机采样法。给定一个包含 m 个样本的初始训练集，每次先随机采集一个样本放入采样训练集，再把该样本放回初始训练集中，这样下次采样时仍有可能采集到该样本，如此采样 m 次后，即可得到一个包含 m 个样本的采样训练集。显然，初始训练集中的一些样本可能在采样训练集中重复出现，而一些样本则一次也不会出现。那么，样本在 m 次采样中始终不会被采到的概率是 $(1-1/m)^m$，取极限得

$$\lim_{m \to \infty} \left(1 - \frac{1}{m}\right)^m = \frac{1}{e} \approx 0.368$$

即初始训练集中约 36.8% 的数据不出现在采样训练集中，这些数据被称为"袋外数据"，它们不参与训练，因此可以作为验证集，对所生成的个体学习器进行"袋外估计"（Out-of-Bag Estimate），检验其泛化性能。

重复以上采样过程 T 次，就可以得到 T 个采样训练集。由于是随机采样，每次得到的采样训练集都不同于初始训练集，且 T 个采样训练集之间互不相同。这就在一定程度上保证了对采样训练集进行独立训练之后，所得到的个体学习器之间的差异性。

最后，将这些个体学习器进行整合。对于分类问题，通常由投票表决来产生分类的结果；而对于回归问题，若假设每个个体学习器具有相同的重要性，则取 T 个个体学习器的预测结果的均值作为最后的预测结果。

相比偏差，Bagging 算法更关注方差的降低[11]，因此 Bagging 算法适用于对微小变化十分敏感的分类器，如未剪枝的决策树、神经网络等易受样本变化影响的学习器。

6.3.2　随机森林算法

随机森林算法[12]是一种基于 Bagging 算法的集成学习算法，个体学习器为决策树，可用于解决分类问题和回归问题。随机森林算法在 Bagging 算法的样本随机采样基础上，进一步在决策树的训练过程中引入了特征的随机选择[13]。

随机森林具体如何构建呢？需要考虑两方面的问题，即样本的随机选取和特征的随机选取[14]。

1. 样本的随机选取

随机森林算法的样本采样过程与 Bagging 算法类似，首先使用随机采样法从初始训练集中随机有放回地采样 m 个样本，经过 T 次采样后，生成 T 个采样训练集，然后分别对这 T 个采样训练集进行独立训练，得到 T 个子决策树模型。

随机森林算法之所以不采用全样本，是因为全样本训练忽略了局部样本的规律，不利于提高模型的泛化能力[15]。

2. 特征的随机选取

与传统决策树选取当前节点的特征集合（设共有 d 个特征）中最优的那个特征作为分裂特征不同，随机森林子决策树构建过程中的每次分裂，都不使用所有特征，而是从

特征集合中随机选取 k 个特征构成特征子集，然后在特征子集中选取最优的特征作为节点的分裂特征。其中，特征的优劣可由信息增益、信息增益比或基尼指数等来评估。传统决策树和随机森林子决策树的特征选取过程如图 6-2 所示。

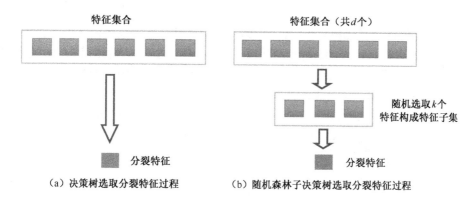

图 6-2　决策树和随机森林子决策树选取分裂特征的过程

随机森林的每棵子决策树按此规则不断分裂，直到子节点下的所有训练样本都属同一类。这样得到的子决策树彼此互不相同，保证了系统的多样性，从而提升了集成性能。

随机森林算法中的参数 k 可用于控制随机度，当 $k=d$ 时，子决策树的构建和传统决策树相同；当 $k=1$ 时，则随机选择一个特性作为分裂特征来构建子决策树。通常，推荐使用 $k=\log_2 d$。

在随机森林子决策树的分裂过程中，无须进行剪枝，生成的多棵子决策树组合形成随机森林。对于分类问题，按多棵子决策树分类器投票决定最终分类结果；对于回归问题，由多棵子决策树预测值的均值决定最终预测结果。

随机森林算法仅在 Bagging 算法的基础上做了一点改动，计算开销小，却简单有效，在很多现实任务中表现优异：既可处理离散数据，又能处理连续数据；无须特征选择（特征列采样），可处理高维数据；训练速度快，准确率较高，不易产生过拟合，抗噪能力强；可对变量进行重要性排序；训练时树与树之间相互独立，易于实现并行化等。

随机森林算法的缺点主要是，在某些噪声较大的分类问题或回归问题上会产生过拟合，并且在分裂时，随机森林算法偏向于选择取值较多的特征，故可能导致所产生的属性权值不可信；当子决策树的数目过多时，计算的空间和时间开销会增大。

6.4　Boosting 算法和 AdaBoost 算法

6.4.1　Boosting 算法

Boosting 算法[16]是将一系列相互依赖的个体学习器提升为强学习器的算法[17]，其思想如下：首先，从训练集用初始权重训练出个体学习器 1，根据个体学习器 1 的误差率表现来更新训练样本的权重，加大在个体学习器 1 中误差率大的训练样本的权重，使得这些误差率大的样本在个体学习器 2 中能得到更多的关注；接着，基于调整权重后的训练集来训练个体学习器 2；如此重复，直到个体学习器的数量达到事先指定的数目 T，最后，根据某种结合策略整合这些个体学习器，得到最终的强学习器[18]。从偏差-方差的角度，Boosting 算法更关注降低偏差，即降低算法期望预测与真实预测之间的偏差程度[19]。

Boosting 算法需要解决两个问题：①如何调整训练数据的权重；②如何将各个体学习器结合成强学习器。由于 Boosting 算法将注意力集中在分类错误的数据上，因此它对训练数据的噪声非常敏感，如果训练数据中的噪声数据很多，则后面的个体学习器都将致力于噪声数据的分类，反而影响最终的分类性能。

AdaBoost 算法是一种改进的 Boosting 算法，是 Boosting 算法中的优秀代表。

6.4.2 AdaBoost 算法

AdaBoost 算法由 Freund 和 Schapire[20]在 1995 年提出，其核心思想如下："关注"被错分的样本，"器重"性能好的个体学习器。AdaBoost 算法除了提高前面个体学习器中错分样本的权重，使其在后面的个体学习器中被更加"关注"，还使用加权投票法集成个体学习器，对准确率高的个体学习器加大权重，而对准确率低的个体学习器降低权重。

1. AdaBoost 分类算法

下面介绍 AdaBoost 分类算法的整体流程，要解决的关键问题如下：①如何计算学习误差率；②如何得到个体学习器的权重系数；③如何更新样本的权重分布；④使用何种结合策略集成个体学习器。

对于一个二分类问题，已知训练集中的 m 个样本及其所属类别，AdaBoost 算法的完整学习过程如下。

输入：数据集 $D = \{(\boldsymbol{x}_1, y_1),(\boldsymbol{x}_2, y_2),\cdots,(\boldsymbol{x}_m, y_m)\}$，其中，$m$ 为样本个数，$\boldsymbol{x}_i \in \boldsymbol{X} \subseteq \mathbf{R}^n$，是第 i 个输入样本，$\boldsymbol{X}$ 为样本空间，$y_i \in Y = \{-1, +1\}$，是样本 $\boldsymbol{x}_i$ 所属的类别标签；个体学习器个数 T。

输出：最终的强学习器 $H(\boldsymbol{X})$。

过程：

（1）对训练集中的样本权重初始化，令每个样本的权重相同，则第 1 个个体学习器输出的样本权重分布为

$$D_1 = (w_{11}, w_{12}, \cdots, w_{1i}, \cdots, w_{1m}),\ w_{1i} = \frac{1}{m},\ i = 1, 2, \cdots, m \tag{6-1}$$

（2）对于第 t 次迭代（ $t = 1, 2, \cdots, T$ ），在样本权重分布为 D_t 的训练集上，训练得到第 t 个个体学习器：

$$H_t(\boldsymbol{X}): \boldsymbol{X} \to \{-1, +1\}$$

（3）计算第 t 个个体学习器 $H_t(\boldsymbol{X})$ 在训练集样本上的误差率：

$$\varepsilon_t = P(H_t(\boldsymbol{x}_i) \neq y_i) = \sum_{i=1}^{m} w_{ti} I(H_t(\boldsymbol{x}_i) \neq y_i) \tag{6-2}$$

式中，$I(\cdot)$ 为指示函数，当括号内条件为真时取 1，为假时取 0。

当所有样本权重相同时，ε_t 为错误样本数/总样本数；当各样本权重不同时，按样

本权重计算训练集的误差率 ε_t。

（4）根据训练集误差率，计算第 t 个个体学习器 $H_t(\boldsymbol{X})$ 在最终集成时的权重系数：

$$\alpha_t = \frac{1}{2}\ln\frac{1-\varepsilon_t}{\varepsilon_t}$$

若训练集误差率较小，即 $\varepsilon_t < 0.5$（比随机猜测强），则赋予个体学习器 $H_t(\boldsymbol{X})$ 较高的权重且 $\alpha_t > 0$；反之，若训练集误差率较大，即 $\varepsilon_t > 0.5$，则减少 $H_t(\boldsymbol{X})$ 的权重且 $\alpha_t < 0$。

通过 6.1 节分析可知，当个体学习器性能太差时，会降低集成的性能，故当个体学习器误差率 $\varepsilon_t > 0.5$ 时，通常摒弃该个体学习器。

（5）根据保留下来的第 t 个个体学习器 $H_t(\boldsymbol{X})$ 对各样本预测结果的正误，以及 $H_t(\boldsymbol{X})$ 的加权系数 $\alpha_t(> 0)$，更新训练集中样本的权重分布，如式（6-3）所示。

$$D_{t+1} = (w_{t+1,1}, w_{t+1,2}, \cdots, w_{t+1,i}, \cdots, w_{t+1,m}) \tag{6-3}$$

其中，

$$w_{t+1,i} = \frac{w_{ti}}{Z_t}\mathrm{e}^{-\alpha_t H_t(\boldsymbol{x}_i)y_i}$$

$$= \frac{w_{ti}}{\sum_{i=1}^{m}w_{ti}\mathrm{e}^{-\alpha_t H_t(\boldsymbol{x}_i)y_i}}\mathrm{e}^{-\alpha_t H_t(\boldsymbol{x}_i)y_i},\ i = 1, 2, \cdots, m$$

引入 $Z_t = \sum_{i=1}^{m}w_{ti}\mathrm{e}^{-\alpha_t H_t(\boldsymbol{x}_i)y_i}$ 是为保证更新后的样本权重分布 D_{t+1} 仍符合概率分布，即 $\sum_{i=1}^{m}w_{t+1,i} = 1$。

从 $w_{t+1,i}$ 计算公式可见，如果第 i 个样本 $\boldsymbol{x}_i$ 分类正确，即 $H_t(\boldsymbol{x}_i) = y_i$，则 $H_t(\boldsymbol{x}_i)y_i = 1$，那么样本 $\boldsymbol{x}_i$ 的权重在 D_{t+1} 中将减少；如果样本 $\boldsymbol{x}_i$ 分类错误，即 $H_t(\boldsymbol{x}_i) \neq y_i$，则 $H_t(\boldsymbol{x}_i)y_i = -1$，样本 $\boldsymbol{x}_i$ 的权重在 D_{t+1} 中增大。故样本权重更新公式也可写为

$$w_{t+1,i} = \begin{cases} \dfrac{w_{ti}}{Z_t}\mathrm{e}^{-\alpha_t}, & H_t(\boldsymbol{x}_i) = y_i \\[3mm] \dfrac{w_{ti}}{Z_t}\mathrm{e}^{\alpha_t}, & H_t(\boldsymbol{x}_i) \neq y_i \end{cases} \tag{6-4}$$

（6）采用加权表决法集成 T 个个体学习器：

$$f(\boldsymbol{X}) = \sum_{t=1}^{T}\alpha_t H_t(\boldsymbol{X})$$

可见集成的学习器是由若干个体学习器加权得到的，所以 AdaBoost 算法是加法模型。

（7）结合策略。对于二分类问题，最终得到的强学习器为

$$H(\boldsymbol{X}) = \mathrm{sign}[f(\boldsymbol{X})]$$

即用 sign 函数取各样本加权结果的符号，作为该样本的最终分类结果。

例 6.1 训练集如表 6-4 所示，假设个体学习器的分类阈值为 th（$x < $ th 或 $x > $ th），该阈值可使该个体学习器在训练集上的分类误差率最小，试用 AdaBoost 算法学习一个强分类器。

表6-4　一个二分类训练集

x	1	2	3	4	5	6
y	-1	1	-1	-1	1	1

首先初始化数据权重分布：

$$D_1 = (w_{11}, w_{12}, \cdots, w_{1i}, \cdots, w_{16}), \quad w_{1i} = 1/6, \quad i = 1, 2, \cdots, 6$$

对于第一次迭代（$t = 1$）：

（1）构建第 1 个个体学习器 $H_1(\boldsymbol{X})$：

a. 设分类器为 $\overline{y} = \begin{cases} 1, & x < 1.5 \\ -1, & x > 1.5 \end{cases}$，此时，$x = 1, 2, 5, 6$ 所对应的 y 值预测错误，故误差

率为 $\varepsilon_1 = P(\overline{y}_i \neq y_i) = \sum_{i=1}^{m} w_{1i} I(\overline{y}_i \neq y_i) = 2/3 > 1/2$，因此摒弃该分类器。反过来，若设分类

器为 $\overline{y} = \begin{cases} 1, & x > 1.5 \\ -1, & x < 1.5 \end{cases}$，则 $x = 3, 4$ 被分错，误差率为 $\varepsilon_1 = 1/3$。

b. 设分类器为 $\overline{y} = \begin{cases} 1, & x < 2.5 \\ -1, & x > 2.5 \end{cases}$，则 $x = 1, 5, 6$ 被分错，误差率为 $\varepsilon_1 = 1/2$。

c. 设分类器为 $\overline{y} = \begin{cases} 1, & x < 3.5 \\ -1, & x > 3.5 \end{cases}$，则 $x = 3, 5, 6$ 被分错，误差率为 $\varepsilon_1 = 1/2$。

d. 设分类器为 $\overline{y} = \begin{cases} 1, & x < 4.5 \\ -1, & x > 4.5 \end{cases}$，则 $x = 1, 3, 4, 5, 6$ 被分错，误差率为 $\varepsilon_1 = 5/6 > 1/2$，

摒弃该分类器；反之，若设分类器为 $\overline{y} = \begin{cases} 1, & x > 4.5 \\ -1, & x < 4.5 \end{cases}$，则 $x = 2$ 被分错，误差率为

$\varepsilon_1 = 1/6$。

e. 设分类器为 $\overline{y} = \begin{cases} 1, & x < 5.5 \\ -1, & x > 5.5 \end{cases}$，则 $x = 1, 3, 4, 6$ 被分错，误差率为 $\varepsilon_1 = 2/3 > 1/2$，

摒弃该分类器；反之，若设分类器为 $\overline{y} = \begin{cases} 1, & x > 5.5 \\ -1, & x < 5.5 \end{cases}$，则 $x = 2, 5$ 被分错，误差率为

$\varepsilon_1 = 1/3$。

综上，当阈值 th $= 4.5$ 时，学习器的预测误差率 $\varepsilon_1 = 1/6$，最小，故将其作为第 1 个个体学习器，即

$$H_1(\boldsymbol{X}) = \begin{cases} -1, & x < 4.5 \\ 1, & x > 4.5 \end{cases}$$

（2）计算 $H_1(\boldsymbol{X})$ 的权重系数：$\alpha_1 = \dfrac{1}{2} \ln \dfrac{1 - \varepsilon_1}{\varepsilon_1} = 0.8047$。

（3）更新训练集样本的权重分布：

$$D_2 = (w_{21}, w_{22}, \cdots, w_{2i}, \cdots, w_{26})$$

其中，

$$w_{2i} = \frac{w_{1i}}{Z_1} e^{-\alpha_1 H_1(x_i) y_i}, \quad i = 1, 2, \cdots, 6$$

除了 $i = 2$ 时，$H_1(x_i) \neq y_i$，$H_1(x_i) y_i = -1$，对其他 x_i 点，都有 $H_1(x_i) = y_i$，即 $H_1(x_i) y_i = 1$。由此可得

$$Z_1 = \sum_{i=1}^{m} w_{1i} e^{-\alpha_1 H_1(x_i) y_i} = 5 \times (1/6 \times e^{-0.8047}) + 1/6 \times e^{0.8047} = 0.7453$$

则更新后的样本权重分布为 $D_2 = (0.1, 0.5, 0.1, 0.1, 0.1, 0.1)$。

（4）此时集成的分类器为

$$H(X) = \text{sign}[\alpha_1 H_1(X)] = \text{sign}[0.8047 H_1(X)] = (-1, -1, -1, -1, 1, 1)$$

其在训练集上误判的点有 1 个（$x = 2$）。

对于第二次迭代（$t = 2$）：

（1）构建第 2 个个体学习器 $H_2(X)$：与上同理，当阈值 $\text{th} = 1.5$ 时，以下学习器的误差率 $\varepsilon_2 = 0.2$，最小，故将其作为第 2 个个体学习器，即

$$H_2(X) = \begin{cases} -1, & x < 1.5 \\ 1, & x > 1.5 \end{cases}$$

（2）计算 $H_2(X)$ 的权重系数：$\alpha_2 = \frac{1}{2} \ln \frac{1 - \varepsilon_2}{\varepsilon_2} = 0.6932$。

（3）更新训练集样本的权重分布：

$$D_3 = (w_{31}, w_{32}, \cdots, w_{3i}, \cdots, w_{36})$$

其中，

$$w_{3i} = \frac{w_{2i}}{Z_2} e^{-\alpha_2 H_2(x_i) y_i}, \quad i = 1, 2, \cdots, 6$$

当 $i = 3, 4$ 时，$H_2(x_i) \neq y_i$，$H_2(x_i) y_i = -1$；对其他 x_i 点，都有 $H_2(x_i) = y_i$，即 $H_2(x_i) y_i = 1$。由此可得

$$Z_2 = \sum_{i=1}^{m} w_{2i} e^{-\alpha_2 H_2(x_i) y_i} = 0.8050$$

则更新后的样本权重分布为 $D_3 = (0.0556, 0.2778, 0.2778, 0.2778, 0.0556, 0.0556)$。

（4）此时集成的分类器为

$$\begin{aligned} H(X) &= \text{sign}[f(X)] = \text{sign}[\alpha_1 H_1(X) + \alpha_2 H_2(X)] \\ &= \text{sign}[0.8047 H_1(X) + 0.6932 H_2(X)] \\ &= \text{sign}[-0.8047 - 0.6932, -0.8047 + 0.6932, -0.8047 + 0.6932, \\ &\quad -0.8047 + 0.6932, 0.8047 + 0.6932, 0.8047 + 0.6932] \\ &= (-1, -1, -1, -1, 1, 1) \end{aligned}$$

其在训练集上误判的点有 1 个（$x = 2$）。

对于第三次迭代（$t = 3$）：

（1）构建第 3 个个体学习器 $H_3(X)$：当阈值 $\text{th} = 2.5$ 时，以下学习器的误差率 $\varepsilon_3 = 0.1668$，最小，故将其作为第 3 个个体学习器。

$$H_3(X) = \begin{cases} -1, & x < 2.5 \\ 1, & x > 2.5 \end{cases}$$

（2）计算 $H_2(X)$ 的权重系数：$\alpha_3 = \dfrac{1}{2}\ln\dfrac{1-\varepsilon_3}{\varepsilon_3} = 0.8042$ 。

（3）更新训练集样本的权重分布：

$$D_4 = (w_{41}, w_{42}, \cdots, w_{4i}, \cdots, w_{46})$$

其中，

$$w_{4i} = \frac{w_{3i}}{Z_3}e^{-\alpha_3 H_3(x_i)y_i}, \quad i = 1,2,\cdots,6$$

当 $i = 1,5,6$ 时，$H_3(x_i) \neq y_i$，则 $H_3(x_i)y_i = -1$；对其他 x_i 点，都有 $H_3(x_i) = y_i$，即 $H_3(x_i)y_i = 1$。由此可得

$$Z_3 = \sum_{i=1}^{m} w_{3i}e^{-\alpha_3 H_3(x_i)y_i} = 3 \times 0.0556 \times e^{0.8042} + 3 \times 0.2778 \times e^{-0.8042} = 0.7457$$

则更新后的样本权重分布为 $D_4 = (0.1666, 0.1666, 0.1666, 0.1666, 0.1666, 0.1666)$。

（4）此时集成的分类器为

$$\begin{aligned} H(X) &= \text{sign}[\alpha_1 H_1(X) + \alpha_2 H_2(X) + \alpha_3 H_3(X)] \\ &= \text{sign}[0.8047H_1(X) + 0.6932H_2(X) + 0.8042H_3(X)] \end{aligned}$$

$H(X)$ 在训练集上误判的点为 0 个，于是该 $H(X)$ 即最终的强分类器。

2. AdaBoost 算法训练误差上限

下面通过对 AdaBoost 算法最终学习器的训练误差进行推导，说明每次生成的个体学习器 $H_t(X)$ 如何保证最终的训练误差最小[21]。

先证明 AdaBoost 算法最终学习器的误差上限为

$$\frac{1}{m}\sum_{i=1}^{m} I(H(x_i) \neq y_i) \leqslant \frac{1}{m}\sum_{i=1}^{m} e^{-f(x_i)y_i} \tag{6-5}$$

证明：当 $H(x_i) \neq y_i$ 时，$f(x_i)$ 的符号与 y_i 的不一致，故 $f(x_i)y_i < 0$，因而 $e^{-f(x_i)y_i} \geqslant 1$，式（6-5）得证。

由此可见，AdaBoost 算法的训练误差上限是以指数速率下降的。AdaBoost 算法具有自适应性，无须事先知道个体学习器的误差下界，因此，它能适应不同个体学习器各自的训练误差率。

3. AdaBoost 损失函数及权重推导

下面将从 AdaBoost 损失函数中推导个体学习器的权重系数公式及样本权重更新公式[21, 22]。

1）AdaBoost 损失函数

AdaBoost 损失函数定义为指数函数[23]，是最终学习器 $f(X) = \displaystyle\sum_{t=1}^{T} \alpha_t H_t(X)$ 在训练集 D 所有样本上的指数损失函数之和：

$$L(y, f(\boldsymbol{X})) = e^{-f(\boldsymbol{X})y} = \sum_{i=1}^{m} e^{-f(\boldsymbol{x_i})y_i} \tag{6-6}$$

为确保最终集成的学习器正确率最高（损失函数最小），可采取"步步为营，各个击破"的策略，也就是在构建每个个体学习器时，要确保所构建的个体学习器的损失函数最小。因此，AdaBoost 算法是一种前向分步学习算法。

那么学习目标可设定为，在第 t 次迭代中确定一个最优的个体学习器 $H_t(\boldsymbol{X})$ 及其权重系数 α_t，使得第 t 次迭代集成的学习器 $f_t(\boldsymbol{X}) = f_{t-1}(\boldsymbol{X}) + \alpha_t H_t(\boldsymbol{X})$ 的指数损失函数最小，即

$$\begin{aligned}\alpha_t, H_t(\chi) &= \underset{\alpha, H}{\arg\min} \sum_{i=1}^{m} e^{-f_t(\boldsymbol{x_i})y_i} = \underset{\alpha, H}{\arg\min} \sum_{i=1}^{m} e^{-(f_{t-1}(\boldsymbol{x_i}) + \alpha H(\boldsymbol{x_i}))y_i} \\ &= \underset{\alpha, H}{\arg\min} \sum_{i=1}^{m} e^{-f_{t-1}(\boldsymbol{x_i})y_i} e^{-\alpha H(\boldsymbol{x_i})y_i} = \underset{\alpha, H}{\arg\min} \overline{w}_{ti} e^{-\alpha H(\boldsymbol{x_i})y_i}\end{aligned} \tag{6-7}$$

其中，$\overline{w}_{ti} = e^{-f_{t-1}(\boldsymbol{x_i})y_i}$，其值不依赖 α 和 H，因此与损失函数的最小化无关，仅仅依赖第 $t-1$ 次迭代集成的学习器 $f_{t-1}(\boldsymbol{x_i})$，并随每次迭代而发生变化。

2）最优个体学习器的确定

在第 t 次迭代时，最优的个体学习器 $H_t(\boldsymbol{X})$ 应是在样本权重分布为 D_t 的训练集上误差率最小的个体学习器。

$$H_t(\boldsymbol{X}) = \underset{H}{\arg\min} \sum_{i=1}^{m} \overline{w}_{ti} I(H(\boldsymbol{x_i}) \neq y_i)$$

3）个体学习器的权重系数公式推导

第 t 次迭代时，若个体学习器对样本 i 预测正确，即 $H_t(\boldsymbol{x_i}) = y_i$，则 $H_t(\boldsymbol{x_i})y_i = 1$；反之，$H_t(\boldsymbol{x_i}) \neq y_i$，则 $H_t(\boldsymbol{x_i})y_i = -1$，所以，损失函数可视为这两种情况的组合：

$$\sum_{i=1}^{m} \overline{w}_{ti} e^{-\alpha_t H_t(\boldsymbol{x_i})y_i} = \sum_{H_t(\boldsymbol{x_i}) = y_i} \overline{w}_{ti} e^{-\alpha_t} + \sum_{H_t(\boldsymbol{x_i}) \neq y_i} \overline{w}_{ti} e^{\alpha_t} = (1 - \varepsilon_t) e^{-\alpha_t} + \varepsilon_t e^{\alpha_t}$$

上式右侧等式可由误差率的定义 $\varepsilon_t = P(H_t(\boldsymbol{x_i}) \neq y_i) = \sum_{i=1}^{m} w_{ti} I(H_t(\boldsymbol{x_i}) \neq y_i)$ 求得。

求损失函数关于权重系数 α_t 的偏导，并使导数为 0：

$$-(1 - \varepsilon_t) e^{-\alpha_t} + \varepsilon_t e^{\alpha_t} = 0$$

即可推导出令损失函数最小的权重 α_t：

$$\alpha_t = \frac{1}{2} \ln \frac{1 - \varepsilon_t}{\varepsilon_t}$$

这就是 AdaBoost 算法中个体学习器的权重系数公式。

4）样本权重更新公式推导

由 $\overline{w}_{ti} = e^{-f_{t-1}(\boldsymbol{x_i})y_i}$ 及 $f_t(\boldsymbol{X}) = f_{t-1}(\boldsymbol{X}) + \alpha_t H_t(\boldsymbol{X})$，可推导出下一迭代时刻的样本权重：

$$\overline{w}_{t+1,i} = e^{-f_t(\boldsymbol{x_i})y_i} = e^{-f_{t-1}(\boldsymbol{x_i})y_i} e^{-\alpha_t H_t(\boldsymbol{x_i})y_i} = \overline{w}_{ti} e^{-\alpha_t H_t(\boldsymbol{x_i})y_i}$$

该式再除以一个规范化因子常量，即可得到 AdaBoost 算法的样本权重更新公式。

4. AdaBoost 回归算法

输入：训练集 $D = \{(\boldsymbol{x}_1, y_1), (\boldsymbol{x}_2, y_2), \cdots, (\boldsymbol{x}_m, y_m)\}$，其中，$m$ 为样本个数，$\boldsymbol{x}_i \in \boldsymbol{X} \subseteq \mathbf{R}^n$，是第 i 个输入样本，$\boldsymbol{X}$ 为样本空间，$y_i \in Y$，为样本对应的值；个体学习器算法；个体学习器个数 T。

输出：强学习器 $H(\boldsymbol{X})$。

过程：

（1）初始化训练样本的权重分布：

$$D_1 = (w_{11}, w_{12}, \cdots, w_{1i}, \cdots, w_{1m}),\ w_{1i} = \frac{1}{m},\ i = 1, 2, \cdots, m$$

（2）对于第 t 次迭代（$t = 1, 2, \cdots, T$）：

a. 在样本权重分布为 D_t 的训练集上，训练第 t 个个体学习器：$H_t(\boldsymbol{X}): \boldsymbol{X} \to Y$。

b. 计算训练集上的样本最大误差：

$$E_t = \max |y_i - H_t(\boldsymbol{x}_i)|,\ i = 1, 2, \cdots, m$$

c. 计算每个样本的相对误差：

若是线性误差，则 $\varepsilon_{ti} = \dfrac{|y_i - H_t(\boldsymbol{x}_i)|}{E_t}$。

若是平方误差，则 $\varepsilon_{ti} = \dfrac{(y_i - H_t(\boldsymbol{x}_i))^2}{E_t}$。

若是指数误差，则 $\varepsilon_{ti} = 1 - \mathrm{e}^{\frac{-|y_i - H_t(\boldsymbol{x}_i)|}{E_t}}$。

d. 计算个体学习器在训练集上的回归误差率：

$$\varepsilon_t = \sum_{i=1}^{m} w_{ti} \varepsilon_{ti}$$

e. 计算第 t 个个体学习器的权重系数：

$$\alpha_t = \frac{1 - \varepsilon_t}{\varepsilon_t}$$

f. 更新训练集的样本权重分布：

$$D_{t+1} = (w_{t+1,1}, w_{t+1,2}, \cdots, w_{t+1,i}, \cdots, w_{t+1,m})$$

式中，$w_{t+1,i} = \dfrac{w_{ti}}{Z_t} \alpha_t^{1-\varepsilon_{ti}}$，$Z_t$ 是规范化因子：$Z_t = \sum\limits_{i=1}^{m} w_{ti} \alpha_t^{1-\varepsilon_{ti}}$。

（3）构建个体学习器的线性组合 $\sum\limits_{t=1}^{T} \alpha_t H_t(\boldsymbol{X})$，并将最终的强学习器 $H(\boldsymbol{X})$ 作为输出：

$$H(\boldsymbol{X}) = \sum_{t=1}^{T} \left(\ln \frac{1}{\alpha_t} \right) g(\boldsymbol{X})$$

式中，$g(\boldsymbol{X})$ 是所有 $\alpha_t H_t(\boldsymbol{X})$（$t = 1, 2, \cdots, T$）的中位数。

5. AdaBoost 算法小结

综上，AdaBoost 算法的思想可总结为"先抓总体，再抓疑难，分而治之"。其核心有两方面：一是符合概率分布规律的样本权重分布更新；二是个体学习器的加权组合。AdaBoost 算法通过样本权重更新，保证前面的个体学习器重点处理普遍情况，而后续的个体学习器重点处理疑难样本，最后，通过个体学习器的加权组合，加大前面处理普遍情况的个体分类器的权重，使其对最终生成的强学习器有更大的贡献。

AdaBoost 算法精度高，不易产生过拟合，可使用各种模型构建个体学习器（通常决策树和神经网络是 AdaBoost 算法使用最广泛的模型）。但 AdaBoost 算法对异常样本比较敏感，异常样本在迭代中可能会获得较高的权重，从而影响最终强学习器的预测准确性。

6.5　结合策略

前面提到集成学习是由各个体学习器有机结合得到的[24]，本节将总结几种常用的集成学习结合策略——平均法、投票法和学习法。具体选择哪种结合策略，通常要根据所面对的问题及其特性来决定[25]。

6.5.1　平均法

假定训练得到的 T 个个体学习器为 $\{H_1(\boldsymbol{X}), H_2(\boldsymbol{X}), \cdots, H_t(\boldsymbol{X}), \cdots, H_T(\boldsymbol{X})\}$，对于数值类的回归预测问题，通常使用的结合策略是平均法，即对若干个体学习器的预测输出值求平均值，作为最终强学习器的预测输出。

1. 简单平均法

当个体学习器性能相近时，可使用简单平均法结合。赋予各个体学习器一样的权重，则最终的预测结果取算术平均值：

$$H(\boldsymbol{X}) = \frac{1}{T} \sum_{t=1}^{T} H_t(\boldsymbol{X})$$

2. 加权平均法

当个体学习器性能相差较大时，使用加权平均法较好。若个体学习器有各自的权重系数 α_t，则最终预测结果取加权平均值：

$$H(\boldsymbol{X}) = \sum_{t=1}^{T} w_t H_t(\boldsymbol{X})$$

式中，w_t 是个体学习器 $H_t(\boldsymbol{X})$ 的权重，通常 $w_t \geqslant 0$ 且 $\sum_{t=1}^{T} w_t = 1$。

6.5.2　投票法

对于分类问题，一般采用投票法作为个体学习器的结合策略。假设预测类别是 $\{C_1, C_2, \cdots, C_K\}$，对于任意一个预测样本 $\boldsymbol{x}_i$，T 个个体学习器的预测结果分别是 $(H_1(\boldsymbol{x}_i), H_2(\boldsymbol{x}_i), \cdots, H_t(\boldsymbol{x}_i), \cdots, H_T(\boldsymbol{x}_i))$。

常用的投票法有 3 种——相对多数投票法、绝对多数投票法和加权投票法。

1. 相对多数投票法

这是最简单的投票法，它要求"少数服从多数"，即在 T 个个体学习器对样本 x_i 的预测结果中，将得到的预测数量最多的类别 C_i 作为最终强学习器的分类类别。当多个类别获得相同的最多票数时，随机选择一个作为最终的类别。

2. 绝对多数投票法

绝对多数投票法要求最高类别的"票数过半"。其在相对多数投票法的基础上，不仅要求所得的票数最多，还要求所得票数必须过半，这样才将该类别作为正确的预测类别输出。

3. 加权投票法

加权投票法类似于加权平均法，先对每个类 C_k，求所有个体学习器在该类上所得票数的加权和，然后将最大值所对应的类别作为最终输出的类别，输出为

$$H(X) = C_{\arg\max\limits_{k}} \sum_{t=1}^{T} w_t H_t^k(X) \tag{6-8}$$

式中，w_t 是个体学习器 $H_t(X)$ 的权重，通常 $w_t \geqslant 0$ 且 $\sum\limits_{t=1}^{T} w_t = 1$。

若 $H_t^k(X)$ 为类标记，则取值为 1 或 0，称为"硬投票"；若 $H_t^k(X)$ 为类概率，则取值为[0,1]的数，称为"软投票"。通常，基于类概率的结合性能比基于类标记的性能更好。但需要注意的是，不同类型的 $H_t^k(X)$ 不能混合计算。

另外，当个体学习器的类型不同时，所得的类概率值也不能直接比较。因此，需要将类概率转换成类标记，再进行投票。例如，可以把类概率最大的 $H_t^k(X)$ 设为 1，其他的设为 0。

6.5.3 学习法

前面介绍的平均法和投票法都对个体学习器的结果直接求平均值或投票，简单明了，但当数据规模较大、学习权重较多时，容易产生较大的预测误差。当训练数据很多时，可引入一个学习器处理结合任务，即采用学习法。

学习法的代表是 Stacking 算法[26,27]。Stacking 算法自身也是一种集成学习算法，可以看作一种特殊的结合策略。Stacking 算法在个体学习器的结合阶段，引入并重新训练一个新的学习器，用于学习个体学习器之间的结合，并输出最终的结合结果[28]。在 Stacking 算法中，个体学习器称为初级学习器，用于结合的学习器称为次级学习器，如图 6-3 所示。

Stacking 算法的次级学习器以初级学习器的预测结果（如输出类概率）为输入（次级训练集），以原始样本的标签为学习标签。次级学习器通常使用多响应线性回归（Multi-response Linear Regression，MLR）作为学习算法[29]。

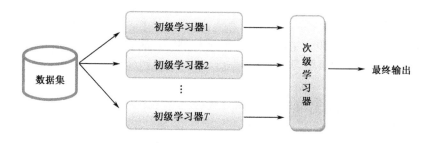

图 6-3　Stacking 算法的原理

1. 训练阶段

在训练阶段，由于直接使用初级学习器的训练集产生的预测结果作为次级训练集，往往会出现"过拟合"现象，因此 Stacking 算法一般使用 K 折交叉验证来防止过拟合。其将原始数据集中的数据拆分成 K 份，保留其中一份或几份数据，剩余的作为初始训练集。在训练时，首先从初始训练集中训练出各初级学习器；然后将所留出的数据样本输入到已训练好的初级学习器中，由此得到初级学习器的预测结果，并将其作为新的次级训练集，用于训练次级学习器。

K 折交叉验证 Stacking 算法的流程如下。

输入：训练集 $D = \{(\boldsymbol{x}_1, y_1), (\boldsymbol{x}_2, y_2), \cdots, (\boldsymbol{x}_m, y_m)\}$。

输出：最终强学习器。

过程：

（1）使用 K 折交叉验证，将数据集 D 划分为 K 份：$D = D_1 + D_2 + \cdots + D_K$，则每份样本的数量为 $l = m / K$。

（2）生成次级学习器的训练集 D_s。先求每折运算对应的训练集 D_{SK}，再将其合并作为次级训练集 D'，具体过程如下。

对于 $k = 1, 2, \cdots, K$：

a. 设置保留数据集为 D_k，初始训练集为 $\overline{D}_k = D - D_k$。

b. 在初始训练集 $\overline{D}_k$ 上，训练得到 T 个初级学习器：

$$\overline{D}_k \Rightarrow \{H_1, H_2, \cdots, H_T\}$$

c. 将保留数据集 D_k 中的样本 $(\boldsymbol{x}_i, y_i)$ 输入各初级学习器，将得到的预测结果及样本标签作为次级训练集的一个样本 D'_{ki}，即

$$D'_{ki} = \big((H_1(\boldsymbol{x}_i), H_2(\boldsymbol{x}_i), \cdots, H_T(\boldsymbol{x}_i)), y_i\big), \quad i = 1, 2, \cdots, l$$

d. 组合得到第 k 折所对应的次级训练集 D'_k，即

$$D'_k = \{D'_{k1}, D'_{k2}, \cdots, D'_{kl}\}$$

e. 组合各折的次级训练集 D'_k，作为次级训练集 D'。

$$D' = \{D'_1, D'_2, \cdots, D'_k, \cdots, D'_K\}$$

（3）使用次级学习器算法（如 MLR）在 D' 上进行学习，得到次级学习器 $H'(D')$。
最终强学习器为 $H(\boldsymbol{X}) = H'(H_1(\boldsymbol{X}), H_2(\boldsymbol{X}), \cdots, H_T(\boldsymbol{X}))$。

2. 测试阶段

在测试阶段，先用各初级学习器对数据进行预测，将初级学习器的结果作为次级学习器的输入样本，再用次级学习器对数据进行预测，得到最终的预测结果。

6.6 实验：集成学习实例

下面设计了两个实验，第一个实验采用 AdaBoost 算法实现了简单的二分类任务，第二个实验基于决策树、Bagging 和 AdaBoost 模型实现了糖尿病预测。

6.6.1 一个简单的基于 AdaBoost 算法的二分类实现

1. 实验目的

本节设计了一个简单的二分类问题，利用 AdaBoost 算法实现分类，以演示完整的 AdaBoost 算法的实现过程。

2. 实验要求

本节实验环境为 Jupyter Notebook，在每个单元中输入代码后，按[Shift+Enter]组合键执行。

3. 实验原理

首先，随机生成两个均值不同的正态分布的数据子集，并将其按一定的比例划分为训练集和测试集。其次，使用决策树构建 T 个 AdaBoost 个体学习器，分别在训练集上进行训练，根据误差率确定各个体学习器的权重，并更新训练样本的权重分布。最后，集成所有个体学习器，得到一个强学习器，并将之用于测试集样本的分类。

4. 实验步骤

AdaBoost 算法代码如下。

```
# 定义 AdaBoost 函数
from sklearn.tree import DecisionTreeClassifier
def  my_adaboost_clf(Y_train,  X_train,  Y_test,  X_test,  T=20,  weak_clf=DecisionTreeClassifier
(max_depth = 1)):
    n_train, n_test = len(X_train), len(X_test)

    # 初始化样本权重
    w = np.ones(n_train) / n_train
    pred_train, pred_test = [np.zeros(n_train), np.zeros(n_test)]
    for i in range(T):
        # 在训练样本上，用当前的样本权重训练一个个体学习器
        weak_clf.fit(X_train, Y_train, sample_weight = w)

# 返回这个个体学习器在训练集和测试集上的预测标签
        pred_train_i = weak_clf.predict(X_train)
```

```
                pred_test_i = weak_clf.predict(X_test)

                # 指示函数
                miss = [int(x) for x in (pred_train_i != Y_train)]        # int(False)=0, int(True)=1
                print("weak_clf_%02d train acc: %.4f" % (i + 1, 1 - sum(miss) / n_train))

                # 误差率
                err_t = np.dot(w, miss)

                # 个体学习器权重系数
                alpha_t = 0.5 * np.log((1 - err_t) / float(err_t))
        print("weak_clf_%02d alpha_t: %.4f/n" % (i + 1, alpha_t))

                # 更新样本权重分布
                miss2 = [x if x==1 else -1 for x in miss]        # -1 * H(x_i) * y_i 结果为 1 或-1
                w = np.multiply(w,    np.exp([float(x) * alpha_t for x in miss2]) )
                w = w / sum(w)

                # Add to prediction
                pred_train_i = [1 if x == 1 else -1 for x in pred_train_i]
                pred_test_i = [1 if x == 1 else -1 for x in pred_test_i]

                pred_train = pred_train + np.multiply(alpha_t, pred_train_i)
                pred_test = pred_test + np.multiply(alpha_t, pred_test_i)

        pred_train = (pred_train > 0) * 1
        pred_test = (pred_test > 0) * 1

        print("Final AdaBoost clf train accuracy: %.4f" % (sum(pred_train == Y_train) / n_train))
        print("Final AdaBoost clf test accuracy: %.4f" % (sum(pred_test == Y_test) / n_test))
```

随机生成两类数据子集，并调用 AdaBoost 算法对其进行分类，代码如下。

```
import matplotlib.pyplot as plt
plt.style.use('ggplot')
import pandas as pd
import numpy as np


# 随机生成两类服从正态分布的数据子集 d1 和 d2
d1 = pd.DataFrame(columns=['x1', 'x2'])
d1['x1'] = np.random.normal(0, 1, 100)    # d1 子集样本的横坐标 x1 服从正态(0,1)分布
d1['x2'] = np.random.normal(0, 1, 100)    # d1 子集样本的纵坐标 x2 服从正态(0,1)分布


d2 = pd.DataFrame(columns=['x1', 'x2'])
d2['x1'] = np.random.normal(2, 1, 100)    # d2 子集样本的横坐标 x1 服从正态(2,1)分布
d2['x2'] = np.random.normal(2, 1, 100)    # d2 子集样本的纵坐标 x2 服从正态(2,1)分布
```

```
# 分别画出 scatter 图，但设置不同的颜色
plt.scatter(d1['x1'], d1['x2'], color='blue', label='d1_points')
plt.scatter(d2['x1'], d2['x2'], color='green', label='d2_points')

# 设置图例
plt.legend(loc=(1, 0))

# 显示图片
plt.show()
# 指定两类数据的标签
d1['L'] = 0      # 指定数据子集 d1 中样本标签为"0"
d2['L'] = 1      # 指定数据子集 d2 中样本标签为"1"

# 合并两个数据子集为总数据集 D
D = pd.concat([d1,d2])
X1 = D.x1.values      # 取出 D 中'x1'列的值，赋给 X1 数组
X2 = D.x2.values      # 取出 D 中'x2'列的值，赋给 X2 数组
X = np.c_[X1, X2]     # 将 X1 和 X2 数组横向合并，组为数据集 D 中的所有样本坐标
Y = D.L.values        # 取出 D 中'L'列的值，赋给 Y 数组作为标签
# 将数据集 D 中的样本按照指定的比例划分为训练集和测试集
from sklearn.model_selection import train_test_split
X_train, X_test, Y_train, Y_test = train_test_split(X, Y, test_size = 0.33, random_state=2)
my_adaboost_clf(Y_train, X_train, Y_test, X_test, T=20, weak_clf=DecisionTreeClassifier(max_depth = 1))
```

上述代码中，调用之前定义好的 my_adaboost_clf 函数，在数据集 D 上进行训练和测试。其中，使用最大深度为 1 的决策树作为个体学习器，并指定个体学习器的个数为 T=10。

5. 实验结果

随机产生的两类正态分布的数据子集如图 6-4 所示。

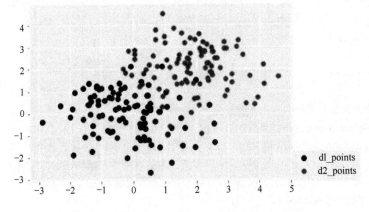

图 6-4　随机产生的两类正态分布的数据子集

　　程序结果显示如下，它们分别为 10 个个体学习器和最终集成的强学习器在训练集上的准确率，最后 2 行为强学习器在测试集上的准确率。

```
weak_clf_01 train acc: 0.8806
weak_clf_01 alpha_t: 0.9990

weak_clf_02 train acc: 0.8806
weak_clf_02 alpha_t: 1.3105

weak_clf_03 train acc: 0.8209
weak_clf_03 alpha_t: 0.5684

weak_clf_04 train acc: 0.7612
weak_clf_04 alpha_t: 0.4912

weak_clf_05 train acc: 0.7090
weak_clf_05 alpha_t: 0.3343

weak_clf_06 train acc: 0.7015
weak_clf_06 alpha_t: 0.2584

weak_clf_07 train acc: 0.6716
weak_clf_07 alpha_t: 0.2339

weak_clf_08 train acc: 0.7836
weak_clf_08 alpha_t: 0.3094

weak_clf_09 train acc: 0.7985
weak_clf_09 alpha_t: 0.3342

weak_clf_10 train acc: 0.8433
weak_clf_10 alpha_t: 0.2562

Final AdaBoost clf train accuracy: 0.9403
Final AdaBoost clf test accuracy: 0.9394
```

可见，采用 AdaBoost 算法集成的强学习器性能优于各个个体学习器的性能。

6.6.2　基于决策树、Bagging 和 AdaBoost 模型的糖尿病预测实验

1. 实验目的

本节将在"皮马印第安人糖尿病"数据集上用多种模型对该数据集进行预测，同时评估不同模型的预测性能。

2. 实验要求

实验环境为 Jupyter Notebook，在每个单元中输入代码后，按[Shift+Enter]组合键执行。

3. 实验原理

在 UCI 机器学习库中获取并下载"皮马印第安人糖尿病"数据集，用单一的决策树模型及基于决策树的 Bagging 模型和 AdaBoost 模型分别对该数据集进行建模、训练和预测，并通过十折交叉验证评估各模型的预测性能。该数据集包括 768 个 21 岁（含）以上的女性患糖尿病的情况，对每个女性记录的特征包括怀孕次数（Pregnancies）、血糖（Glucose）、血压（BloodPressure）、皮脂厚度（SkinThickness）、胰岛素（Insulin）、身体质量指数（BMI）、糖尿病遗传函数（DiabetesPedigreeFunction）、年龄（Age）、患糖尿病结果（Outcome）（0 or 1）。

4. 实验步骤与结果

1）读取数据

使用 pandas 读取文件（DataPath 为存放数据文件的路径），并查看数据前 5 行的内容，如图 6-5 所示。

```
import pandas as pd
df = pd.read_csv('DataPath/pima-indians-diabetes.data.csv',index_col=0)
df.head()
```

Pregnancies	Glucose	BloodPressure	SkinThickness	Insulin	BMI	DiabetesPedigreeFunction	Age	Outcome
6	148	72	35	0	33.6	0.627	50	1
1	85	66	29	0	26.6	0.351	31	0
8	183	64	0	0	23.3	0.672	32	1
1	89	66	23	94	28.1	0.167	21	0
0	137	40	35	168	43.1	2.288	33	1

图 6-5　查看数据前 5 行的内容

2）查看数据描述及其可视化分析结果

查看数据的统计分布，如图 6-6 所示。

```
df.describe()
```

	Glucose	BloodPressure	SkinThickness	Insulin	BMI	DiabetesPedigreeFunction	Age	Outcome
count	768.000000	768.000000	768.000000	768.000000	768.000000	768.000000	768.000000	768.000000
mean	120.894531	69.105469	20.536458	79.799479	31.992578	0.471876	33.240885	0.348958
std	31.972618	19.355807	15.952218	115.244002	7.884160	0.331329	11.760232	0.476951
min	0.000000	0.000000	0.000000	0.000000	0.000000	0.078000	21.000000	0.000000
25%	99.000000	62.000000	0.000000	0.000000	27.300000	0.243750	24.000000	0.000000
50%	117.000000	72.000000	23.000000	30.500000	32.000000	0.372500	29.000000	0.000000
75%	140.250000	80.000000	32.000000	127.250000	36.600000	0.626250	41.000000	1.000000
max	199.000000	122.000000	99.000000	846.000000	67.100000	2.420000	81.000000	1.000000

图 6-6　查看数据统计分布

查看数据的缺失值，如图 6-7 所示。

```
df.isnull().sum()
```

```
Glucose                      0
BloodPressure                0
SkinThickness                0
Insulin                      0
BMI                          0
DiabetesPedigreeFunction     0
Age                          0
Outcome                      0
dtype: int64
```

图 6-7　数据缺失值

查看数据分布图（有时需要重复执行，才能显示绘图结果），如图 6-8 所示。

```
import matplotlib.pyplot as plt
df.hist(figsize=(10,8))
plt.show()
```

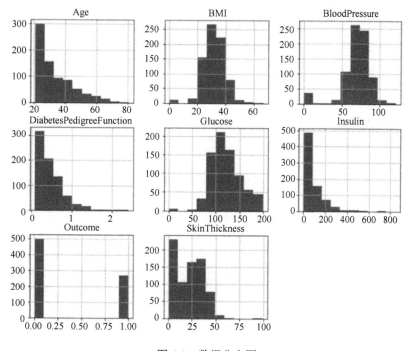

图 6-8　数据分布图

3）数据处理

划分自变量、因变量，以及训练集和测试集。

```
# 划分自变量和因变量
X = df.loc[:,df.columns!='Outcome']
y = df.loc[:,df.columns=='Outcome']

# 划分训练集和测试集
from sklearn.model_selection import train_test_split
```

```
X_tr, X_ts, y_tr, y_ts = train_test_split(X, y)
X_tr.shape,X_ts.shape
```

输出：

```
((576, 7), (192, 7))
```

4）建立模型

分别建立决策树模型、Bagging 模型和 AdaBoost 模型，并指定它们的个体学习器数目均为 n_estimators = 100 个。

```
from sklearn.tree import DecisionTreeClassifier
from sklearn.ensemble import BaggingClassifier
from sklearn.ensemble import AdaBoostClassifier


dtc = DecisionTreeClassifier()    # 决策树模型
bgc = BaggingClassifier(base_estimator=dtc,n_estimators=100)    # Bagging 模型
adc = AdaBoostClassifier(base_estimator=dtc, n_estimators=100)    # AdaBoost 模型
```

5）训练模型

分别训练决策树模型、Bagging 模型和 AdaBoost 模型。

```
dtc = dtc.fit(X_tr, y_tr)    # 训练决策树模型
bgc = bgc.fit(X_tr, y_tr.values.ravel())    # 训练 Bagging 模型
adc = adc.fit(X_tr,y_tr.values.ravel())    # 训练 AdaBoost 模型
```

6）模型预测

用 3 个模型分别对测试集进行预测。

```
y_dtc_pred = dtc.predict(X_ts)    # 用决策树模型预测
y_bgc_pred = bgc.predict(X_ts)    # 用 Bagging 模型预测
y_adc_pred = adc.predict(X_ts)    # 用 AdaBoost 模型预测
```

7）模型评估

使用 F1-Score 和 Accuracy 评估 3 个模型的预测性能。

```
from sklearn.metrics import f1_score, accuracy_score
# 评估决策树模型的预测性能
print('f1-score: %.4f'%f1_score(y_ts, y_dtc_pred))
print('accuracy: %.4f \n'%accuracy_score(y_ts, y_dtc_pred))
```

输出：

```
f1-score: 0.6267
accuracy: 0.7083
# 评估 Bagging 模型的预测性能
print('f1-score: %.4f'%f1_score(y_ts,y_bgc_pred))
print('accuracy: %.4f \n'%accuracy_score(y_ts,y_bgc_pred))
```

输出：

```
f1-score: 0.6714
accuracy: 0.7604
# 评估 AdaBoost 模型的预测性能
print('f1-score: %.4f'%f1_score(y_ts, y_adc_pred))
print('accuracy: %.4f \n\n'%accuracy_score(y_ts, y_adc_pred))
```

输出：

f1-score: 0.6579

accuracy: 0.7292

8）十折交叉验证，计算 F1-Score

为了获得可靠的评估对比结果，使用十折交叉验证，分别计算 3 个模型的 F1-Score。

```
from sklearn.model_selection import cross_val_score
# 十折交叉验证计算决策树模型的 f1-score
cross_val_score(dtc, X, y, scoring='f1', cv=10).mean()
```

输出：

0.5629941724941725

```
# 十折交叉验证计算 Bagging 模型的 f1-score
cross_val_score(bgc, X, y.values.ravel(), scoring='f1', cv=10).mean()
```

输出：

0.6179364812080308

```
# 十折交叉验证计算 AdaBoost 模型的 f1-score
cross_val_score(adc, X, y.values.ravel(), scoring='f1', cv=10).mean()
```

输出：

0.5670869933115494

在糖尿病预测实验中，由于随机划分训练样本和测试样本，每次实验结果都有些许差异，但通过 3 个模型的十折交叉验证结果可知，Bagging 模型的预测效果明显好于决策树模型，而 AdaBoost 模型和决策树模型的性能不相上下。

习题

1．简述 Bagging 算法和 Boosting 算法的异同。它们的常用算法分别有哪些？

2．应该使用哪种算法解决低偏差和高方差问题？为什么？

3．简述随机森林算法的原理。其随机性体现在哪里？

4．随机森林算法训练时主要调整的参数是什么？通常如何调整？为什么不能用全样本去训练 m 棵决策树？

5．随机森林算法有哪些优缺点？

6．简述 AdaBoost 算法的原理及其优缺点，谈谈 AdaBoost 算法为什么对噪声敏感。

7．谈谈 AdaBoost 算法和随机森林算法的异同点。

8．简述 Stacking 算法是如何实现个体学习器的集成的。

参考文献

[1]　DIETTERICH T. Ensemble Methods in Machine Learning[C]. In Proceedings of the 1st International Workshop on Multiple Classifier Systems (MCS), 2000: 1-15.

[2]　HASTIE T, TIBSHIRANI R, FRIEDMAN J. The Elements of Statistical Learning: Data Mining, Inference, and Prediction[M]. Berlin: Springer, 2001.

[3]   KEARNS M, VALIANT L G. Cryptographic limitations on learning Boolean formulae and finite automata[C]. In Proceedings of the 21st Annual ACM Symposium on Theory of Computing (STOC), 1989: 433-444.

[4]   VALIANT L G. A theory of the learnable[J]. Communications of the ACM, 1984, 27(11): 1134-1142.

[5]   SCHAPIRE R E. The strength of weak learnability[J]. Machine Learning, 1990, 5(2): 197-227.

[6]   ROKACH L. Ensemble-based classifiers[J]. Artificial Intelligence Review, 2010, 33(1): 1-39.

[7]   ROKACH L. Pattern classification using ensemble methods[J]. World Scientific, Singapore.

[8]   KROGPH A, VEDELSBY J. Neural network ensembles, cross validation, and active learning[J]. In Advances in Neural Information Processing Systems, 1995: 231-238.

[9]   ZHOU Z H. Ensemble methods: foundations and algorithms[M]. New York: Chapman & Hall/CRC, 2012.

[10]   BREIMAN L. Bagging predictors[J]. Machine Learning, 1996, 24(2): 123-140.

[11]   BREIMAN L. Using iterated bagging to debias regressions[J]. Machine Learning, 2001, 45(3): 261-277.

[12]   BREIMAN L. Random forests[J]. Machine Learning, 2001, 45(1): 5-32.

[13]   BREIMAN L. Randomizing outputs to increase prediction accuracy[J]. Machine Learning, 2000, 40(3): 113-120.

[14]   HO T K. The random subspace method for constructing decision forests[J]. IEEE Transactions on Pattern Analysis and Machine Intelligence, 1998, 20(8): 832-844.

[15]   ZHOU Z, WU J, TANG W. Ensembling neural networks: Many could be better than all[J]. Artificial Intelligence, 2002, 137(1-2): 239-263.

[16]   FREUND Y, SCHAPIRE R E. A short introduction to boosting[J]. Journal of Japaness Society for Artificial Intelligence, 1999, 14(5): 771-780.

[17]   SCHAPIRE R E, FREUND Y. Boosting: Foundations and Algorithms[M]. Cambridge: MIT Press, 2012.

[18]   FRIEDMAN J, HASTIE T, TIBSHIRANI R. Additive logistic regression: a statistical view of boosting (with discussions) [J]. Annals of Statistics, 2000, 28: 337-407.

[19]   KOHAVI R, WOLPERT D H. Bias plus variance decomposition for zero-one loss functions[C]. In Proceedings of the 13th International Conference on Machine Learning (ICML), 1996: 275-283.

[20]   FREUND Y, SCHAPIRE R E. A decision-theoretic generalization of on-line learning and an application to boosting[J]. Computational Learning Theory. Lecture Notes in Computer Science, 1995, 904: 23-37.

[21]   李航. 统计学习方法[M]. 北京：清华大学出版社，2012.

[22]　周志华. 机器学习[M]. 北京：清华大学出版社，2016.

[23]　COLLINS M, SCHAPIRE R E, SINGER Y. Logistic regression, AdaBoost and Bregman distances[J]. Machine Learning, 2002, 48: 1-3.

[24]　HO T K, HULL J J, SRIHARI S N. Decision combination in multiple classifier systems[J]. IEEE Transaction on Pattern Analysis and Machine Intelligence, 1994, 16(1): 66-75.

[25]　KITTLER J, HATEF M, DUIN R, et al. On Combining Classifiers[J]. IEEE Trans. Pattern Anal. Mach. Intell, 1998, 20: 226-239.

[26]　WOLPERT D H. Stacked generalization[J]. Neural Networks, 1992, 5(2): 241-260.

[27]　BREIMAN L. Stacked regressions[J]. Machine Learning, 1996, 24(1):49-64.

[28]　TING K M, WITTEN I H. Issues in stacked generalization[J]. Journal of Artificial Intelligence Research, 1999, 10: 271-289.

[29]　SEEWALD A K. How to make Stacking better and faster while also taking care of an unknown weakness[C]. In proceedings of the 19th International Conference on Machine Learning (ICML), 2002: 554-561.

第7章 聚 类

聚类（Clustering）是一种研究很多、应用很广的无监督学习。聚类的目标是通过对无标记训练样本的学习来揭示数据的内在性质及规律。聚类在客户分类、文本分类、基因识别、空间数据处理、卫星图片分析、医疗图像自动应用检测等方面有着广泛的应用，同时，聚类也可作为分类问题等其他学习任务的前驱过程。本章将介绍聚类的基本概念，以及原型聚类、密度聚类和层次聚类的典型算法。

7.1 聚类简述

聚类是人类认识世界的一种重要方法。所谓聚类，就是按照事物的某些属性，把事物聚集成簇，使簇内的对象之间具有较高的相似性，而不同簇的对象之间的相似性较低。

7.1.1 基本概念

聚类是一种常见的数据分析方法，就是将对象集合分组为由类似的对象组成的多个类或簇（Cluster）的过程。由聚类所生成的类是对象的集合，这些对象与同一个类中的对象彼此相似，与其他类中的对象相异。在许多应用中，可以将一个类中的数据对象作为一个整体来对待。下面给出聚类的数学描述。

假设，被研究的对象集为 X，度量对象空间相似度的标准为 s，聚类系统的输出是对对象的区分结果，即 $C=\{C_1,C_2,\cdots,C_k\}$，其中 $C_i \subseteq X$，$i=1,2,\cdots,k$，且满足如下条件：

（1）$C_1 \cup C_2 \cup \cdots \cup C_k = X$。

（2）$C_i \cap C_j = \varnothing$，$i,j=1,2,\cdots,k$，$i \neq j$。

C 中的成员 $C_1,C_2,\cdots,C_k$ 称为类或簇。由条件（1）可知，对象集 X 中的每个对象必定属于某一个类；由条件（2）可知，对象集 X 中的每个对象最多只属于一个类。每个类可以通过一些特征来描述，有如下几种表示方式：

（1）通过类的中心或边界点表示一个类。

（2）使用对象属性的逻辑表达式表示一个类。

（3）使用聚类树中的节点表示一个类。

聚类分析就是根据发现的数据对象的特征及其关系的信息，将数据对象分簇。簇内的相似性越大，簇间差别越大，聚类的效果就越好。虽然聚类分析也起到了分类的作用，但和大多数分类是有差别的。大多数分类都是演绎的，即人们事先确定某种事物分类的准则或各类别的标准，分类就是比较分类的要素与各类别的标准，然后将各要素划归到各类别中。聚类分析是归纳的，不需要事先确定分类的准则来分析数据对象，不考虑已知的类标记。聚类算法的选择取决于数据的类型、聚类的目的和应用。

7.1.2 聚类类型

基于不同的学习策略可以设计多种类型的聚类算法。本节将介绍原型聚类、密度聚类、层次聚类、网格聚类、模型聚类。

1. 原型聚类

在原型聚类中，簇是对象的集合，其中每个对象到定义该簇的原型的距离比到其他簇的原型的距离更近[1]。对于具有连续属性的数据，簇的原型通常是质心，即簇中所有点的均值。当质心没有意义时（如当数据具有分类属性时），原型通常是中心点，即簇中最有代表性的点。对于许多数据类型，原型可以视为最靠近中心的点；在这种情况下，通常把基于原型的簇看作基于中心的簇。这种簇趋向于呈球状，这样的聚类算法有 k 均值聚类、k 中心点聚类等。

2. 密度聚类

原型聚类基于对象之间的距离进行聚类，这种方法只能发现球状的类，而在发现任意形状的类上便遇到了困难。密度聚类中，簇是对象的稠密区域，即被低密度区域分开的高密度区域。密度聚类算法的主要思想如下：只要临近区域的密度（对象或数据点的数目）超过某个阈值，就继续聚类。也就是说，对给定类中的每个数据点，在一个给定范围的区域中必须至少包含某个数目的点。其可以用来过滤噪声和孤立点数据，发现任意形状的类。这样的聚类算法有 DBSCAN（Density Based Spatial Clustering of Applications with Noise）、OPTICS（Ordering Points to Identify the Clustering Structure）等。

3. 层次聚类

原型聚类获得的是单级聚类，而层次聚类则将数据集分解成多级进行聚类，层的分解可以用树形图来表示。根据层次的分解方法，层次聚类可以分为凝聚的（Agglomerative）和分裂的（Division）两种。凝聚的方法也称为自底向上的方法，一开始将每个对象作为单独的一簇，然后不断地合并相近的对象或簇，AGNES 算法属于此类。分裂的方法也称为自顶向下的方法，一开始将所有的对象置于一个簇中，在迭代的每一步中，一个簇被分裂为更小的簇，直到每个对象在一个单独的簇中，或者达到算法的终止条件，DIANA 算法属于此类。层次聚类不需要指定聚类数目，在凝聚的或分裂的层次聚类中，用户可以定义希望得到的聚类数目来作为一个约束条件。

4. 网格聚类

网格聚类首先把对象空间划分成有限个单元的网状结构，所有的处理都是以单个单元为对象的。其基本思想如下：将每个属性的可能值分割成许多相邻的区间，创建网格单元的集合，每个对象落入一个网格单元，网格单元对应的属性区间包含该对象的值，扫描一遍数据就可以把对象指派到网格单元中，还可以收集关于每个单元的信息，如单元中的点数。这种方法的主要优点是，处理速度快，其处理时间独立于数据对象的数目，只与划分数据空间的单元数有关。这样的聚类算法有 STING（Statistical Information Grid）、Wave Cluster、CLIQUE（Clustering In QUEst）等。

5. 模型聚类

模型聚类为每个簇假定一个模型，然后寻找能够很好地满足这个模型的数据集。这种算法经常基于如下假定：数据集是由一系列的概率分布所决定的。模型聚类算法主要有两类：统计学模型算法和神经网络模型算法。统计学模型算法有 COBWEB、Autoclass，神经网络模型算法有 SOM。

7.1.3 算法挑战

聚类算法在实践中已经取得了很好的效果，但由于要处理巨大的、复杂的数据集，聚类算法也面临特殊的挑战，主要有以下 9 个方面。

（1）可伸缩性。可伸缩性是指算法不论对小数据集还是对大数据集，都应该是有效的。很多聚类算法，在几百个小数据集上稳健性很好，而对包含上万个数据对象的大规模数据集聚类时，有不同的偏差结果。因此，需要研究大容量、可伸缩性、高效的聚类算法。

（2）处理不同类型属性数据的能力。聚类算法不仅要能处理数值型数据，还要有处理其他类型数据的能力，包括布尔类型、标称类型、序数型、枚举类型或这些数据类型的混合。随着机器学习在商务、科学、医学、社交网络和其他领域的应用越来越普及，越来越需要能够处理多种类型属性数据的聚类算法。

（3）应具有处理高维数据的能力。一个数据库或数据仓库可能包含数目众多的维或属性，并且数据可能是非常稀疏的，这就要求对现有方法进行改进，或者研究新的适用于高维数据的聚类算法来满足处理高维数据的需要。

（4）基于约束的聚类。在实际应用中，可能需要在各种约束条件下进行聚类。要找到既满足特定的约束，又具有良好聚类性能的数据分组，是一项具有挑战性的任务。

（5）易理解的和可用的。用户得到的聚类模式应该是易理解的和可用的。聚类要和特定的语义解释及应用相联系。

（6）输入参数对领域知识的弱依赖性。在聚类分析中，许多聚类算法要求用户输入一定的参数，如希望产生类的数目。聚类结果对于这样的输入参数十分敏感，参数通常很难确定，特别是对包含高维对象的数据集。要求用户输入参数不仅加重了用户的负担，也使得聚类的质量难以控制。

（7）发现任意形状的簇。许多聚类算法采用欧氏距离作为相似性度量方法，以决定聚类。基于这样的距离度量的算法趋向于发现具有相近尺度和密度的球状簇。对于可能是任意形状的簇的情况，采用能发现任意形状簇的聚类算法是很重要的。

（8）处理噪声数据的能力。在现实应用中，绝大多数的数据集中都包含孤立点、空缺、未知数据或错误数据。若聚类算法对这样的数据敏感，将会导致聚类质量低下。

（9）对于输入数据的顺序不敏感。有些聚类算法对数据输入的顺序是敏感的。例如，同一个数据集合以不同的数据顺序提交给同一个算法，可能生成差别很大的聚类结果。研究和开发对数据输入顺序不敏感的聚类算法是非常有意义的。

7.2　原型聚类

原型聚类又称为"基于原型的聚类"（Prototype-based Clustering），此类算法假设聚类结构能够通过一组原型刻画，在现实聚类任务中极为常用。通常情况下，此类算法先对原型进行初始化，然后对原型进行迭代更新求解。采用不同的原型表示，不同的求解方式将产生不同的算法。

原型聚类的代表性算法是 k 均值聚类和 k 中心点聚类。k 均值聚类用质心定义原型，质心是一组点的均值。通常，k 均值聚类用于 n 维连续空间中的对象。k 中心点聚类使用中心点定义原型，中心点是一组点中最有代表性的点。k 中心点聚类可以用于广泛的数据，因为它只需要对象之间的邻近性度量。质心几乎从来不对应于实际的点，而中心点必须是一个实际的数据点。本节将介绍 k 均值聚类和 k 中心点聚类这两种算法。

7.2.1　k 均值聚类

k 均值聚类也称为 k-平均（k-means），是一种最广泛使用的聚类算法。k 均值聚类用质心表示一个簇，其中质心是一组数据对象点的均值，通常 k 均值聚类用于连续空间中的对象。k 均值聚类以 k 为输入参数，将 n 个数据对象划分为 k 个簇，使得簇内数据对象具有较高的相似性。

1. 算法思想及描述

k 均值聚类的算法思想如下：从包含 n 个样本的数据集中随机选取 k 个样本作为起始中心点，将其余样本归入相似度最高中心点所在的簇，再将当前簇中样本坐标的均值作为新的中心点，重复指派和更新步骤，直到簇不再发生变化，或者等价地，直到中心点不再发生变化，或度量聚类质量的目标函数收敛。

给定样本集 $D=\{x_1, x_2, \cdots, x_n\}$，$k$ 均值聚类针对聚类所得簇划分 $C=\{C_1, C_2, \cdots, C_k\}$ 的目标函数 E 定义为

$$E = \sum_{i=1}^{k} \sum_{x \in C_i} [d(x, \overline{x}_i)]^2 \tag{7-1}$$

式中，x 是簇 C_i 空间中的样本；$\overline{x}_i = \dfrac{1}{|C_i|} \sum_{x \in C_i} x$ 是簇 C_i 的均值，如 3 个二维点 $(1,3)$、$(2,1)$ 和 $(6,2)$ 的质心是 $((1+2+6)/3, (3+1+2)/3)=(3,2)$；$d(x, \overline{x}_i)$ 是 x 与 $\overline{x}_i$ 之间的距离。目标函数 E 刻画了簇内样本集围绕均值的紧密程度，E 值越小，则簇内样本相似度越高。

然而，最小化式（7-1）并不容易，找到它的最优解需考察样本集 D 所有可能的簇划分，这是一个 NP 难问题。因此，k 均值聚类采用贪心策略，通过迭代优化来近似求解式（7-1）。具体算法描述见算法 7-1，其中第 1 行对均值向量进行初始化，在第 4～7 行与 8～13 行依次对当前簇划分及均值向量迭代更新，若迭代更新后聚类结果保持不变，则在输出中返回当前簇划分结果。

算法 7-1　k 均值聚类

输入：所期望的簇数 k，样本集 $D = \{x_1, x_2, \cdots, x_n\}$。

1: 从 D 中任意选择 k 个样本组成初始均值向量 $\{\overline{x}_1, \overline{x}_2, \cdots, \overline{x}_k\}$；

2: repeat

3:　　令 $C_i = \varnothing (1 \leq i \leq k)$；

4:　　for $j = 1, 2, \cdots, n$ do

5:　　　　计算样本 x_j 与各均值 $\overline{x}_i (1 \leq i \leq k)$ 的距离，

6:　　　　根据距离最近的均值确定簇标记，形成 k 个簇；

7:　　end for

8:　　for $i = 1, 2, \cdots, k$ do

9:　　　　计算新均值 $\overline{x}_i' = \dfrac{1}{|C_i|} \sum_{x \in C_i} x$；

10:　　　　if $\overline{x}_i' \neq \overline{x}_i$ then 将当前均值 $\overline{x}_i$ 更新为 $\overline{x}_i'$

11:　　　　else 保持当前均值不变

12:　　　　endif

13:　　end for

14: until 当前均值向量均为更新

输出：k 个簇划分 $C = \{C_1, C_2, \cdots, C_k\}$。

例 7.1　假设要进行聚类的样本集为 {2, 4, 10, 12, 3, 20, 30, 11, 25}，假设要求的簇的数量为 k=2。应用 k 均值聚类的步骤如下：

（1）用前两个样本组成簇的初始均值向量，记作 m_1=2，m_2=4。

（2）对剩余的每个样本，根据其与各簇均值的距离，将它指派到最近的簇中，可得 C_1={2, 3}，C_2={4, 10, 12, 20, 30, 11, 25}。

（3）计算簇的新均值向量：m_1=(2+3)/2=2.5，m_2=(4+10+12+20 +30+11+25)/7=16。

（4）重新对簇中的成员进行分配可得 C_1={2, 3, 4} 和 C_2={10, 12, 20, 30, 11, 25}，不断重复这个过程，当均值向量不再变化时，最终可得到两个簇：C_1={2, 3, 4, 10, 11, 12} 和 C_2={20, 30, 25}。

k 均值聚类思想本身比较简单，但 k 值与初始中心点比较难确定。此外，在算法中需要判断处理空聚类，以防某个初始中心点设置不合理。k 均值聚类中的"距离"可以指欧氏距离、闵科夫斯基距离、曼哈顿距离或余弦相似度，也可以指某种特征，不要被"距离"二字局限。每个样本是几维的，那么均值也应该是几维的，可以把 k 均值想象成将高维空间中众多的数据点分为若干个团。

2. 算法性能分析

k 均值聚类的优点如下：①算法快速、简单；②当处理大数据集时，k 均值聚类有较高的效率，并且是可伸缩的，算法的时间复杂度是 $O(nkt)$，其中 n 是数据集中对象的数目，t 是算法迭代的次数，k 是簇的数目；③当簇是密集的、球状或团状的，且簇与簇之间区别明显时，算法的聚类效果更好。

k 均值聚类的缺点如下：①在 k 均值聚类中，k 是事先给定的，k 值的选定是非常难的（k 是机器学习中的超参数），很多时候，事先并不知道给定的数据集应该分成多少个类别才最合适；②在 k 均值聚类中，首先需要选择 k 个初始聚类中心来确定一个初始划分，然后对初始划分进行优化；这个初始聚类中心的选择对聚类结果有较大的影响，不同的初始值可能会导致不同的聚类结果；③k 均值聚类仅适合对数值型数据聚类，只有当簇均值有定义的情况下才能使用（如果有非数值型数据，需要另外处理）；④k 均值聚类不适合发现非凸形状的簇、不同密度或大小差别很大的簇（因为使用的是欧式距离，适合发现凸状的簇）；⑤对"噪声"或孤立点数据敏感，少量的该类数据能够对中心产生较大的影响。

k 均值聚类的中心是虚拟的，并不是某个确实存在的对象，算法对于孤立点是敏感的。为解决这个问题，可选用簇中位置最靠近中心的数据对象作为簇的代表对象，即用中心对象代替中心，这就是 k 中心点聚类。k 中心点聚类的基本思想如下：首先为每个簇随意选择一个代表对象，剩余对象根据其与代表对象的距离分配至最近的一个簇，然后反复用非代表对象来替代代表对象，以改进聚类的质量。

7.2.2 k 中心点聚类

k 均值聚类对离群数据对象点是敏感的，一个极大值样本可能在相当大的程度上扭曲数据的分布。目标函数［见式（7-1）］的使用更进一步恶化了这一影响。

为了减轻 k 均值聚类对孤立点的敏感性，k 中心点聚类不采用簇中对象的均值作为簇中心，而是在每个簇中选出一个最靠近均值的实际对象来代表该簇，其余的每个对象指派到与其距离最近的代表对象所在的簇中。在 k 中心点聚类中，每次迭代后的簇的代表对象点都是从簇的样本点中选取的，选取的标准就是在该样本点成为新的代表对象点后，能提高簇的聚类质量，使得簇更紧凑。该算法使用绝对误差作为度量聚类质量的目标函数，其定义如下：

$$E = \sum_{i=1}^{k} \sum_{x \in C_i} d(x, o_i) \tag{7-2}$$

式中，E 是数据集中所有数据对象的绝对误差之和；x 是空间中的点，代表簇 C_i 中一个给定的数据对象；o_i 是簇 C_i 中的代表对象。如果某样本点成为代表对象点后，绝对误差能小于原代表对象点所造成的绝对误差，那么 k 中心点聚类认为该样本本点是可以取代原代表对象点的，在一次迭代重新计算簇代表对象点的时候，选择绝对误差最小的那个样本点作为新的代表对象点。通常，该算法重复迭代，直到每个代表对象都成为它所在簇的实际中心点，或最靠中心的对象。

1. PAM 算法

围绕中心点的划分（Partitioning Around Medoids，PAM）算法是最早提出的 k 中心点聚类算法之一，它尝试将 n 个对象划分为 k 类。PAM 算法的思想主要如下：首先为每个簇任意选择一个代表对象（中心点），计算其余的数据对象与代表对象之间的距离，将其加入最近的簇，接着反复尝试用更好的非代表对象点来替代代表对象点，即分析所有可能的对象对，将每对中的一个对象看作代表对象，而另一个不是；对于每个这样的组合，计算聚类结果的质量，代表对象 o_j 被那个可以使绝对误差值减小最多的对象所取代。聚类结果的质量用代价函数来评估，如果当前的代表对象 o_j 被非代表对象 o_r 所取代，代价函数就计算绝对误差值的差。交换的总代价是所有非代表对象所产生的代价之和，如果总代价是负的，实际的绝对误差 E 将会减小，o_j 可以被 o_r 取代；如果总代价是正的，则当前的代表对象是可接受的，在本次迭代中没有变化发生。每次迭代中产生的每个簇中最好的对象成为下次迭代的代表对象。

为了确定非代表对象 o_r 是否是当前代表对象 o_j 的好的替代，需要根据图 7-1 所示的 4 种情况对各非代表对象 x 进行检查。

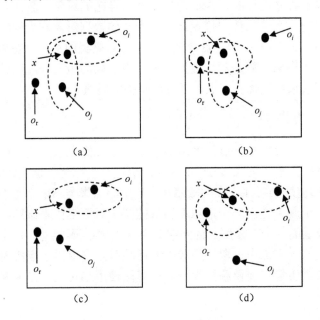

图 7-1　PAM 算法的 4 种情况

图 7-1（a）表示若对象 x 当前属于 o_j（所代表的簇），如果用 o_r 替换 o_j 作为新簇代表，而使 x 更接近其他 $o_i (i \neq j)$，那么就将 x 重新划分到 o_i（所代表的簇）中。

图 7-1（b）表示若对象 x 当前属于 o_j（所代表的簇），如果用 o_r 替换 o_j 作为新簇代表，而使 x 最更接近 o_r，那么就将 x 重新划分到 o_r（所代表的簇）中。

图 7-1（c）表示若对象 x 当前属于 $o_i (i \neq j)$（所代表的簇），如果用 o_r 替换 o_j 作为新簇代表，而 x 仍然最接近 o_i，那么 x 划分不发生变化。

图 7-1（d）表示若对象 x 当前属于 $o_i (i \neq j)$（所代表的簇），如果用 o_r 替换 o_j 作为新簇代表，而 x 更接近 o_r，那么就将 x 重新划分到 o_r（所代表的簇）中。

PAM 算法包含以下两个步骤（见算法 7-2）。

（1）建立：随机选择 k 个对象点作为初始的簇中心点。

（2）交换：对所有可能的对象进行分析，找到交换后可以使绝对误差减小的对象，代替原中心点。

算法 7-2 PAM 算法

输入：簇的数目 k，包含 n 个对象的数据集 D。

    1：任意选择 k 个对象作为初始的簇中心点；

    2：将每个剩余对象指派给离它最近的中心点所代表的簇；

    3：任意选择一个非中心对象 o_r；

    4：计算用 o_r 代替中心对象 o_i 的总代价 S；

    5：如果 S 为负，则可以用 o_r 代替 o_i 以构成新聚类的 k 个中心对象；

    6：重复 2～5，直到每个簇不再发生变化为止。

输出：k 个簇，使得所有对象与其最近代表对象点的距离总和最小。

算法分析：k 中心点聚类消除了 k 均值聚类对孤立点的敏感性；k 中心点聚类比 k 均值聚类更健壮，这是因为中心点不像均值那么容易被极端数据影响。

例 7.2　给定含有 5 个数据对象的数据集 D，D 中的对象为 A、B、C、D、E，各对象之间的距离如表 7-1 所示，对所给的数据采用 k 中心点聚类实现划分聚类（设 $k=2$）。

表 7-1　对象之间的距离

样本点	A	B	C	D	E
A	0	1	2	2	3
B	1	0	2	4	3
C	2	2	0	1	5
D	2	4	1	0	3
E	3	3	5	3	0

执行步骤如下。

步骤 1：假如从 5 个对象中随机选取 A、C 作为初始聚类中心对象。

步骤 2：计算其他对象与中心对象之间的距离，将每个剩余对象指派给离它最近的中心点所代表的簇，通过查询表 7-1 可得到两个簇，即 $\{A, B, E\}$ 和 $\{C, D\}$。

步骤 3：任选非中心对象 B、D、E，分别与中心对象 A、C 交换，计算样本点的代价。

设定非中心对象 B 替代中心对象 A，用 S_{AB} 表示代价函数的输出，分情况考虑如下。

（1）A 原本为簇中心对象，当它被 B 替代后，$d_{AB}=1$，$d_{AC}=2$，A 被指派到 B 所在的簇，样本点 A 的代价为 $d_{AB}-d_{AA}=1-0=1$。

（2）B 之前在 A 所在的簇，且 $d_{BA}=1$，它替换 A 成为中心对象后，样本点 B 的代价为 $d_{BB}-d_{BA}=0-1=-1$。

（3）C 是一个中心对象，A 被 B 替代后，C 不受影响，样本点 C 的代价为 0。

（4）D 原本属于 C 所在的簇，A 被 B 替代后，离 D 最近的仍然是 C，故样本点 D 的代价为 0。

（5）E 原本属于 A 所在的簇，A 被 B 替代后，离 E 最近的是 B，故样本点 E 的代价为 $d_{EB}-d_{EA}=3-3=0$。

S_{AB} 为上述所求的代价总和，得到 $S_{AB}=0$。按照同样的方法，分别求得 $S_{AD}=2$、$S_{AE}=-2$、

$S_{CB}=2$、$S_{CD}=0$、$S_{CE}=0$。

步骤4：通过上面的计算得出只有 $S_{AE}<0$，用 E 交换中心对象 A，则新的中心对象为 C、E，新的族为 $\{A, B, C, D\}$ 和 $\{E\}$。

步骤5：重新回到步骤2，进行下一次迭代，直到 S 为非负，此时的族为最后的聚类结果。

2. k 中心点聚类与 k 均值聚类的比较

当存在噪声和孤立点时，k 中心点聚类比 k 均值聚类更加稳定。这是因为中心点不像均值那样易被极端数据（噪声或孤立点）影响。k 中心点聚类的执行代价比 k 均值聚类要高。其中，k 均值聚类为 $O(nkt)$，k 中心点聚类为 $O(k(n-k)^2)$。当 n 与 k 较大时，k 中心点聚类的执行代价很高。这两种算法的相同点在于都需要事先指定簇的数目 k。

7.3 密度聚类

由于原型聚类往往只能发现"类圆形"的聚类，为弥补这一缺陷，发现任意形状的聚类，可采用密度聚类。该类算法认为，在整个样本空间点中，各目标类簇是由一群稠密样本点组成的，这些稠密样本点被低密度区域（噪声）分割，而算法的目的是，要过滤低密度区域，发现稠密样本点。密度聚类以数据集在空间分布上的稠密程度为依据进行聚类，无须预先设定簇的数量，特别适合对于未知内容的数据集进行聚类。密度聚类的基本思想如下：只要一个区域中的点的密度大于某个域值，就把它加到与之相近的聚类中去，对于簇中每个对象，在给定的半径为 ε 的邻域中至少要包含最小数目（MinPts）个对象。其代表算法有 DBSCAN、OPTICS、DENCLUE 等。本节介绍 DBSCAN 算法。

7.3.1 基本术语

DBSCAN 算法[3]是一种基于高密度连通区域的密度聚类，该算法将具有足够高密度的区域划分为簇，并在具有噪声的空间数据集中发现任意形状的簇，它将簇定义为密度相连的点的最大集合。DBSCAN 算法基于一组邻域（Neighborhood）参数（ε, MinPts）来刻画样本分布的紧密程度。给定数据集 $D = \{x_1, x_2, \cdots, x_m\}$，定义下面的基本术语。

对象的 ε 邻域：给定 $x_j \in D$，其 ε 邻域包含数据集 D 中与 x_j 的距离不大于 ε 的样本。

核心对象：如果一个对象 x_j 的 ε 邻域至少包含 MinPts 个样本，则称该对象为核心对象。如图 7-2 所示，$\varepsilon=1$，MinPts=5，q 是一个核心对象。

边界点：不是核心点，但落在某个核心点的 ε 邻域内。如图 7-2 所示，p 是一个边界点。

噪声点：不包含在任何簇中的样本被认为是"噪声点"。如图 7-2 所示，r 是一个噪声点。

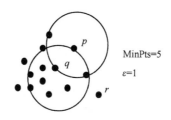

图 7-2 核心对象、边界点和噪声点

直接密度可达: 给定数据集 D,如果 p 是在 q 的 ε 邻域内,而 q 是一个核心对象,则称对象 p 从对象 q 出发是直接密度可达的。

密度可达的: 如果存在一个对象链 $p_1, p_2, \cdots, p_n$, $p_1 = q$, $p_n = p$,对 $p_i \in D$ ($1 \leqslant i \leqslant n$),$p_{i+1}$ 是从 p_i 关于 ε 和 MitPts 直接密度可达的,则对象 p 是从对象 q 关于 ε 和 MinPts 密度可达的,如图 7-3 所示。一个核心对象和其密度可达的所有对象构成一个聚类。

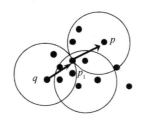

图 7-3 密度可达的

密度相连的: 如果数据集 D 中存在一个对象 o,使得对象 p 和 q 是从 o 关于 ε 和 MinPts 密度可达的,那么对象 p 和 q 是关于 ε 和 MinPts 密度相连的,如图 7-4 所示。

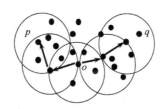

图 7-4 密度相连的

例 7.3 假设半径 $\varepsilon = 3$,MinPts=3,点 p 的 ε 邻域中有点 $\{m, p, p_1, p_2, o\}$,点 m 的 ε 邻域中有点 $\{m, q, p, m_1, m_2\}$,点 q 的 ε 邻域中有点 $\{q, m\}$,点 o 的 ε 邻域中有点 $\{o, p, s\}$,点 s 的 ε 邻域中有点 $\{o, s, s_1\}$。那么核心对象有 p, m, o, s(q 不是核心对象,因为它对应的 ε 邻域中点数量等于 2,小于 MinPts=3)。

点 m 从点 p 直接密度可达,因为 m 在 p 的 ε 邻域内,并且 p 为核心对象。

点 q 从点 p 密度可达,因为点 q 从点 m 直接密度可达,并且点 m 从点 p 直接密度可达。

点 q 和点 s 密度相连,因为点 q 从点 p 密度可达,并且点 s 从点 p 密度可达。

7.3.2 算法描述

DBSCAN 算法见算法 7-3。

算法 7-3　DBSCAN 算法

输入：ε——半径，MinPts——给定点在 ε 邻域内成为核心对象时邻域内至少要包含的数据对象数，D——数据集。

  1: repeat
  2: 判断输入点是否为核心对象；
  3: 找出核心对象的 ε 邻域中所有直接密度可达点；
  4: until 所有输入点都判断完毕
  5: repeat
  6: 针对所有核心对象的 ε 邻域的所有直接密度可达点，
  7: 找出最大密度相连点集合，中间涉及一些密度可达点的合并；
  8: until 所有核心对象的 ε 邻域都遍历完毕

输出：目标簇集合。

---

1. 时间复杂度

DBSCAN 算法要对每个数据对象进行邻域检查，时间性能较差；DBSCAN 算法的基本时间复杂度是 O (n × 找出 ε 邻域中的点所需要的时间)，其中，n 是点的个数，最坏情况下的时间复杂度是 $O(n^2)$；在低维数据中，有一些数据结构，如 k-d 树，使得可以有效地检索特定点给定距离内的所有点，时间复杂度可以降低到 $O(n\log n)$。

2. 空间复杂度

在聚类过程中，DBSCAN 算法一旦找到一个核心对象，即以该核心对象为中心向外扩展，此过程中核心对象将不断增多，未处理的对象被保留在内存中。若数据集中存在庞大的聚类，将需要很大的存储空间来存储核心对象信息。当数据量增大时，要求较大的内存支持 I/O，在低维或高维数据中，其空间都是 $O(n)$。

3. 算法优缺点

优点：能克服基于距离的算法只能发现"类圆形"聚类的缺点，可发现任意形状的聚类；有效地处理数据集中的噪声数据；对数据输入顺序不敏感。

缺点：对输入参数敏感，确定参数 ε、MinPts 困难，若选取不当，将造成聚类质量下降；由于在 DBSCAN 算法中，变量 ε、MinPts 是全局唯一的，当空间聚类的密度不均匀、聚类间距离相差很大时，聚类质量较差。

例 7.4　给出一个数据集，其数据对象的属性信息如表 7-2 所示，对它实施 DBSCAN 算法。表 7-3 为算法执行步骤（设 $n=12$，用户输入 $\varepsilon=1$，MinPts=4）。

表 7-2 数据对象属性信息

序号	属性 1	属性 2
1	2	1
2	5	1
3	1	2
4	2	2
5	3	2
6	4	2
7	5	2
8	6	2
9	1	3
10	2	3
11	5	3
12	2	4

表 7-3 算法执行步骤

步骤	选择的点	在 ε 中点的个数	通过计算可达点而找到的新簇
1	1	2	无
2	2	2	无
3	3	3	无
4	4	5	簇 C_1：{1, 3, 4, 5, 9, 10, 12}
5	5	3	已在簇 C_1 中
6	6	3	无
7	7	5	簇 C_2：{2, 6, 7, 8, 11}
8	8	2	已在簇 C_2 中
9	9	3	已在簇 C_1 中
10	10	4	已在簇 C_1 中
11	11	2	已在簇 C_2 中
12	12	2	已在簇 C_1 中

7.4 层次聚类

层次聚类（Hierarchical Clustering）试图在不同层次对数据集进行划分，从而形成树形的聚类结构。数据集的划分可采取"自底向上"的聚合策略，也可采用"自顶向下"的分拆策略。采取聚合策略的层次聚类以点作为个体簇的开始，每一步合并两个最接近的簇。这需要定义簇的邻近性概念。采取分拆策略的层次聚类从包含所有点的某个簇开始，每一步分裂一个簇，直到仅剩下单点簇为止。在这种情况下，需要确定每一步分裂哪个簇,以及如何分裂。到目前为止,聚合策略层次聚类最常见,本节将介绍其中的代表性算法——AGNES(Agglomerative Nesting)。

AGNES 算法先将数据集中的每个样本看作一个初始聚类簇,然后在算法运行的每一步中找出距离最近的两个聚类簇进行合并,不断重复该过程,直至达到预设的聚类簇个数。这里的关键是如何计算聚类之中簇之间的距离。集合间的距离计算常采用豪斯多夫距离(Hausdorff Distance)。实际上,每个簇是一个样本集合,因此,只需采用关于集合的某种距离即可。例如,给定聚类簇 C_i 与 C_j,可通过下面的式子来计算距离。

(1)最小距离:$d_{\min}(C_i, C_j) = \min\limits_{x \in C_i, z \in C_j} \text{dist}(x, z)$。

(2)最大距离:$d_{\max}(C_i, C_j) = \max\limits_{x \in C_i, z \in C_j} \text{dist}(x, z)$。

(3)平均距离:$d_{\text{avg}}(C_i, C_j) = \dfrac{1}{|C_i||C_j|} \sum\limits_{x \in C_i} \sum\limits_{z \in C_j} \text{dist}(x, z)$。

显然,最小距离由两个簇的最近样本决定,最大距离由两个簇的最远样本决定,而平均距离则由两个簇的所有样本共同决定。当聚类簇距离由 $d_{\min}$、$d_{\max}$ 或 d_{avg} 计算时,AGNES 算法被相应地称为"单链接"(Single-Linkage)、"全链接"(Complete-Linkage)或"均链接"(Average-Linkage)算法。AGNES 算法见算法 7-4。

算法 7-4 AGNES 算法

输入:数据集 $D = \{x_1, x_2, \cdots, x_m\}$;聚类簇距离度量函数 d;聚类簇数 k。

1: for $j = 1, 2, \cdots, m$ do
2:      $C_j = \{x_j\}$;
3: end for
4: for $i = 1, 2, \cdots, m$ do
5:      for $j = 1, 2, \cdots, m$ do
6:          $M(i, j) = d(C_i, C_j)$;
7:          $M(j, i) = M(i, j)$;
8:      end for
9: end for
10: 设置当前聚类簇个数:$q = m$;
11: while $q > k$ do
12:     找出距离最近的两个聚类簇 C_{i^*} 和 C_{j^*};
13:     合并 C_{i^*} 和 C_{j^*}:$C_{i^*} = C_{i^*} \bigcup C_{j^*}$;
14:     for $j = j^* + 1, j^* + 2, \cdots, q$ do
15:         将聚类簇 C_j 重新编号为 C_{j-1};
16:     end for
17:     删除距离矩阵 M 的第 j^* 行与第 j^* 列;
18:     for $j = 1, 2, \cdots, q - 1$ do
19:         $M(i^*, j) = d(C_{i^*}, j)$;

20:	$M(j,i^*) = M(i^*,j)$;
21:	end for
22:	$q = q - 1$;
23:	end while

输出：簇划分 $C = \{C_1, C_2, \cdots, C_k\}$ 。

在第 1～9 行，算法先对仅含一个样本的初始聚类簇和相应的距离矩阵进行初始化；在第 11～23 行，AGNES 算法不断合并距离相近的聚类簇，并对合并得到的聚类簇的距离矩阵进行更新；不断重复上述过程，直至达到预设的聚类簇数。

7.4.1 层次聚类概述

层次聚类是通过将数据组织为若干组并形成一个相应的树来进行聚类的。根据层次是自底向上还是自顶而下形成，层次聚类可以进一步分为凝聚的层次聚类和分裂的层次聚类。

1. 两种基本层次聚类方法

在实际应用中一般有两种层次聚类方法：凝聚的层次聚类、分裂的层次聚类。

（1）凝聚的层次聚类。这种自底向上的方法首先将每个对象作为一个簇，然后合并这些原子簇为越来越大的簇，直到所有的对象都在一个簇中，或者达到某个终结条件。其中，单个簇称为层次结构的根。代表性的凝聚的层次聚类为 AGNES 算法。

（2）分裂的层次聚类。与凝聚的层次聚类有些不一样，它首先将所有对象放在一个簇中（该簇是层次结构的根），然后将根上的簇划分成多个较小的子簇，并且递归地把这些簇划分成更小的簇，直到最底层的簇足够凝聚或仅包含一个对象，或者簇内的对象彼此都充分相似为止。代表性的分裂的层次聚类为 DIANA 算法。

图 7-5 描述了 AGNES 和 DIANA 算法在包括 5 个对象的数据集{a,b,c,d,e}上的处理过程。初始时，AGNES 算法将每个对象看作一个簇，接下来，依据某种准则逐渐合并。例如，如果簇{a}和簇{b}中的对象相隔的距离是所有不同类簇的对象中距离最近的，则认为簇{a}和簇{b}是相似可合并的。上述合并进程往复进行，直到其他的对象合并形成一个簇。

与 AGNES 算法相反，初始时 DIANA 算法将所有对象归为同一类簇，然后根据某种准则逐渐分裂。例如，类簇{a,b,c,d,e}中两个对象 a 和 e 之间的距离是类簇中所有对象间距离最远的，那么对象 a 和 e 将分裂成两个簇{a}和{e}。分别计算先前类簇{a,b,c,d,e}中的其他对象与对象 a 和 e 的距离，如果其与其中某个对象的距离更近一些，则纳入对应的簇中。例如，对象 b 与 a 之间的距离小于对象 b 与 e 之间的距离，则对象 b 进入簇{a}中，形成新的簇{a,b}。相应地，对象 c 和 d 与 e 更近一些，则并入簇{e}中，形成新簇{c,d,e}。上述分裂进程反复进行，直到不能继续分裂为止。

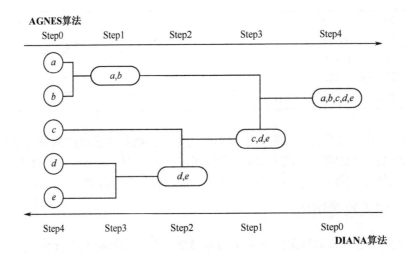

图 7-5　AGNES 和 DIANA 算法的处理过程

2. 距离度量方法

对于凝聚的和分裂的层次聚类，都需要计算簇间的距离，层次聚类距离度量有 4 类方法：单连锁、全连锁、组平均方法、平均值方法。

（1）单连锁又称最近邻（Nearest Neighbor）方法，指两个不一样的簇之间任意两点之间的最近距离。这里的距离表示两点之间的相异度，所以，距离越近，两个簇相似度越大。这种方法最善于处理非椭圆结构。它对于噪声和孤立点特别敏感，当取出距离很远的两个类之中出现一个孤立点时，这个点就很有可能把两类合并在一起。

$$d_{\min}(c_i, c_j) = \min_{p \in c_i, p' \in c_j} |p - p'| \tag{7-3}$$

（2）全连锁又称最远邻（Furthest Neighbor）方法，指两个不一样的簇中任意两点之间的最远距离。它对噪声和孤立点很不敏感，趋向于寻求某些紧凑的分类，但有可能使比较大的簇破裂。

$$d_{\max}(c_i, c_j) = \max_{p \in c_i, p' \in c_j} |p - p'| \tag{7-4}$$

（3）组平均方法定义距离为数据两两距离的平均值。这个方法倾向于合并差异小的两个类，产生的聚类具有相对的稳健性。

$$d_{\text{avg}}(c_i, c_j) = \sum_{p \in c_i} \sum_{p' \in c_j} |p - p'| / n_i n_j \tag{7-5}$$

（4）平均值方法先计算各个类的平均值，然后定义平均值之差为两类的距离。距离公式如下：

$$d_{\text{mean}}(c_i, c_j) = |m_i - m_j| \tag{7-6}$$

式（7-3）～式（7-6）中，c_i、c_j 为两个类；$|p - p'|$ 为对象 p 和 p' 之间的距离；n_i、n_j 分别为 c_i、c_j 的对象个数；m_i、m_j 分别为类 c_i、c_j 的平均值。

3. 层次聚类的不足

在凝聚的层次聚类和分裂的层次聚类的所有算法中，都需要用户提供所希望得到的聚类的类别个数和阈值作为聚类分析的终止条件，但对于复杂的数据来说，这是很难事先判定的。虽然层次聚类的实现很简单，但偶尔也会遇见合并点或分裂点抉择的困难。这样的抉择是特别关键的，因为只要其中的两个对象被合并或分裂，接下来的处理将只能在新生成的簇中完成。已形成的处理就不能被撤销，两个聚类之间也不能交换对象。如果在某个阶段没有选择合并或分裂的决策，就可能会导致低质量的聚类结果。此外，这种聚类不具有特别好的可伸缩性，因为它们合并或分裂的决策需要经过检测和估算大量的对象或簇。

由于层次聚类算法要使用距离矩阵，因此，它的时间和空间复杂性都很高，为 $O(n^2)$，几乎不能在大数据集上使用。层次聚类只处理符合某静态模型的簇，忽略了不同簇间的信息，而且忽略了簇间的互连性（互连性指的是簇间距离较近数据对的多寡程度）和近似度（近似度指的是簇间数据对的相似度）[3]。

因此可以将层次聚类和其他聚类方法进行集成，形成多阶段聚类，许多学者在多阶段聚类方法的思想上提出了层次聚类算法的改进算法。一种称为 BIRCH 算法，它是一种综合层次聚类和迭代的重定位方法，首先用树结构对对象进行层次划分，然后采用其他的聚类算法对聚类结果进行求精。另一种称为 CURE 算法，它是一种加强对象间"连接"的分析方法，采用固定数目的代表对象来表示每个簇，然后依据一个特定的分数或收缩因子"收缩"或移动它们。7.4.2 节和 7.4.3 节将分别介绍 BIRCH 算法和 CURE 算法。

7.4.2　BIRCH 算法

1. 算法概述

对于欧几里得向量空间数据，BIRCH（Balanced Iterative Reducing and Clustering using Hierarchies）算法是一种非常有效的聚类技术[4]。BIRCH 算法将层次聚类（在初始微聚类阶段）与诸如迭代地划分这样的其他聚类方法（在宏聚类阶段）集成在一起，从而克服了凝聚的层次聚类的两个缺点：①缺乏可伸缩性；②不能撤销先前步骤所做的工作。

BIRCH 算法使用聚类特征（Clustering Feature，CF）来概括一个簇，使用聚类特征树（CF-树）来表示聚类的层次结构。

考虑一个包含 n 个 d 维数据对象或点的簇。簇的 CF 是一个三元组，汇总了对象簇的信息。CF 的定义如下：$CF = <n, \overrightarrow{LS}, SS>$，其中，$n$ 是簇中数据元组的数量；$\overrightarrow{LS}$ 是 n 个数据点的线性和（$\sum\limits_{i=1}^{N} \overrightarrow{x_i}$）；SS 是 n 个数据点的平方和（$\sum\limits_{i=1}^{N} \overrightarrow{x_i^2}$）。

此外，CF 是可加的，也就是说，对于两个不相交的簇 C_1 和 C_2，其 CF 分别为 $CF_1 = <n_1, \overrightarrow{LS_1}, SS_1>$ 与 $CF_2 = <n_2, \overrightarrow{LS_2}, SS_2>$，合并后的新 CF 为

$$CF_1 + CF_2 = <n_1 + n_2, \overrightarrow{LS_1} + \overrightarrow{LS_2}, SS_1 + SS_2>$$

这些结构帮助这种聚类方法在大型数据库甚至在流数据库上取得了好的速度和伸缩性，还使得 BIRCH 算法对新对象增量或动态聚类也非常有效。

CF 本质上是给定簇的统计汇总。使用 CF 可以很容易地推导出簇的许多有用的统计量。例如，簇的形心 x_0、半径 R 和直径 D 分别如下：

$$x_0 = \frac{\sum_{i=1}^{n} x_i}{n} = \frac{\overrightarrow{LS}}{n} \qquad (7\text{-}7)$$

$$R = \sqrt{\frac{\sum_{i=1}^{n} (x_i - x_0)^2}{n}} \qquad (7\text{-}8)$$

$$D = \sqrt{\frac{\sum_{i=1}^{n}\sum_{j=1}^{n} (x_i - x_j)^2}{n(n-1)}} = \sqrt{\frac{2n SS - 2\overrightarrow{LS}^2}{n(n-1)}} \qquad (7\text{-}9)$$

式中，R 是成员对象到形心的平均距离；D 是簇中逐对对象的平均距离。R 和 D 都反映了形心周围簇的紧凑程度。

CF-树是一棵高度平衡树。CF-树具有 3 个参数：分支因子 B、叶子节点 CF 个数 L 和阈值 T。分支因子 B 定义了每个非叶子节点孩子的最大数目；叶子节点 CF 个数 L 定义了每个叶子节点 CF 的最大数目；阈值 T 则给出了存储在树的叶子节点中的子簇的最大直径。通过调整阈值参数 T，可以控制树的高度。B 控制聚类的粒度，即原数据集中数据被压缩的程度。

CF-树的结构如图 7-6 所示。

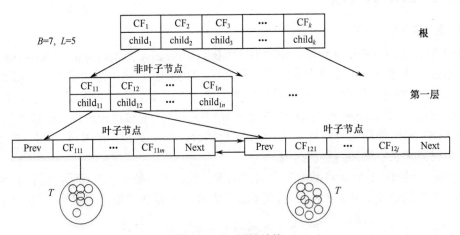

图 7-6 CF-树的结构

从图 7-6 中可以看出，根节点的 CF_1 的三元组的值可以由它指向的 n 个子节点（$CF_{11} \sim CF_{1n}$）的值相加得到。这样在更新 CF-树的时候，可以很高效。

对于图 7-6 中的 CF-树，限定了 $B=7$，$L=5$，也就是说，内部节点最多有 7 个 CF，而叶子节点最多有 5 个 CF。

BIRCH 算法偏好于处理球形分布的数据，能够取得较好的聚类效果。BIRCH 算法可以方便地对中心、半径、直径和簇内、簇间距离进行计算，具有良好的聚类质量。

CF-树支持增量聚类，它可以动态地构造。每个数据项插入的位置总是那个距离它最近的叶子节点（子聚类）。如果插入后该叶子节点的子聚类的直径大于阈值，则该叶子节点或其他节点很有可能被分裂。插入新数据后，要更新整棵 CF-树的信息，从插入节点的父节点开始一直到根节点。BIRCH 算法只需要一次扫描就能取得很好的聚类效果，BIRCH 算法的计算复杂度是 $O(n)$，其中 n 是元组的个数。

2. CF-树的生成

BIRCH 算法主要分为两个阶段：第一个阶段对整个数据集进行扫描，根据给定的初始阈值 T 建立一棵初始 CF-树；第二个阶段通过提升阈值 T 重建 CF-树，得到一棵压缩的 CF-树。

CF-树在数据扫描时创建。每当遇到一个数据点时，就从根节点开始遍历 CF-树，每层选择最近的节点。当最终识别出离当前数据点最近的叶子节点时，就进行测试，检查将该数据点添加到候选簇中是否导致新簇的直径大于给定的阈值 T。如果不大于 T，则通过更新 CF 信息将数据点添加到候选簇中，从该叶子到根的所有节点的簇信息也都需要更新；如果大于 T，则必须分裂叶子节点。选择两个相距最远的项作为种子，而其余的项分布到两个新的叶子节点中，该分布基于哪个叶子节点包含最近的种子簇。一旦分裂叶子节点，就要更新父节点，并且在必要时分裂父节点。这一过程可能继续，一直到根节点。

下面进一步介绍如何生成 CF-树。先定义好 CF-树的参数：$B=3$，$L=3$，T，训练集 D。最开始时，CF-树是空的，没有任何样本。从训练集读入一个样本点，将它放入一个新的 CF 三元组 A，这个三元组的 $n=1$，将这个新的 CF 放入根节点，此时的 CF-树如图 7-7（a）所示。

继续读入第二个样本点，这个样本点和第一个样本点在半径为 T 的超球体范围内，也就是说，它们属于一个 CF。因此，需要将第二个样本点也加入 CF A，并更新 A 的三元组的值（例如，$n=2$）。此时的 CF-树如图 7-7（b）所示。

对于第三个样本点，发现这个样本点不能融入前面的样本点形成的超球体内，也就是说，需要一个新的 CF 三元组 B 来容纳这个新的值。此时根节点有两个 CF 三元组，即 A 和 B，此时的 CF-树如图 7-7（c）所示。

当第四个样本点来到的时候，发现第四个样本点和 B 在半径小于 T 的超球体内，这样更新后的 CF-树如图 7-7（d）所示。

什么时候 CF-树的节点需要分裂呢？假设目前的 CF-树如图 7-8（a）所示，叶子节点 LN1 有 3 个 CF，LN2 和 LN3 各有两个 CF。给定叶子节点的最大 CF 数 $L=3$。此时一个新的样本点来了，它离 LN1 节点最近，因此开始判断它是否在 sc1、sc2 和 sc3 这 3 个 CF 对应的超球体内，但很遗憾，它不在此超球体之内。因此，需要建立一个新的 CF，即 sc8 来容纳它。但给定 $L=3$，也就是说 LN1 的 CF 个数已经达到最大值了，不能再创建新的 CF 了，怎么办？此时就要将 LN1 叶子节点一分为二了。

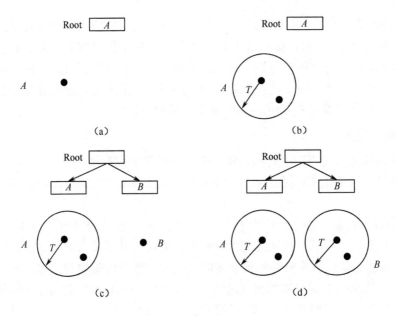

图 7-7　CF-树生成过程

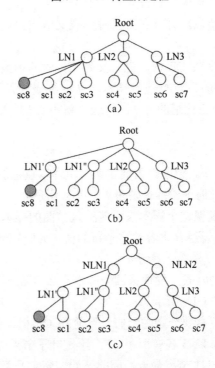

图 7-8　CF-树节点分裂过程

在 LN1 的所有 CF 元组中找到两个相距最远的 CF，作为两个新叶子节点的种子CF，然后将 LN1 节点中的所有 CF，即 sc1、sc2、sc3，以及新样本点的新元组 sc8 划分到两个新的叶子节点上。将 LN1 节点划分后的 CF-树如图 7-8（b）所示。

如果内部节点的最大 CF 数 $B=3$，则此时叶子节点一分为二会导致根节点的最大 CF

个数超了，也就是说，根节点现在也要分裂，分裂的方式和叶子节点分裂方式一样，分裂后的 CF-树如图 7-8（c）所示。

下面总结一下 CF-树的插入过程。

（1）从根节点向下寻找与新样本距离最近的叶子节点和叶子节点中最近的 CF 节点。

（2）如果新样本加入后，这个 CF 节点对应的超球体半径仍然小于阈值 T，则更新路径上所有的 CF 三元组，插入结束；否则转入（3）。

（3）如果当前叶子节点的 CF 节点个数小于阈值 L，则创建一个新的 CF 节点，放入新样本，将新的 CF 节点放入这个叶子节点，更新路径上所有的 CF 三元组，插入结束；否则转入（4）。

（4）将当前叶子节点划分为两个新叶子节点，选择旧叶子节点中所有 CF 元组中超球体距离最远的两个 CF 元组，分别作为两个新叶子节点的第一个 CF 节点。将其他元组和新样本元组按照距离远近原则放入对应的叶子节点。依次向上检查父节点是否也要分裂，如果需要分裂，则按叶子节点分裂方式进行。

3. BIRCH 算法过程

针对所有的训练集样本建立了 CF-树，一个基本的 BIRCH 算法就完成了，对应的输出就是若干个 CF 节点，每个节点中的样本点就是一个聚类的簇。也就是说，BIRCH 算法的主要过程就是建立 CF-树的过程。

当然，对于最初建立的 CF-树，还可以进一步优化，如去掉异常 CF 节点等，考虑这些优化步骤后的 BIRCH 算法的流程如下。

（1）将所有的样本依次读入，在内存中建立一棵 CF-树。

（2）（可选）对第一步建立的 CF-树进行筛选，去除一些异常 CF 节点，一般这些节点中的样本点很少。合并一些超球体内距离非常近的元组。

（3）（可选）利用其他一些聚类算法（如 k 均值）对所有的 CF 元组进行聚类，得到一棵比较好的 CF-树。这一步的主要目的是消除由于样本读入顺序导致的不合理的树结构，以及一些由于节点 CF 个数限制导致的树结构分裂。

（4）（可选）以第三步生成的 CF-树的所有 CF 节点的质心作为初始质心点，对所有的样本点按距离远近进行聚类。这样进一步减少了由于 CF-树的一些限制导致的聚类不合理的情况。

从上述可以看出，BIRCH 算法的关键就是步骤（1），也就是 CF-树的生成，其他步骤都是为了优化最后的聚类结果。

7.4.3 CURE 算法

很多聚类算法只擅长处理球形或者相似大小的聚类。另外，有些聚类算法对孤立点比较敏感。CURE（Clustering Using Representative）算法解决了上述两个问题，选择基于质心和基于代表对象的方法之间的中间策略，即选择空间中固定数目的具有代表性的点，而不是单个质心或代表对象来代表一个簇[5]。

1. 算法概述

CURE 算法中一个簇的代表点通过如下方式产生：首先选择簇中分散的对象，然后根据一个特定的分数或收缩因子向簇中心"收缩"或移动它们。在算法的第一步中，有最近距离代表点对（每个点来自一个不同的簇）的两个簇被合并。选择多个代表点使该算法可以适合非球状的几何形状。它也具有良好的伸缩性，没有牺牲聚类质量，并且速度很快，对于容量为 n 的样本，时间复杂度是 $O(n^2)$，空间复杂度为 $O(n)$。CURE 算法不处理分类属性，收缩因子等参数设置对于聚类结果有显著影响。

2. 算法思想

CURE 算法采用的是凝聚的层次聚类。首先，每个数据点是一个独立的簇，然后选择距离最近的两个对象进行合并。

CURE 算法采用了随机抽样和分割手段来处理大数据集。随机抽样在选择合适的样本大小的情况下，可以减少数据量，提高算法效率，取得更好的聚类效果。由于 CURE 算法的空间复杂度是 $O(n)$，因此，采用分割手段来降低 CURE 算法的空间复杂度，即将数据样本分割成几个部分，然后对分割后的部分进行聚类，形成各子类后进行聚类。

与传统算法由一个代表点来代表一个类不同的是，CURE 算法采用多个代表点来代表一个类，这样便使 CURE 算法可以处理不同形状的类，而不仅限于球形的；同时，CURE 算法采用收缩因子来控制代表点，以使各代表点靠近中心点，这样可以调节类的形状，从而达到处理各种形状的类的目的，并保证能够取得很好的聚类效果。

每个数据集都会有一些数据点使聚类过程变得非常缓慢，把这样的点称为异常点，有两种方法可以消除这样的异常点。CURE 算法采用的是凝聚的层次聚类，因此最初的时候，每个对象就是一个独立的类，然后从最相似的部分开始合并。合并过程中会出现一些同其他对象距离很远的点，这样就会使聚类过程进行得非常缓慢，因此可以删掉这些和其他点距离很远的点。另外，可以在聚类基本要结束的时候，将数目太少的类作为异常值除去，这样可以提高聚类效果。

由于 CURE 算法是采用多个代表点来代表一个簇，因此可以利用更好的非样本对象分配策略。在完成对各对象的聚类之后，各簇中只包含有样本的对象，还需要将非样本对象通过一定的策略分配到相应的类中。

CURE 算法实现过程如下。

（1）对原始数据进行随机采样，得到数据集 S。

（2）为保证内存中存放所有聚类的代表点，要采用分区的方法来减少输入数据。

（3）把数据集的每个数据项作为一类，计算每两个聚类之间的距离。

（4）选择距离最近的两个数据点，并合并这两个数据点。

（5）利用 c 个代表点来代表一个聚类，因此合并完成后要计算新的代表点，计算方法如下：如果类中的数据点数小于代表点数，则直接利用收缩因子计算代表点，否则需要对代表点进行选择。代表点的选取方法如下：第一个代表点是距离该聚类中心点最远的数据点，其后的代表点是距离前一个选出的代表点距离最远的数据点。最后利用收缩因子收缩代表点。

（6）重新计算聚类之间的距离。

（7）若数据集中类的个数大于设定的目标类的个数，则转到步骤（4）重复执行，否则算法结束。

3. 聚类过程举例

针对表 7-4 中的数据集采用 CURE 算法聚类，下面详细说明聚类过程。其中，待聚类数据有 10 个，预期的聚类数是 2，即 $k=2$，代表点数 c 取为 3。

对任意一个类 u，u.means 和 u.pre 分别表示类 u 的中心点和类 u 的代表点；u.NumMembers 表示类中数据点的个数；u.Member 表示类中的数据点；u.preMember 表示类中代表点的数据项；u.closet 表示最近的类；u.MinDist 表示与最近的类之间的距离。对任意的两个数据项 p 和 q，dist(p,q)表示 p 和 q 之间的距离，这里采用欧几里得距离。表 7-4 所示为待聚类的数据，每个数据有两个属性，分别用 x 和 y 表示。

表 7-4　待聚类数据

序号	x	y	序号	x	y
1	37	29	6	46	27
2	50	38	7	109	36
3	28	28	8	53	30
4	102	18	9	40	19
5	110	26	10	103	49

根据 CURE 算法，最初聚类的数据每个均为一个类，因此表 7-4 中的 10 个数据就为 10 个类。首先计算每两个类之间的距离，找出所有类中距离最小的两个类；然后合并这两个类，计算均值点。类 u 和类 v 合并后的新类 w 的均值点的计算公式如下：

$$w.means = \frac{u.NumMembers \times u.means + v.NumMembers \times v.means}{u.NumMembers + v.NumMembers} \tag{7-10}$$

利用收缩因子 a 计算代表点，代表点的计算公式为 w.pre $= p + a \times (w.means - p)$。接着返回第一步计算每两个聚类之间的距离，如此循环，直至类的个数为 2。

接下来详细介绍计算过程。

（1）计算 10 个类两两之间的距离，其中距离最小的是类{6}和类{8}，最小距离为 58，因此合并类{6}和类{8}，变为新类{6, 8}，合并的各参数分别如下：Member={6, 8}，NumMembers=2，means=(49.5, 28.5)，pre1=(47.75, 27.75)，pre2=(51.25, 29.25)。

（2）计算 9 个类两两之间的距离，其中距离最小的类是{6,8}和{2}，最小距离为78.12，因此新类为类{2, 6, 8}，参数变为 Member={2, 6, 8}，NumMembers=3，means=(49.67, 31.67)，pre1=(47.83, 29.33)，pre2=(51.33, 30.83)，pre3=(49.83, 34.83)。

（3）计算 8 个类两两之间的距离，其中距离最小的类是{1}和{3}，最小距离为 82，因此合并为类{1, 3}，参数变为 Member={1, 3}，NumMembers=2，means=(32.5, 28.5)，pre1=(34.75, 29.25)，pre2=(30.25, 28.25)。

（4）计算 7 个类两两之间的距离，其中距离最小的类是{5}和{7}，最小距离为 101，因此合并为类{5, 7}，参数变为 Member={5, 7}，NumMembers=2，means=(109.5, 31)，pre1=(109.75, 28.5)，pre2=(109.25, 33.75)。

（5）计算 6 个类两两之间的距离，其中距离最小的类是{1, 3}和{9}，最小距离为 122.625，因此合并为类{1, 3, 9}，参数变为 Member={1, 3, 9}，NumMembers=3，means=(35, 25.33)，pre1=(34.875, 27.29)，pre2=(32.625, 26.79)，pre3=(37.5, 22.165)。

（6）计算 5 个类两两之间的距离，其中距离最小的类是{1, 3, 9}和{2, 6, 8}，最小距离为 122.625，因此合并为类{1, 3, 9, 2, 6, 8}，参数变为 Member={1, 3, 9, 2, 6, 8}，NumMembers=6，means=(42.335, 28.5)，此时该类中代表点的个数小于数据点的个数，因此需要选择代表点。选择方法如下：第一个代表点选择离 means 最远的数据点，然后其他的数据点选择离前一个已经被选择出来的代表点最远的那个数据点。根据该方法选出的代表点经过收缩后如下：pre1=(37.48, 27.645)，pre2=(46.8325, 29.665)，pre3=(38.605, 27.875)。

（7）计算 4 个类两两之间的距离，其中距离最小的类是{4}和{5, 7}，最小距离为 170.312，因此合并为类{4, 5, 7}，参数变为 Member={4, 5, 7}，NumMembers=3，means=(107, 26.667)，pre1=(108.375, 27.5835)，pre2=(108.125, 30.2085)，pre3=(104.5, 22.3335)。

（8）计算 3 个类两两之间的距离，其中距离最小的类是{10}和{4, 5, 7}，最小距离为 159.227，因此合并为类{4, 5, 7, 10}，参数变为 Member={4, 5, 7, 10}，NumMembers=4，means=(106, 32.25)，此时类中的数据点数多于所需代表点的个数，因此需要对代表点进行选择，选出的代表点经过收缩后如下：pre1=(105.25, 27.2918)，pre2=(107.063, 31.2293)，pre3=(106.5, 29.4585)。

（9）至此，10 个待聚类数据聚成两类，它们分别是类{1, 2, 3, 6, 8, 9}和类{4, 5, 7, 10}。

CURE 算法主要计算两两聚类之间的距离并合并距离最小的两个聚类，因此，时间复杂度为 $O(n^2)$。对于高维数据，则必须采用抽样技术和分割手段，因此，在大数据集下，CURE 算法的时间复杂度可能达到 $O(n^2 \log n)$。由于 CURE 算法需要把所有数据存放在内存，所以，空间复杂度为 $O(n)$。

7.5 实验：用 k 均值聚类实现篮球运动员聚类

7.5.1 实验目的

（1）了解 k 均值聚类的原理与执行过程。

（2）能够使用 k 均值聚类解决篮球运动员分类问题。

7.5.2 实验原理

k 均值聚类是无监督的聚类算法，它是最简单也是最常用的聚类算法。k 均值聚类的思想很简单，对于给定的样本集，按照样本之间的距离大小，将样本集划分为 k 个簇，让簇内的点尽量紧密地连在一起，而让簇间的距离尽量大。它的算法步骤如下：

（1）随机选取 k 个中心点。

（2）遍历所有数据，将每个数据划分到最近的簇中。

（3）计算每个聚类的平均值，并作为新的簇中心。

（4）重复步骤（2）（3），直到这 k 个簇中心不再变化（收敛），或执行了足够多次的迭代。

本实验使用篮球运动员数据集，下载地址为 https://sci2s:ugr.es/keel，完整数据集包括 5 个特征，即每分钟助攻数、运动员身高、运动员出场时间、运动员年龄和每分钟得分数，通过提取该数据集中的每分钟助攻数与每分钟得分数来判断一个篮球运动员属于什么位置（后位、中锋等）。篮球运动员数据集示例如图 7-9 所示。

	assists_per_minute	height	time_played	age	points_per_minute
0	0.0888	201	36.02	28	0.5885
1	0.1399	198	39.32	30	0.8291
2	0.0747	198	38.80	26	0.4974
3	0.0983	191	40.71	30	0.5772
4	0.1276	196	38.40	28	0.5703
5	0.1671	201	34.10	31	0.5835
6	0.1906	193	36.20	30	0.5276
7	0.1061	191	36.75	27	0.5523
8	0.2446	185	38.43	29	0.4007
9	0.1670	203	33.54	24	0.4770
10	0.2485	188	35.01	27	0.4313
11	0.1227	198	36.67	29	0.4909
12	0.1240	185	33.88	24	0.5668
13	0.1461	191	35.59	30	0.5113
14	0.2315	191	38.01	28	0.3788
15	0.0494	193	32.38	32	0.5590
16	0.1107	196	35.22	25	0.4799
17	0.2521	183	31.73	29	0.5735
18	0.1007	193	28.81	34	0.6318
19	0.1067	196	35.60	23	0.4326
20	0.1956	188	35.28	32	0.4280

图 7-9　篮球运动员数据集示例

7.5.3　实验步骤

1. 导入所需的库与函数

```
from sklearn.cluster import Kmeans
import numpy as np
import matplotlib.pyplot as plt
```

2. 输入数据集

X 是一个包含 2 列 20 行数据的数据集，即包含 20 个篮球运动员的每分钟助攻数和每分钟得分数数据。

```
X = [[0.0888, 0.5885],
    [0.1399, 0.8291],
    [0.0747, 0.4974],
    [0.0983, 0.5772],
    [0.1276, 0.5703],
    [0.1671, 0.5835],
    [0.1906, 0.5276],
    [0.1061, 0.5523],
    [0.2446. 0.4007],
```

```
[0.1670, 0.4770],
[0.2485, 0.4313]
[0.1227, 0.4909],
[0.1240, 0.5668],
[0.1461, 0.5113],
[0.2315, 0,3788],
[0.0494, 0.5590],
[0.1107, 0.4799],
[0.2521, 0.5735],
[0.1007, 0.6318],
[0.1067, 0.4326],
[0.1956, 0.4280]
]
```

3. 构建 *k* 均值模型

```
kmeans = Kmeans(n_clusters=3)
y_pred = kmeans.fit_predict(X)
print(kmeans.labels_)
```

此处输出了完整的 kmeans 函数，因为是直接调用的函数，所以其中省略了很多参数。n_clusters=3 是设置的簇个数，即将数据分为 3 簇。对数据集 *X* 聚类，每个 y_pred 对应 *X* 的一行，聚成 3 类，类标为 0、1、2，最后输出了聚类的预测结果。

kmeans.labels_是算法为每个训练数据点分配的簇标签，标签本身没有先验意义。簇标签输出如下：

```
[1 2 1 1 1 1 1 1 0 0 0 1 1 1 0 1 1 1 1 0]
```

4. 聚类模型可视化

```
x = [n[0] for n in X]
y = [n[1] for n in X]
plt.scatter(x, y, c=y_pred, marker='o')
plt.title('Kmeans-Basketball Data')
plt.xlabel('assists_per_minute')
plt.ylabel('points_per_minute')
plt.legend(['Rank'])
plt.show()
```

上述代码中，依次使用 for 循环获取数据集 *X* 中第一列与第二列的值，然后绘制散点图（Scatter）。其中，横轴为 *x* 轴，是获取的第 1 列数据；纵轴为 *y* 轴，是获取的第 2 列数据；c=y_pred 指根据聚类的预测结果指定散点的颜色；marker='o'指用点表示图形。接下来依次设置图形的标题、*x* 轴标题、*y* 轴标题及图例，最后使用 plt.show()方法将图形可视化。

7.5.4 实验结果及分析

模型可视化结果如图 7-10 所示。

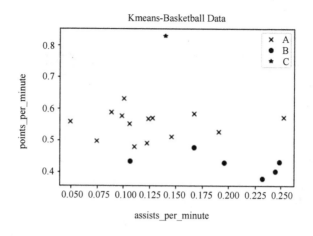

图 7-10　模型可视化结果

由图 7-10 可知，数据被分为较明显的 3 簇，说明此次聚类实验数据是较为合理的。星形点（图中 C 类点）代表的球员每分钟得分数较高，可能为得分后卫或前锋；叉形点（图中 A 类点）代表的球员每分钟得分数与每分钟助攻数较为平均，可能为普通球员位置；圆形点（图中 B 类点）代表的球员每分钟助攻数较高而每分钟得分数低，可能为控球后卫。

习题

1. 简述原型聚类的主要思想。
2. 描述 DBSCAN 算法的过程。DBSCAN 算法的优点与不足有哪些？
3. 简述凝聚的层次聚类的主要思路。
4. 在一维点集{1, 4, 9, 16, 25, 36, 49, 64, 81}上进行层次聚类，假定簇表示为其质心（平均），每一步合并质心最近的两个簇。
5. 采用 BIRCH 算法对表 7-4 进行聚类。分支因子 B 为 6，叶子节点 CF 的个数 L 为 2。

参考文献

[1]　Tan P N, Steinbach M, Kumar V. 数据挖掘导论（完整版）[M]. 2 版. 范明，范宏建，等，译. 北京：人民邮电出版社，2015.

[2]　Aloise D, Deshpande A, Hansen P, et al. NP-hardness of Euclidean sum-of-squares clustering[J]. Machine Learning, 2009, 75(2): 245-248.

[3]　Han J, Kamber M. 数据挖掘概念与技术[M]. 范明，孟小峰，等，译. 北京：机械工业出版社，2001.

[4]　蒋盛益，李霞. 一种改进的 BIRCH 聚类算法[J]. 计算机应用，2009，29(1): 293-296.

[5]　马晓艳，唐雁. 层次聚类算法研究[J]. 计算机科学，2008，34(7): 34-36.

第8章 感知机与神经网络

人工神经网络（简称神经网络）的第一个里程碑——感知机是在二十世纪五六十年代由罗森布拉特（Rosenblatt）发明的。感知机[1]是神经网络和支持向量机的基础，它是对神经元最基本概念的模拟，即一个自动做决策的机器。在神经网络[2]领域，感知机是最简单的前向神经网络。虽然感知机结构简单，能够学习并解决相当复杂的决策问题，但其对非线性问题较为敏感。由此，可用多层感知机进行学习并加以约束，这便是神经网络，其可作为数据处理和模式识别的利器。若对感知机加以核技巧，便促成了非线性支持向量机的发展。本章将对感知机和两种经典神经网络的基本原理进行详细介绍。

8.1 感知机

8.1.1 神经元模型

人工神经是一种从信息处理角度模仿人脑神经元的数学模型，最初是由生物学家提出来的一种仿生类的模型。生物学中的神经元模型通常是由树突、轴突、细胞核及神经末梢等组成的，其基本结构如图 8-1 所示。每个神经元与其他神经元相连，当某个神经元的电位超过一定阈值时，它就被激活，就会向相连神经元发送化学物质，以改变这些神经元内的电位。

神经网络中的基本组成是神经元（Neuron）模型[3]。

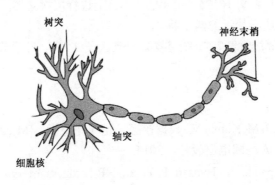

图 8-1　神经元的基本结构

1943 年，Warren McCulloch 和 Walter Pitts 提出了 MP 神经元模型（又称阈值逻辑单元），如图 8-2 所示。神经元收到若干个其他神经元传递过来的输入信号，这些输入信号通过带权重的连接进行传递，对比神经元接收到的总输入值与神经元的阈值，然后通过激活函数处理以产生神经元的输出。

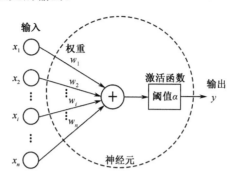

图 8-2　MP 神经元模型

8.1.2　激活函数

激活函数是神经网络的一个重要组成部分，使用激活函数的主要目的是给神经元引入非线性因素，以增强神经网络的表达能力，逼近任意函数，从而使神经网络可用于线性不可分的问题。如果不使用激活函数，每层输出都是上层输入的线性函数，即无论网络有多少层，输出都是输入的线性表示。这种情况就相当于原始的感知机，其逼近能力相当有限。常用的激活函数主要有 Sigmoid 函数、Tanh 函数、ReLU 函数等。

1. Sigmoid 函数

Sigmoid 函数是常用的非线性激活函数，其将取值为 $(-\infty,+\infty)$ 的数映射到 $(0,1)$。Sigmoid 函数的数学形式如下：

$$f\left(x\right) = \frac{1}{1+\mathrm{e}^{-x}} \tag{8-1}$$

$$\nabla_x f\left(x\right) = \frac{\mathrm{e}^{-x}}{\left(1+\mathrm{e}^{-x}\right)^2} = f\left(x\right)\left(1-f\left(x\right)\right) \tag{8-2}$$

式（8-2）中的 ∇ 表示求梯度，Sigmoid 函数的几何图形如图 8-3 所示。

当 x 的绝对值非常大时，Sigmoid 函数 $f(x)$ 的导数逼近零。此时，网络的梯度更新十分缓慢，即梯度消失。同时，函数的输出不以零为均值，不便于下一层的计算。因此，Sigmoid 函数一般用在网络输出层，用于对样本进行分类。

2. Tanh 函数

Tanh 函数将取值为 $(-\infty,+\infty)$ 的数映射到 $(-1,1)$，如式（8-3）和图 8-4 所示。

$$f\left(x\right) = \frac{\mathrm{e}^x - \mathrm{e}^{-x}}{\mathrm{e}^x + \mathrm{e}^{-x}} \tag{8-3}$$

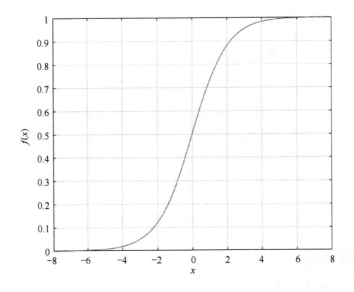

图 8-3　Sigmoid 函数的几何图形

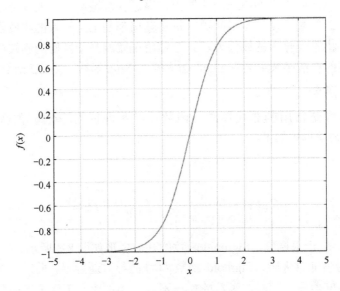

图 8-4　Tanh 函数的几何图形

由图 8-4 可知，Tanh 函数在零局部区域接近线性，且其输出均值为零，这在一定程度上弥补了 Sigmoid 函数的缺陷。对 Tanh 函数求导有

$$\nabla_x f(x) = 1 - f^2(x) \tag{8-4}$$

同样，当 x 偏离中心值零较远时，Tanh 函数的导数较小，权重更新缓慢。

3. ReLU 函数

ReLU 函数又称修正线性单元（Rectified Linear Unit），是一种分段线性函数，其弥补了 Sigmoid 函数及 Tanh 函数梯度消失的问题。ReLU 函数如式（8-3）和图 8-5 所示。

$$f(x) = \begin{cases} x, & x \geqslant 0 \\ 0, & x < 0 \end{cases} \tag{8-5}$$

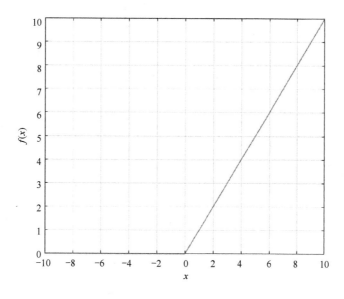

图 8-5　ReLU 函数的几何图形

对 ReLU 函数求导有

$$\nabla_x f(x) = \begin{cases} 1, & x \geqslant 0 \\ 0, & x < 0 \end{cases} \tag{8-6}$$

在输入正数时，ReLU 函数不存在梯度消失问题，且因其为线性关系，网络之间的参数传递速度相较于上述两种函数要快得多。

当数据量较大时，通常选用输出均值为零的激活函数来加快模型的收敛。

8.1.3　感知机算法

感知机算法的目标是找到使所有样本正确分类的分离超平面，感知机是由两层神经元（输入层和输出层）组成的线性二分类模型，两个输入的感知机结构示意图如图 8-6 所示。输入层接收外界输入信号（样本特征）后传递给输出层，输出层是 MP 神经元，最终输出样本标签。

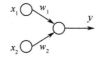

图 8-6　两个输入的感知机结构示意图

1. 工作原理

以阶跃函数为激活函数，感知机模型可定义为

$$y = \text{sign}(w \cdot x + b) \tag{8-7}$$

式中，w、b 和 x 分别为权重、偏置和样本特征；$\text{sign}()$ 为符号函数，表示为

$$\text{sign}(x) = \begin{cases} 1, & x \geqslant 0 \\ 0, & x < 0 \end{cases} \tag{8-8}$$

感知机的工作原理是，将某个样本特征 x 作为感知机模型的输入，通过感知机模型，得到模型的输出 y，若该值为 1，则样本为正例样本；若该值为 0，则样本为负例样本。

2. 几何解释

实际上，每个感知机模型对应一个分类超平面 $w \cdot x + b = 0$，其中 w 和 b 分别表示超平面的法向量和截距。若为二维特征空间，则分类超平面对应二维空间的一条直线，如图 8-7 所示。若为三维特征空间，则分类超平面对应三维空间中的一个平面。

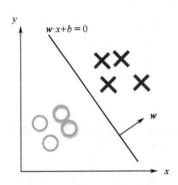

图 8-7 二维空间的分类超平面

由图 8-7 可知，特征空间被分割成两部分，位于分类超平面上、下侧的样本特征点被分成正、负两类。值得一提的是，此时的样本集具有线性可分的性质，而线性不可分样本集不存在能将样本集有效分类的超平面。

感知机能容易地实现逻辑与、或、非运算，使用式（8-7）中的感知机模型做进一步解释，如下：

与运算：令 $w_1 = w_2 = 1$，偏置 b 为-2，则 $y = f(x_1 + x_2 - 2)$，当 $x_1 = x_2 = 1$ 时，$y = 1$。

或运算：令 $w_1 = w_2 = 1$，偏置 b 为-0.5，则 $y = f(x_1 + x_2 - 0.5)$，当 $x_1 = 1$ 或 $x_2 = 1$ 时，$y = 1$。

非运算：令 $w_1 = -1$，$w_2 = 0$，偏置 b 为 0.5，则 $y = f(-x_1 + 0.5)$，当 $x_1 = x_2 = 1$ 时，$y = 1$。

3. 学习策略

感知机的关键在于通过样本集的训练确定合适的 w 和 b，从而获得分类超平面。对一个线性可分数据集 $T = \{(x_1, y_1)(x_2, y_2), \cdots, (x_n, y_n)\}$，样本空间维度为 n，设其样本标记 $y_i \in \{+1, -1\}$，$i = 1, 2, \cdots, n$。进一步地，通过损失函数来衡量预测值和真实值之间的差距，从而获得使损失函数最小的参数 w 和 b。通常，损失函数采用误分类样本到分类超平面的距离总和表示，并使其尽可能小。某一样本 (x_i, y_i) 到超平面的损失函数可表示为

$$L(w, b) = -\sum_{x_i} y_i (w \cdot x_i + b) \tag{8-9}$$

由式（8-9）可知损失函数是非负的，且误分类点越少，损失函数 L 越趋近于 0。由此，采用随机梯度下降法对损失函数进行优化，从而确定合适的 w 和 b。具体来说，对每个误分类样本 (x_i, y_i)，任意选取一个初始超平面（w_0 和 b_0）进行更新迭代：

$$w_i = w_i - a\frac{\partial L}{\partial w_i} = w_i + ay_i x_i \tag{8-10}$$

$$b_i = b_i - a\frac{\partial L}{\partial b_i} = b_i + ay_i \tag{8-11}$$

对误分类样本集的样本进行多次遍历，最终得到最优的参数 w 和 b，并预测新样本的标签。感知机算法由于采用不同的初始值或选取不同的误分类点，结果可以不同。

感知机只有输出层神经元进行激活函数处理，其对线性可分数据具有较好的分类效果。若数据非线性可分，则需要考虑包含隐藏层的多层神经网络。

感知机算法利用那些分类错误的样本，不断调整其中的参数，最后达到没有错误分类的效果。感知机算法是多层神经网络和支持向量的基础。多层神经网络在结构上相当于多层感知机，参数更新过程也与感知机类似。支持向量则使正、负样本到超平面的距离最大，而不仅仅满足正确分类的条件。

8.2　神经网络原理

感知机算法有一个致命的缺点，就是只能对线性样本进行分类，而对于"异或"这样的简单非线性问题却难以解决。神经网络是 20 世纪 80 年代以来人工智能领域兴起的研究热点，可通过把许多简单神经元按一定层次结构连接起来获得。神经网络可实现非程序化的信息处理，其本质是通过网络变换和动力学行为得到一种并行分布式的信息处理功能，并在不同程度和层次上模仿人脑神经系统的信息处理能力。

8.2.1　基本特征

神经网络采用了与传统信息处理技术完全不同的机理，克服了传统基于逻辑符号的人工智能在处理直觉、非结构化信息方面的缺陷，具有如下 4 个基本特征。

1. 非线性

非线性关系是自然界的普遍特性，大脑的智慧也是一种非线性现象。神经网络中的神经元经阈值处理后处于激活或抑制两种不同状态，这在数学上表现为一种非线性关系。理论上，具有阈值的多个神经元构成的网络具有更好的性能。

2. 非局限性

一个系统的整体行为主要由单元间的相互作用及连接所决定。一个神经网络通常由多个神经元广泛连接而成，通过单元之间的大量连接模拟大脑的非局限性，联想记忆就是一个典型例子。

3. 非长定性

神经网络具有自适应、自组织、自学习能力。神经网络可处理具有各种变化的信息。

非线性动力学系统本身也在不断变化，因此，可采用迭代过程来仿真动力学系统的演化过程。

4. 非凸性

一个系统的演化方向，在一定条件下将取决于这个系统的状态函数，如能量函数，它的极值对应于系统稳定态。非凸性指的是这种状态函数具备多个极值，因此系统有多个稳定态，可导致系统演化的多样性。

8.2.2　前馈神经网络

在神经网络中，神经元的输入可以是各种对象，如特征、字母或一些有意义的抽象模式。前馈神经网络（Feedforward Neural Network，FNN）[4,5]是一种最简单的神经网络：每层包含若干神经元且没有互相连接；层间信息的传送只沿一个方向进行，即每个神经元只与前一层的神经元相连，接收前一层的输出，并作为下一层的输入；各层之间没有反馈，可采用有向无环图表示，如图 8-8 所示。

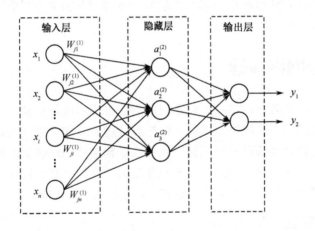

图 8-8　前馈神经网络结构图

该前馈神经网络包括输入层、输出层和隐藏层，每层神经元与下一层神经元全互连，神经元之间不存在同层连接，也不存在跨层连接。输入层接收外部世界的信号和数据，输出层输出系统处理结果，而隐藏层是输入与输出单元之间不被系统外部观察到的部分。神经元间的连接权值反映了层间的连接强度，信息表示和处理体现在不同层的连接关系上。神经网络的学习过程，就是根据训练数据来调整神经元之间的权值及每个功能神经元的阈值。

图 8-8 中只含有一层隐藏层，此网络有权重参数 W 和阈值参数 θ，$W_{ji}^{(l)}$ 表示第 l 层第 i 单元与第（l+1）层第 j 单元之间的连接参数（权重），$\theta_j^{(l)}$ 表示第（l+1）层第 j 单元的偏置项（图中并未显示）。$a_j^{(l)}$ 表示第 l 层第 j 单元的激活值（输出值）。该神经网络的计算步骤如下：

$$a_1^{(2)} = f\left(W_{11}^{(1)}x_1 + \cdots + W_{1i}^{(1)}x_i + \cdots + +W_{1n}^{(1)}x_n + q_1^{(1)}\right) \tag{8-12}$$

$$a_2^{(2)} = f\left(W_{21}^{(1)}x_1 + \cdots + W_{2i}^{(1)}x_i + \cdots + W_{2n}^{(1)}x_n + q_2^{(1)}\right) \tag{8-13}$$

$$a_3^{(2)} = f\left(W_{31}^{(1)}x_1 + \cdots + W_{3i}^{(1)}x_i + \cdots + W_{3n}^{(1)}x_n + q_3^{(1)}\right) \tag{8-14}$$

$$y_1 = a_1^{(3)} = f\left(W_{11}^{(2)}a_1^{(2)} + W_{12}^{(2)}a_2^{(2)} + W_{13}^{(2)}a_3^{(2)} + q_1^{(2)}\right) \tag{8-15}$$

$$y_2 = a_2^{(3)} = f\left(W_{21}^{(2)}a_1^{(2)} + W_{22}^{(2)}a_2^{(2)} + W_{23}^{(2)}a_3^{(2)} + \theta_2^{(2)}\right) \tag{8-16}$$

经过参数传递及非线性函数的处理，神经网络可适用于预测多个输出的情况。例如，在医疗诊断中，可将患者的各种体征指标作为输入，而不同的输出值 y_i 表征患不同疾病的概率。当神经网络包含多个隐藏层时，将前项传播过程矩阵化，可提升计算速度。

感知器可以解决逻辑"与"和"或"的问题，但无法解决"异或"问题，因其运算的结果无法使用一条直线来划分。多层神经网络在理论上可以拟合任意的函数，可有效地解决线性不可分的问题，但该网络仍需进一步更新梯度，以获得网络的最优权重。

8.3 反向传播神经网络

反向传播神经网络[6]将神经元的输出误差反向传播到神经元的输入端，并以此来更新神经元输入端的权重。多层神经网络的学习能力比单层感知机强得多。想要训练多层神经网络，简单感知机的学习规则显然不够，需要更强大的学习算法。反向传播（Back Propagation，BP）算法[7,8]就是其中杰出的代表，它是迄今最成功的神经网络学习算法。现实任务中使用神经网络时，大多使用 BP 算法进行训练。值得指出的是，BP 算法不仅可用于多层前馈神经网络，还可用于其他类型的神经网络，如训练递归型神经网络。理论上，只需要一个包含足够多神经元的隐藏层，多层前馈神经网络[4]就能以任意精度逼近任意复杂度的连续函数。

给定一个输入 $x = (x_1, x_2, \cdots, x_n)$，以及对应的输出 $y = (y_1, y_2)$，n 是输入维度。以图 8-9 所示的网络为例，隐藏层第二个神经元接收的输入为 $b_2 = \sum_{i=1}^{n} W_{2i}x_i$，输出层第一个神经元接收的输入为 $c_1 = \sum_{h=1}^{3} V_{1h}a_h$，其中，$a_h$ 为隐藏层第 h 个神经元的输出，V_{1h} 为隐藏层第 h 个神经元和输出层第 1 个神经元的连接权重。若隐藏层和输出层都使用 Sigmoid 函数，对输入样本 x，该神经网络的输出为 $\hat{y} = (\hat{y}_1, \hat{y}_2)$，即

$$\hat{y}_j = f(c_j), \ j = 1, 2 \tag{8-17}$$

则该网络在 (x, y) 上的均方误差为

$$E = 0.5 \times \sum_{j=1}^{2} \left(\hat{y}_j - y_j\right) \tag{8-18}$$

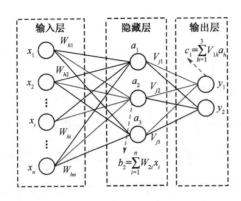

图 8-9　反向传播神经网络

图 8-9 的网络中有（$3n+11$）个参数需确定：输入层到隐藏层的 $3n$ 个权重、隐藏层到输出层的 6 个权重、3 个隐藏层神经元的阈值及 2 个输出层神经元的阈值。BP 算法是一个迭代学习算法，在迭代的每轮中采用广义的感知学习规则对参数进行更新估计，则任意参数 v 的更新估计可表示为

$$v \leftarrow v + \Delta v \tag{8-19}$$

下面以图 8-9 中隐藏层到输出层的权重 V_{jh} 为例进行推导。BP 算法基于梯度下降[9]（Gradient Descent）策略，以目标的负梯度方向对参数进行调整。给定学习率 η，对式（8-18）中的误差 E 有

$$\Delta V_{jh} = -\eta \frac{\partial E}{\partial V_{jh}} \tag{8-20}$$

V_{jh} 按顺序分别影响第 j 个输出神经元的输入值 c_j、输出值 $\hat{y}_j^i$，再到 E，有

$$\frac{\partial E}{\partial V_{jh}} = \frac{\partial E_i}{\partial \hat{y}_j} \cdot \frac{\partial \hat{y}_j}{\partial c_j} \cdot \frac{\partial c_j}{\partial V_{jh}} \tag{8-21}$$

根据 c_j 的定义，显然有

$$\frac{\partial c_j}{\partial V_{jh}} = b_h \tag{8-22}$$

于是，依据式（8-18）和 Sigmoid 函数的定义可求得

$$g_j = \frac{\partial E}{\partial \hat{y}_j} \cdot \frac{\partial \hat{y}_j}{\partial c_j} = \left(\hat{y}_j - y_j\right)\hat{y}_j\left(1 - \hat{y}_j\right) \tag{8-23}$$

将式（8-21）～式（8-23）代入式（8-20）中，可得到 V_{jh} 的更新公式为

$$\Delta V_{jh} = \eta g_j b_h \tag{8-24}$$

同理，可求得其余参数的表达式。学习率 η 控制每次迭代的步长，若太大则容易振荡，太小则导致收敛速度过慢。具体来说，对每个训练样本，BP 算法的执行步骤如下。

（1）对训练样本集进行预处理，并初始化网络连接权重和阈值。

（2）将输入样本提供给输入层神经元，逐层将信号前传，直到产生输出层的结果。

（3）计算输出层的误差，并将误差反向传递至隐藏层神经元，从而依据隐藏层神经

元的误差对连接权重和阈值进行调整。

（4）该迭代过程循环进行，直到达到某些预设条件，如误差小于设定阈值。

值得一提的是，BP 算法的目标是最小化训练集上的累积误差 $E = \frac{1}{m}\sum_{k=1}^{m} E_k$，但上述的标准 BP 算法仅针对一个训练样本。若类似推导出基于累积误差的最小化更新策略，就得到了累积误差反向传播算法。两种算法各有利弊：标准 BP 算法的参数更新相对较频繁，而累积误差反向传播算法在累积误差下降一定程度后，进一步下降变得缓慢。

本节对反向传播神经网络的推导过程进行了详细描述，这种神经网络具有强大的表示能力。然而，反向传播神经网络常常会产生过拟合，即训练误差持续降低的同时，测试误差可能持续上升。可使用“正则化”策略来缓解这一问题，其基本思想是在误差目标函数中增加一个用于描述网络复杂度的项，如权重的平方和，这样，训练过程将会偏好比较小的权重，使得网络更加光滑，可有效缓解过拟合问题。

8.4　Hopfield 神经网络

8.4.1　Hopfield 神经网络简介

Hopfield 神经网络[10]是一种单层全连接的反馈神经网络，是由美国加州理工大学的物理学家霍普菲尔德（Hopfield）在 1982 年发明的。Coben 和 Grossberg 在 1983 年给出了关于 Hopfield 神经网络稳定的充分条件：无自反馈的权重系数对称的 Hopfield 神经网络是稳定的，即权系数矩阵 W 是一个对称矩阵，且对角线元素 W_{ii} 为 0。Hopfield 神经网络提供了模拟人类记忆的模型，其引入了能量函数的概念。作为一个非线性动力学系统，Hopfiled 神经网络具有如下几个特征。

1. 反馈性

每个神经元既是输入也是输出，网络中的每个神经元都将自己的输出通过连接权重传送给所有其他神经元，同时都接收所有其他神经元传递过来的信息。网络中的神经元在某时刻的输出状态实际上间接与其上一时刻的输出状态有关；神经元之间互连接，所以，其权重矩阵是对称矩阵。

2. 收敛性

系统具有若干稳定状态，对应了能量函数的局部最小值。如果从某个初始状态开始运动，系统总可以进入某个稳定状态[11]。这种稳定状态可以通过改变各神经元之间的连接得到。另外，对于经过特殊设计的能量函数，从任意状态开始，系统的演变都会使能量函数单调减小，从而最后收敛到稳定状态。

3. 联想记忆性

网络能够用于大规模信息处理系统，主要是因为网络的动力学行为具有稳定的吸引子。网络状态向稳定点的运动可以理解为由一个不完整的输入模式向完整模式演化的过程，其模拟了联想记忆中的信息存储机制。将要存储的记忆样本用矢量表示，网络在输入非线性记忆样本后，经过演化，最终输出稳定在记忆样本上。联想记忆时，只给出输入模式的部分信息，网络就能联想出完整的输出模式，因此具有容错性。

根据激活函数不同，Hopfield 神经网络分为离散 Hopfield 神经网络（Discrete Hopfield Neural Network，DHNN）和连续 Hopfield 神经网络（Continues Hopfield Neural Network，CHNN）两种。连续 Hopfield 神经网络的拓扑结构和离散 Hopfield 神经网络的相同，不同之处在于其激活函数不是符号函数，而是 Sigmoid 之类的连续函数。本节主要介绍离散 Hopfield 神经网络。

8.4.2　离散 Hopfield 神经网络

离散 Hopfield 神经网络是二值神经网络，主要应用于联想记忆。该模型的每个神经元有抑制和激活两种状态，分别用 0 和 1 表示。神经元之间通过有权重的有向线段连接，并通过求取全局状态的最小能量来训练模型。图 8-10 所示为由 3 个神经元构成的全反馈神经网络结构。

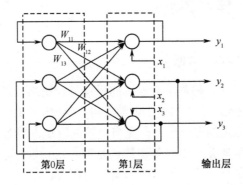

图 8-10　由 3 个神经元构成的全反馈神经网络结构

图 8-10 中的第 0 层仅作为网络的输入，不是实际的神经元，不需要进行计算。y_i 表示第 i 个神经元的取值，x_i 表示第 i 个神经元的外部输入，可理解为施加在神经元 i 上的固定偏置，W_{ij} 表示第 j 个神经元到第 i 个神经元的连接权重。该网络以符号函数为激活函数，其输出可表示为

$$y_i = \begin{cases} 1, & \sum_{j \neq i} W_{ij} y_j + x_i > 0 \\ 0, & \sum_{j \neq i} W_{ij} y_j + x_i < 0 \end{cases} \tag{8-25}$$

对于一个离散 Hopfield 神经网络，其网络状态是输出神经元信息的集合。给定一个离散 Hopfield 神经网络的目前状态 $Y(t)=[y_1(t),y_2(t),\cdots,y_n(t)]$，当神经网络从 $t=0$ 开始，经过有限时刻 t，有 $Y(t+\Delta t)=Y(t)$，则其为稳定网络。显而易见，网络共有 2^n 种状态。对于图 8-10 所示的网络，共有 8 种输出状态，可用一个三维立方体表示，如图 8-11 所示。

如果 Hopfield 神经网络是一个稳定网络，那么给网络的输入层一个输入向量，则该网络状态会产生变化，也就是从一个顶角转移到另一个顶角，并且最终稳定于一个特定顶角。

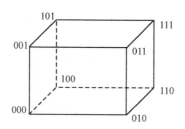

图 8-11　包含 3 个神经元的离散 Hopfield 神经网络的输出状态

8.4.3　能量函数

递归型神经网络的一个重要特点就是具有稳定状态，当网络稳定于某个状态或呈现周期性振荡时，也就是它的能量函数达到最小时。这里的能量函数不是物理意义上的能量函数，而是在表达形式上与物理意义上的能量概念一致，即它表征网络状态的变化趋势，并可以依据 Hopfield 神经网络模型的运行规则不断进行状态变化，最终到达具有某个极小值的目标函数。

在满足一定参数条件的情况下，能量函数在网络运行过程中是不断减小的，并趋于稳定平衡状态。当 W_{ij} 与 W_{ji} 相等且神经元节点为 0 时，能量函数可表示为

$$E_j = -\frac{1}{2}\sum_{i \neq j}\sum W_{ij}y_iy_j \tag{8-26}$$

由 Δy 引起的能量变化 ΔE 为

$$\Delta E_j = -\frac{1}{2}\Delta y_i\sum_{i \neq j}W_{ij}y_j \tag{8-27}$$

其中，当 $\sum\limits_{i \neq j}W_{ij}y_j > 0$ 时，$\Delta y_i > 0$；当 $\sum\limits_{i \neq j}W_{ij}y_j < 0$ 时，$\Delta y_i < 0$。可知 ΔE_j 始终小于 0，即当任何一个神经元状态发生改变时，该网络的能量一直是负增长的。

从系统观点看，前馈神经网络的计算能力有限，具有自身的一些缺点。反馈神经网络是一种反馈动力学系统，比前馈神经网络拥有更强的计算能力，可以通过反馈来加强全局稳定性。在反馈神经网络中，所有神经元具有相同的地位，没有层次差别。它们之间可以互相连接，也可向自身反馈信号。从理论上来说，如果参数设置得当，Hopfield 神经网络可以用于优化任何问题。

8.5　实验：基于 Python 的感知机实验

8.5.1　实验目的

（1）了解 PyCharm 软件的基本操作环境。
（2）使用 sklearn 库，实现感知机。
（3）运行程序，观察并分析结果。

8.5.2 实验要求

（1）了解 PyCharm 中使用 Python 语言的基本操作。

（2）了解感知机的基本原理。

（3）理解感知机的相关源码。

8.5.3 实验原理

感知机是二分类的线性分类模型[12]，输入为实例的特征向量，输出为实例的类别，取 1 或 0，即正类或负类。利用梯度下降法对误分类样本的损失函数进行最小化，求得感知机模型。

8.5.4 实验步骤

本实验的环境为 PyCharm 软件+Python 3.5 解释器，实验代码如下。

使用 sklearn 库中的 make_classification 产生训练样本集：

```
from sklearn.datasets import make_classification
x,y=make_classification(n_samples=1000,n_features=2,n_redundant=0,n_informative=1,
n_clusters_per_class=1)
```

生成训练数据和测试数据：

```
x_data_train=x[:800,:]
x_data_test=x[800:,:]
y_data_train=y[:800]
y_data_test=y[800:]
```

训练感知机模型：

```
from sklearn.linear_model import Perceptron
clf=Perceptron(fit_intercept=False,max_iter=30,shuffle=False)
clf.fit(x_data_train,y_data_train)
print(clf.coef_)
print(clf.intercept_)
```

验证模型参数：

```
acc=clf.score(x_data_test,y_data_test)
print(acc)
positive_x1=[x[i,0] for i in range(1000) if y[i]==1]
positive_x2=[x[i,1] for i in range(1000) if y[i]==1]
negetive_x1=[x[i,0] for i in range(1000) if y[i]==0]
negetive_x2=[x[i,1] for i in range(1000) if y[i]==0]
```

结果显示：

```
from matplotlib import pyplot as plt
import numpy as np
plt.scatter(positive_x1,positive_x2,c='k',maker='x')
plt.scatter(negetive_x1,negetive_x2,c='k')
line_x=np.arange(-4,4)
```

```
line_y=line_x*(-clf.coef_[0][0]/clf.coef_[0][1])-clf.intercept_
plt.plot(line_x,line_y)
plt.show()
```

8.5.5 实验结果

程序运行结果如下：

```
[[0.62410563 3.88740062]]
[0.]
0.995
```

感知机模型训练结果如图 8-12 所示。

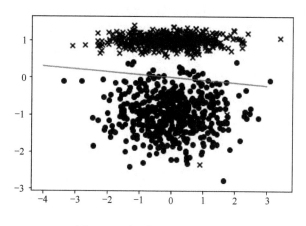

图 8-12 感知机模型训练结果

习题

1. 试说明线性函数用作神经元激活函数的不足之处。

2. 试作图形象说明感知机为何能解决"与、或、非"问题，而不能解决"异或"问题。

3. 什么是反向传播神经网络？

4. 简述前馈神经网络与反向传播神经网络的区别。

5. 对图 8-9 中的参数 W_{hi}，试推导其在 BP 算法中的更新公式。

6. 简述 Hopifield 神经网络中反馈的意义。

7. 查阅相关资料，实例演示多层感知机模型。

8. 查阅相关资料，了解连续 Hopifield 神经网络在优化问题中的应用。

9. 查阅相关资料，实现基于反向传播神经网络的手写数字识别。

参考文献

[1] ROSENBLATT F. The perceptron: a probabilistic model for information storage and

organization in the brain[M]. Cambridge: MIT Press, 1988.

[2]   BISHOP C M. Neural networks for pattern recognition[J]. Agricultural Engineering International the Cigr Journal of Scientifitic Research and Development Manuscript Pm, 1995, 12(5): 1235-1242.

[3]   KOHONEN T. An introduction to neural computing[J]. Neural Networks, 1988, 1(1): 3-16.

[4]   HORNIK S W. Multilayer feedforward networks are universal approximators[J]. Neural Networks, 1989, 2(5): 359-366.

[5]   刘曙光，郑崇勋，刘明远. 前馈神经网络中的反向传播算法及其改进：进展与展望[J]. 计算机科学，1996，23(1): 76-79.

[6]   RUMELHART D E, Hinton G E, Williams R J. Learning representations by back-propagating errors[J]. Nature, 1986, 323(6088): 533-536.

[7]   BIRON P V. Backpropagation: Theory, architectures, and applications[J]. Journal of the American Society for Information Science, 1997, 48(1): 88-89.

[8]   HECHT-NIELSEN R. Theory of the backpropagation neural network[J]. Neural Networks, 1988, 1(1): 445-445.

[9]   KARAYIANNIS N B. Reformulated radial basis neural networks trained by gradient descent[J]. IEEE Transactions on Neural Networks, 1999, 10(3): 657-671.

[10]   HOPFIED J J. Neural networks and physical systems with emergent collective computational abilities[J]. Proceedings of the National Academy of Sciences of the United States of America, 1982, 79(8): 2554-2558.

[11]   马润年，张强，许进. 离散 Hopfield 神经网络的稳定性研究[J]. 电子学报，2002，30(7): 1089-1091.

[12]   李航. 统计学习方法[M]. 北京：清华大学出版社，2012.

第9章　卷积神经网络

卷积神经网络（Convolutional Neural Networks，CNN）是一种具有深度网络结构的前馈神经网络，与传统神经网络相比，它最大的特点是具有卷积运算操作。CNN 在多个领域有突出的成果，如图像识别、计算机视觉、自然语言处理、智能语言识别、数据挖掘等[1]。

本章首先简述 CNN 的发展历程；其次介绍 CNN 的网络部件，以及核心算法（随机梯度下降算法和反向传播算法）、激活函数、损失函数；最后介绍经典的 CNN 模型。

9.1　卷积神经网络简述

9.1.1　发展历程

1959 年，加拿大生物学家 Hubel 和 Wiesel 提出了猫视觉中枢单个神经元的"感受野"（Receptive Field）概念，接着在 1962 年发现了猫视觉中枢存在感受野和其他结构，标志着神经网络结构第一次在视觉系统中被发现[2]。

根据 Hubel 和 Wiesel 提出的视觉神经网络结构（见图 9-1），感受野可分为简单细胞和复杂细胞。简单细胞和复杂细胞神经网络结构与低级复杂细胞和高级复杂细胞神经网络结构类似，该结构中较高阶段的细胞可以比较低阶段的细胞提取更为复杂的特征。

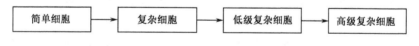

图 9-1　Hubel 和 Wiesel 提出的视觉神经网络结构

1980 年，日本科学家 Fukushima 根据 Hubel 和 Wiesel 提出的视觉神经网络结构提出了一种多层人工神经网络，即神经认知机，以处理手写数字辨识和其他识别任务。在神经认知机模型中，S 细胞（S-cells）和 C 细胞（C-cells）交替排列，S 细胞的作用是对局部进行特征提取，C 细胞的作用是抽象特征，这与 CNN 中的卷积层（Convolution Layer）和池化层（Pooling Layer）是一一对应的。神经认知机被人们认为是 CNN 的第一个工程实现。

1998 年，LeCun 等人提出了一种基于梯度学习的 CNN 算法（称为 LeNet-5 网络）[3]，并将其应用于手写数字辨识中，取得了错误识别率低于 1% 的结果。鉴于此，LeNet 网络当时被应用于美国的邮政系统中，用于识别手写邮政编码以分类邮件。因此，LeNet 网络是第一个具有商业价值的卷积神经网络。

2012 年，在计算机视觉界最著名的 ImageNet 图像分类比赛中，Hinton 等人使用

AlexNet 网络[4]以惊人的成绩——超过第二名约 12%的准确率获得该年比赛的冠军,一时震惊了当时的学术界,从此便拉开了 CNN 称霸计算机视觉领域的序幕,此后该竞赛的冠军都为 CNN。2015 年,改进了 CNN 中的激活函数(Activation Function)后,CNN 在 ImageNet 数据集上的识别准确率达到 95.06%,第一次超过了人类的识别准确率(94.9%)。近年来,随着 CNN 的飞速发展,其网络结构的层次变得越来越复杂,从刚开始的 5 层、16 层到 152 层,甚至有上千层的网络被应用于实际工程中。

随着计算机硬件技术的迅猛发展,深层次神经网络不再限于之前的理论研究,而是变成了切实的应用工具。CNN 自 2012 年"一举成名",现在已经成为人工智能领域非常重要的研究课题和计算机图像处理、自然语言处理、智能语音识别等领域的重要技术。

9.1.2　端到端的学习

深度学习的一个最重要特征是端到端的学习(End-to-End Learning),这也是深度学习区别于其他机器学习算法的一个重要特征,CNN 的思想就基于此[5]。传统机器学习算法(如特征选择算法、分类算法等)在设计算法时,都会先使用人工样本特征(Hand-rafted Feature)表示,在实际应用时,人工样本特征的好坏直接决定了整个任务的精度,所以,机器学习的一个分支——特征工程(Feature Engineering)应运而生。在深度学习"一举成名"之前,特征工程是计算机图像处理、数据挖掘等领域非常关键和重要的环节。

以图像识别为例,在深度学习之前,往往通过模块化的方法解决此类问题,分为图像预处理、特征提取、设计分类器等子步骤以完成任务。模块化的方法的基本思想是,将一个复杂、烦琐的问题分成几个简单的子问题模块来处理。但是,在处理每个子问题时,每个子问题都可能存在最优解,但将这些子问题组合起来后,从全局来看,并不一定会得到最优解。因此,基于端到端的深层次网络学习方式(如 CNN、RNN 等)应运而生,相对于传统机器学习算法,深层次网络学习的整个流程并不进行子模块的划分,可以直接将原始数据输入到模型中,整个学习过程完全交给深层次网络模型,这样最大的优点就是,可以统筹全局,获得最优解。

以 CNN 为例,对于深度学习模型而言,输入数据为没有任何加工的原始数据,然后进行多个操作层的数据操作后输出结果。其中的多个操作层可以看成一个复杂的函数 f_{CNN},而损失函数(Loss Function)由参数正则化损失(Regularization Loss)和数据损失(Data Loss)构成,在训练整个网络时,按照损失函数将参数误差反向传播给整个模型的各层次,以达到参数更新的目的。整个训练过程可以看成从原始数据向最终目标的直接拟合,中间各层次的作用为特征学习。图 9-2 所示为 CNN 基本原理图。

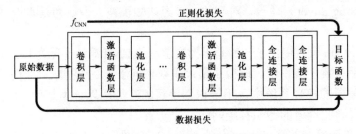

图 9-2　CNN 基本原理图

9.2 网络部件

9.2.1 符号定义

假如有一幅彩色图像，其有 R、G、B（红、绿、蓝）3 个通道，将这 3 个通道的图像的像素叠加在一起就是一幅彩色图像，此图像的每个像素值可以表示为 (i,j,d)。CNN 的第 k 层输入的一个数据元素（图像的像素）可以表示为 (i^k,j^k,d^k)，对应于彩色图像的第 i^k 行、第 j^k 列、第 d^k 通道，其中各参数满足 $0\leqslant i^k<H^k$，$0\leqslant j^k<W^k$，$0\leqslant d^k<D^k$。

在实际工程中，通常采用 Mini-Batch 策略训练数据，也就是分批次训练数据。设 N 为每个批次训练样本的个数，T 为训练样本的总数，batch 为批次数，有 $T=N\times\text{batch}$。采用 Mini-Batch 策略训练 CNN 时，输入的第 k 层为一个四维向量：$x^k=(i^k,j^k,d^k,N)$。

x^k 经过第 k 层操作后得到 x^{k+1}，定义 y 为第 $k+1$ 层的输出，如下：

$$y=f(x^{k+1}) \tag{9-1}$$

9.2.2 卷积层

1. 卷积的概念

卷积（Convolution）是一个数学概念，是通过两个函数生成第三个函数的一种运算。例如，人的大脑记忆就是一个卷积的过程，假设将人对事物的认知和理解表示为 $f(x)$，将人对事物随时间的遗忘表示为 $g(x)$，那么人对事物的记忆 $h(x)$ 就是 $f(x)$ 和 $g(x)$ 卷积的结果，可以表示为

$$h_{记忆}(x)=f(x)_{理解}*g(x)_{遗忘}$$

在 CNN 中，以图像为例来理解离散卷积的情况。以灰度图像来说，对于计算机而言，其实际看到的图像是一个个像素值组成的数字矩阵，每个像素值是 0~255 中的一个数，如图 9-3 所示。人很容易可以看到图像中"3"这个数字，而计算机是根据像素值来判断的，0 表示黑色，255 表示白色，颜色越深，数值越小。在图像中，卷积操作相当于要提取图像中的特征，卷积操作可以通过一个"小块"的数据很容易将图像的特征提取出来，并保留原始图像的空间位置关系，这个"小块"就是卷积核（Convolution Kernel），也称为滤波器（Filter）。如果把卷积核与原始图像矩阵依次按照从左到右、从上到下的顺序进行卷积运算，就可以得到原始图像的"卷积特征"。

卷积操作的计算方法如下：假设输入数据［见图 9-4（a）］为一个 5×5 的矩阵，卷积核为 3×3 的矩阵［见图 9-4（b）］，步长（Stride）为 1，即每次卷积运算后，卷积核移动一个元素的位置；卷积操作从输入数据的(0,0)坐标开始，由卷积核中的每个数据对应输入数据的每个数据进行按位相乘后做累加，作为一次卷积操作结果，即 1×1+2×1+6×1+2×0+5×0+3×0+0×1+3×1+0×0=12，如图 9-5（a）所示；由于步长为 1，卷积核类似于图 9-5（a），从左到右、从上到下依次做卷积操作，如图 9-5（b）~图 9-5（d）所示；最终输出卷积核运算特征，作为下一层操作的输入。

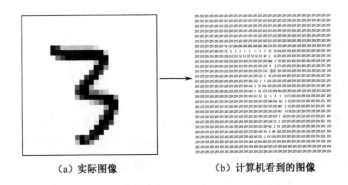

（a）实际图像　　　　　　　（b）计算机看到的图像

图 9-3　实际图像与计算机看到的图像

1	2	6	4	1
2	5	3	4	5
0	3	0	4	0
2	2	4	1	9
0	1	0	4	6

1	1	1
0	0	0
1	1	0

（a）输入数据　　　　　　　（b）卷积核

图 9-4　在二维场景定义的输入数据和卷积核

2. 卷积的作用

卷积可以看成一种局部操作，通过卷积核可以获得原始数据的局部特征，如图 9-6 所示。

以图像为例，如图 9-7 所示，对原图分别进行 3 种卷积操作，首先定义 3 个 3×3 的不同的卷积核，第一个卷积核可以获得图像的整体边缘特征（记为 K_e），第二个卷积核可以获得图像的横向边缘特征（记为 K_h），第三个卷积核可以获得图像的纵向边缘特征（记为 K_v），表示如下：

$$K_e = \begin{bmatrix} 0 & -3 & 0 \\ -3 & 12 & -3 \\ 0 & -3 & 0 \end{bmatrix} \quad K_h = \begin{bmatrix} 2 & 3 & 2 \\ 0 & 0 & 0 \\ -2 & -3 & -2 \end{bmatrix} \quad K_v = \begin{bmatrix} 2 & 0 & -1 \\ 3 & 0 & -2 \\ 2 & 0 & -1 \end{bmatrix}$$

通过对原图进行 3 种卷积操作后，可得到如图 9-7（b）～图 9-7（d）所示的结果。

实际上，CNN 中的卷积核参数是通过训练网络学习到的，CNN 除了可以学习到类似的"边缘特征""横向边缘特征""纵向边缘特征"，还可学习到方向特征、颜色特征、纹理特征、形状特征等。所以，卷积操作最重要的特征就是可以通过深度神经网络学习到表示一般特征的卷积核参数，也就是抽象的图像特征，然后将这些特征组合并对应到具体的样本类别中。

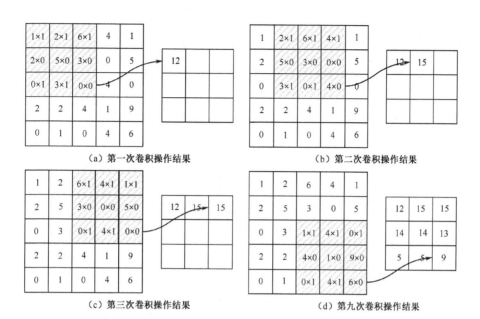

（a）第一次卷积操作结果　　　　　　　　　（b）第二次卷积操作结果

（c）第三次卷积操作结果　　　　　　　　　（d）第九次卷积操作结果

图 9-5　卷积操作运算过程

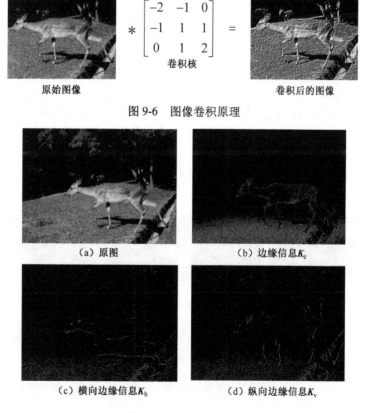

原始图像　　　　　　　卷积核　　　　　　　卷积后的图像

图 9-6　图像卷积原理

（a）原图　　　　　　　　　　　（b）边缘信息K_e

（c）横向边缘信息K_h　　　　　　（d）纵向边缘信息K_v

图 9-7　卷积操作示例

9.2.3 池化层

1. 池化的概念

池化又称下采样（Subsampling），通俗来讲，是利用局部相关的特征，采样较少的数据来保持原有重要信息的一种操作。常用的池化操作类型分为平均池化（Average Pooling）、最大池化（Max Pooling）、随机池化（Stochastic Pooling）。进行池化操作时，需要确定池化操作的类型、池化核（Kernel）大小、池化操作的步长（Stride）。

平均池化是指在每次对数据操作时，取池化核覆盖区域的平均值。最大池化是指在每次对数据操作时，取池化核覆盖区域的数据最大值。随机池化是指在每次对数据操作时，按照设定的概率随机在池化核覆盖区域取值。

最大池化操作示例如图 9-8 所示，设池化核大小为 3×3，步长为 1。

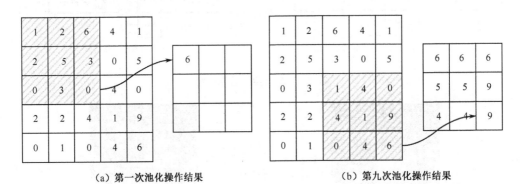

（a）第一次池化操作结果　　　　　　　　（b）第九次池化操作结果

图 9-8　最大池化操作示例

通过池化操作可以看出，如果定义一个 3×3 的池化核，进行池化操作后，原来 9 个像素的区域变成了 1 个像素。一个图像通过池化操作后，比之前的图像更加模糊，很明显，人们并不喜欢这样模糊的图像，但计算机"观看"图像的视角与人类是不一样的，对图像进行池化后，实际上并不影响计算机对图像特征的提取。图 9-9 所示为池化前后的图像变化。

（a）原始图像　　　　（b）采用5×5的池化核最大　　　（c）采用8×8的池化核最大
　　　　　　　　　　　　　池化后的图像　　　　　　　　　　池化后的图像

图 9-9　采用不同池化核最大池化前后图像的变化

2. 池化的作用

通过上述最大池化示例可以看出，在进行池化操作后，输出的结果相比输入的数据数量减少了，实际上这是一种合理的"以偏概全"的结果。池化层实际上就是仿照人的视觉系统对视觉输入进行抽象和下采样的行为，具体作用如下。

（1）降低特征维度。在对输入数据进行池化操作后，池化结果中的一个数据对应原来输入数据的一个区域（Region），相当于在一定范围空间中降低了维度。这样做的好处是减少了输入到下一层的数据量，从而减少了变量个数和运算量；对维度进行了约减，使模型可以表达更广泛的特征。

（2）保持特征不变。池化层使训练模型更加关注是否存在某些特征，而不是关注特征的具体位置。其只考虑模型是否包含某项特征，可以容忍特征的微小位移。

（3）防止过拟合。通过池化操作可以加大模型的自由度，防止过拟合。

9.2.4　激活函数层

在 CNN 中引入激活函数层的目的是增强整个网络的非线性映射（Non-linearity Mapping）能力。卷积层和池化层的多层堆叠只能起到线性映射的作用，不能表达复杂的函数关系。目前，可供选择的激活函数有十几种，本节以 Sigmoid 函数为例，说明激活函数的基本概念。

从生物学上讲，激活函数模拟了神经元激活和抑制的生物现象。通常情况下，神经元接收神经元信号的输入并产生相应的输出，每个神经元控制信号的输出存在一个阈值，当神经元得到的输入信号超过该阈值时，神经元就处于激活状态；否则处于抑制状态。实际上人类大脑神经细胞同时被激活的神经元也只有 1%～4%，大量细胞被屏蔽了，CNN 中也利用了这样的特点，让神经元"稀疏"地工作。其中，Sigmoid 函数可以模拟神经元的工作过程。Sigmoid 函数的定义如下：

$$\sigma(x) = \frac{1}{1 + e^{-x}} \tag{9-2}$$

其函数图像如图 9-10 所示。通过图像可以看出，输入数据通过 Sigmoid 函数后，取值范围被重新定义在[0,1]，函数的最大值 1 对应神经元的激活状态，最小值 0 对应神经元的抑制状态。

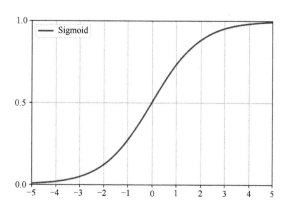

图 9-10　Sigmoid 函数图像

9.2.5 全连接层

在 CNN 中，经过多个卷积层和池化层后，要连接一个或一个以上的全连接层，即全连接层的每个神经元要和前一层神经元进行连接，起到"分类器"的作用，将卷积层和池化层具有类别区分的局部特征进行整合。

在实际工程中，全连接层可以通过卷积操作的方式实现。对于一个含两个全连接层的 CNN 来说，第一个全连接层可以将前一卷积层的数据输入转化为卷积核为 $h \times w$ 的全局卷积，其中 h 和 w 分别为前一层卷积输出的高和宽；第二个全连接层可以将上一个全连接层转化为 1×1 的卷积。

例如：有一个 CNN，对于一个 $112 \times 112 \times 3$ 的 RGB 图像输入，假如最后一个卷积层输出 $5 \times 5 \times 512$ 的特征张量，其后是一个含有 2048 个神经元连接的全连接层，则可以用卷积核大小为 5×5 的全局卷积实现全连接操作。

9.2.6 目标函数

目标函数的作用是衡量样本真实值和预测值之间的误差（Loss）。对于回归和分类问题，最常用的是 ℓ_2 损失函数和交叉熵（Cross Entropy）损失函数，并且针对不同问题会选择不同的损失函数作为目标函数，详细内容参见 9.4 节。为了防止过拟合或达到其他训练目的，通常会在目标函数中加入正则项来训练模型。

1. 损失函数

定义损失函数为 $\text{Loss}(\cdot)$，对于回归问题，一般选用 ℓ_2 损失函数，如下：

$$z = \text{Loss}_{\ell_2} = \frac{1}{2}\sum_{i=1}^{n}(y_i^* - y_i)^2 \tag{9-3}$$

式中，y_i^* 为真实值，y_i 为实际值。

对于分类问题，一般选用交叉熵损失函数，如下：

$$z = \text{Loss}_{\text{CrossEntropy}} = -\sum y_i^* \log(p_i), \quad p_i = \frac{e^{y_i}}{\sum_{i=1}^{N} e^{y_i}} (i = 1, 2, \cdots, N) \tag{9-4}$$

式中，y_i^* 为真实值；y_i 为实际值；$p_i = \dfrac{e^{y_i}}{\sum_{i=1}^{N} e^{y_i}}$ 为 Softmax 函数，它接收多个神经元的输出，将结果映射到 $(0,1)$，所以可以用于多分类任务。

当使用 SVM 作为图像识别分类器时，在分类最后，其会给不同的分类进行打分，如"苹果""香蕉""梨"的评分数组为 [6,2,–3]；而使用 Softmax 函数则需要将评分规则化，也就是将具体的分值转化为概率值数组，即 [0.982,0.017,0.001]，如图 9-11 所示。

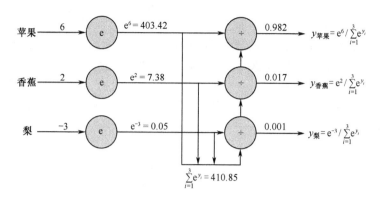

图 9-11　Softmax 函数计算示意图

2. 正则项

当用 CNN 训练样本时，训练好的算法不仅在训练集上表现优异，而且在测试集或新数据上也表现优异，说明算法有不错的"泛化能力"（Generalization Ability）。若某个算法在训练集上表现优异，而在测试集上表现糟糕，说明算法泛化能力不强，发生了过拟合现象。

在设计算法时，通常希望设计模型在测试集上有不错的表现，不希望有过拟合现象发生。通常在设计目标函数时，加上正则项来防止过拟合现象。下面介绍 CNN 常用的正则化方法。

1）ℓ_2 正则化

在 CNN 模型训练时，一般在目标函数中加入正则化项，有时也会在卷积层进行正则化，从而约束模型的复杂度。设网络层参数为 w，ℓ_2 正则项表达如下：

$$\ell_2 = \frac{1}{2}\lambda\sum_{i=0}^{n}w_i^2 \tag{9-5}$$

式中，λ 为正则项大小，当 λ 的值较小时，将较小程度地约束模型的复杂度；反之，则较大程度地约束模型的复杂度。当把正则项加入目标函数时，正则项会随着整体目标函数的误差向前传播，正则项影响网络训练，达到防止过拟合的目的。

2）ℓ_1 正则化

类似于 ℓ_2 正则项，设网络层参数为 w，ℓ_1 正则项表达如下：

$$\ell_1 = \lambda\sum_{i=0}^{n}\left|w_i\right| \tag{9-6}$$

ℓ_1 正则化相对于 ℓ_2 正则化，还能起到稀疏参数的作用。加入 ℓ_1 正则项优化后，一部分参数的值为 0，另一部分参数的值为非零。参数值非零的参数可以起到选择重要参数的作用。另外，有时也将 ℓ_2 和 ℓ_1 正则化联合使用。

3）Dropout 正则化

对于 CNN，在全连接层一般使用 Dropout 正则化方法。Dropout 可以减少网络的复杂程度，并且高效地训练网络模型。

在传统的神经网络中，神经元之间相互联系，每个神经元都会反向传导后一个神经元的梯度信息，并且相互之间联系紧密，这样增加了网络训练的复杂度。Dropout 可以降低神经元之间的紧密性和相互依赖性，提高网络的泛化能力，防止过拟合现象的发生。

Dropout 的原理如下：在训练时，对于网络每层的神经元，随机以 p 为概率丢掉一些神经元，也就是将这些神经元的权值 w 设为 0；在测试时，将所有的神经元都设为激活状态，但需要将训练时丢掉的神经元的权值 w 乘以 $1-p$ 来保证训练和测试阶段各自权值有相同的期望，如图 9-12 所示。

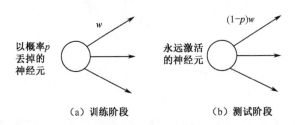

（a）训练阶段　　　　　　　（b）测试阶段

图 9-12　单个神经元的 Dropout

在训练网络时，加入 Dropout 正则项，每次训练进行前馈运算和反馈运算时，都是一个"新"的网络。以一个有两个全连接层的神经网络为例，每层有 3 个神经元，假如每层随机丢掉一个神经元，该网络可以产生 9 种形态的新网络，在测试时，实际上相当于 9 个网络的平均集成，这样对网络的泛化能力有明显的提升，如图 9-13 所示。

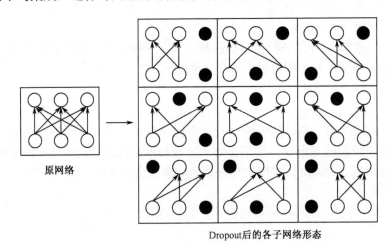

原网络

Dropout后的各子网络形态

图 9-13　有两个全连接层的网络 Dropout 后的各子网络形态

9.3　核心算法

9.3.1　随机梯度下降法

梯度下降法是最常用的优化神经网络模型的算法，它在无约束条件下计算连续且可微函数的极小值。这种算法的核心就是以负梯度的方向作为最速下降方向。

1. 梯度

设一个三元函数 $u = f(x,y,z)$ 在空间 G 内存在一阶连续偏导数，存在点 $P(x,y,z) \in G$，称向量 $\left(\dfrac{\partial f}{\partial x}, \dfrac{\partial f}{\partial y}, \dfrac{\partial f}{\partial z}\right) = \dfrac{\partial f}{\partial x}\boldsymbol{i} + \dfrac{\partial f}{\partial y}\boldsymbol{j} + \dfrac{\partial f}{\partial z}\boldsymbol{k}$ 为函数 $u = f(x,y,z)$ 在点 P 的梯度，记作 $\nabla f(x,y,z)$。它表示函数 $u = f(x,y,z)$ 在点 P 处的方向导数沿着该方向取得最大值，即函数在该点处沿着该方向变化最快，变化率最大。

例如，一个函数为 $f = x^3 + xy + y^3 + z^3$，它的梯度求法如下。

（1）把 y, z 看作常量，求 x 的偏导数：$\dfrac{\partial f}{\partial x} = 3x^2 + y$。

（2）把 x, z 看作常量，求 y 的偏导数：$\dfrac{\partial f}{\partial y} = x + 3y^2$。

（3）把 y, z 看作常量，求 z 的偏导数：$\dfrac{\partial f}{\partial z} = 3z^2$。

则函数 f 的梯度表示为 $(3x^2 + y, x + 3y^2, 3z^2)$。这说明如果想让函数 f 的值增长最快，就可以沿着 f 的梯度方向前进，很显然这样可以使函数 f 很快找到极大值或极小值。

2. 梯度下降法

梯度下降法就是根据梯度来找一个函数极小值的过程。例如，一个人在山顶，他怎么可以最快到达山底呢？很显然，就是在下山的过程中不断找山坡最陡峭的地方，顺着这样的山坡下山就可以很快到达山底，这里的山底实际上就是函数的极值点，找山底的方法就是梯度下降法，如图 9-14 所示。

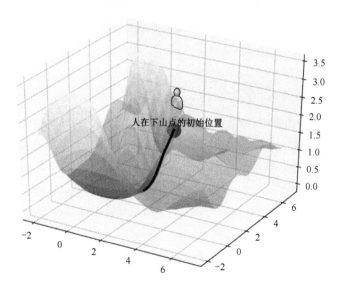

图 9-14　梯度下降法示意图

梯度下降法的形式化定义如下：设目标函数为 $f(\theta)$，对于求最小化问题，将目标函数沿着梯度的反方向前进一个步长 η ，这里的步长 η 就是上面下山例子中沿当前最陡峭位置的下山距离，步长又称学习率，θ 为初始点的位置，$\nabla f(\theta)$ 为参数 θ 的梯度，参数更新公式为

$$\theta \leftarrow \theta - \eta \cdot \nabla f(\theta) \tag{9-7}$$

假设有一个函数 $y = x^2$ ，利用梯度下降法找到函数的极小值点：首先求出函数 y 的梯度 $\nabla y = 2x$ ，设初始点为 $(1,1)$ ，学习率为 $\eta = 0.4$ ，然后利用梯度下降公式迭代计算过程。

初值：$x^0 = 1$ 。

第一次迭代：$x^1 = x^0 - \eta \cdot \nabla y|_{x=1} = 1 - 0.4 \times 2 = 0.2$ 。

第二次迭代：$x^2 = x^1 - \eta \cdot \nabla y|_{x=0.2} = 0.2 - 0.4 \times 0.4 = 0.04$ 。

第三次迭代：$x^3 = x^2 - \eta \cdot \nabla y|_{x=0.04} = 0.04 - 0.4 \times 0.08 = 0.008$ 。

第四次迭代：$x^4 = x^3 - \eta \cdot \nabla y|_{x=0.008} = 0.008 - 0.4 \times 0.016 = 0.0016$ 。

经过四次迭代后，基本上就到达了函数的最低点，如图 9-15 所示。

在梯度下降法中，学习率 η 是一个非常重要的参数，η 用来控制每次"下降"的距离，如果 η 的值选择得比较大，也就是下降的步幅比较大，会错过函数的最低点；如果 η 的值选择得比较小，也就是下降的步幅比较小，会增加迭代次数，需要经历更长时间后才能达到最低点，如图 9-16 所示。

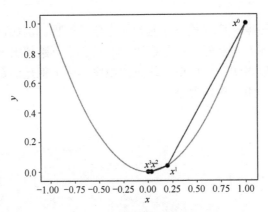

图 9-15　梯度下降迭代（图中 x^3 和 x^4 几乎重合）

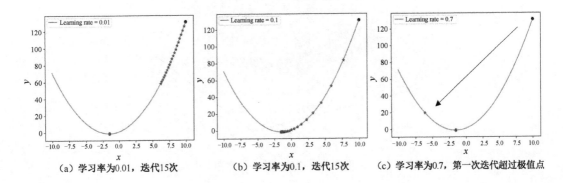

（a）学习率为0.01，迭代15次　　　（b）学习率为0.1，迭代15次　　　（c）学习率为0.7，第一次迭代超过极值点

图 9-16　不同学习率时的梯度下降比较

图 9-16 展示了梯度下降法在设置了不同的学习率、相同的迭代次数下的收敛情况。图 9-16（a）设置了较小的学习率——0.01，迭代 15 次后离极小值点还有很远的距离；图 9-16（c）设置了较大的学习率——0.7，迭代第一次后就"错过"了极小值点；图 9-16（b）设置了较合适的学习率——0.1，迭代 15 次后到达极小值点。

根据以上分析，把梯度下降法流程总结为算法 9-1。

算法 9-1　梯度下降法

输入：目标函数 $f(\theta)$。
　1：设置初始点 θ_0，期望误差 $\varepsilon > 0$，迭代次数为 N，令 $i = 0$；
　2：**while** $i < N$ **or** $\left| \nabla f(\theta) \right| > \varepsilon$ **do**
　3：　　计算学习率 η；
　4：　　计算 $\theta_{i+1} = \theta_i - \eta \cdot \nabla f(\theta_i)$；
　5：　　$i = i + 1$；
　6：**end while**
　7：**return** $\theta^* = \theta_k$
输出：极小值点 θ^*。

梯度下降法通常是线性收敛的，收敛速度较慢。在实际工程中，深层神经网络通常是一个复杂的非线性问题，所以，存在许多局部最优解，使用梯度下降法有可能陷入局部最优解，而非全局最优解。适当的学习率对参数的收敛也非常重要，如果学习率过小，则收敛速度较慢；如果学习率过大，则会导致训练时发生振荡或发散。理想的梯度下降法应该具备收敛速度快的特性并能找到全局最优解，因此出现了改进的梯度下降法。

3. 随机梯度下降法介绍

传统的梯度下降法使用全部样本进行训练，计算代价大，并且收敛速度较慢。为了解决此问题，可以使用随机梯度下降（Stochastic Gradient Descent，SGD）法，此算法的核心思想是，每次进行样本训练时，不对全部样本进行训练，只随机选择一个样本进行训练，这样可以提高收敛速度。随机梯度下降参数更新如下：

$$\theta \leftarrow \theta - \eta \cdot \nabla f(\theta, x_i, y_i) \tag{9-8}$$

式中，$\nabla f(\theta, x_i, y_i)$ 是随机选取的样本空间的一点 (x_i, y_i) 对 θ 的梯度。

不过，由于使用随机梯度下降法每次计算时只考虑一个样本，因此进行计算时，并不一定按照最优解的方向进行收敛。如果噪声较多，使用随机梯度下降法很容易收敛到不理想的状态或收敛到局部最优解。在训练深层神经网络时，通常考虑一种折中的办法，即每次选取"一批"样本进行训练，这样的处理方法称为批量随机梯度下降（Mini-batch Based SGD）法。通常情况下，在实际训练样本时，一个"批次"可以采用 64 或 128 个样本数据。批量随机梯度下降法相对于传统梯度下降法有更快的收敛速度，相对于随机梯度下降法有更高的稳定性。目前，CNN、RNN 等均使用批量随机梯度下降算法进行训练。

4. 学习率改进

一个理想的学习率要求：一开始学习率的数值较大，并且有较快的收敛速度，然后随着迭代次数的增加，学习率的数值慢慢减小，最后达到最优解。可以定义一个学习率来适应这样一个过程，实现学习率的指数衰减，如下：

$$\eta(t) = \eta_0 \cdot 10^{-t/r} \tag{9-9}$$

式中，η_0 为学习率初始值，t 为迭代次数，r 为衰减率。

9.3.2 反向传播算法

反向传播算法（BP 算法）实际上是一个双向传播算法，它是由 Werbos 于 1974 年在他的博士毕业论文中首次提出并使用此算法训练神经网络的，后由深度学习大师 Hinton 发扬光大。BP 算法通常分为两个步骤：第一是在网络中正向传播信息，并输出分类信息；第二是在网络中反向传播误差信息，调整网络中的参数，使网络更加准确。例如，有一个 3 层神经网络，输入信号为 $x_1 = 1$，$x_2 = -1$，真实值为 $y_1^* = 1$，$y_2^* = 0$，学习率 $\eta = 0.1$，如图 9-17 所示。其 BP 算法流程如下。

1. 前馈运算

在 CNN 模型训练完成后，要用训练好的模型进行预测，一般使用前馈运算。以图 9-17 为例说明前馈运算过程，这里使用 Sigmoid 函数作为神经元的激活函数。单个神经元前馈运算实例如图 9-18 所示。

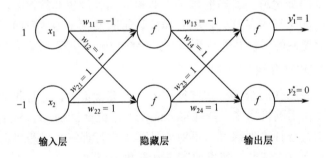

图 9-17　3 层神经网络

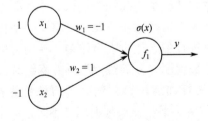

图 9-18　单个神经元前馈运算实例

对于前馈运算，f_1 这个神经元输出的值的计算方法如下：

$$y = \sigma(x) = \sigma(x_1 w_1 + x_2 w_2)$$
$$= \sigma(1 \times (-1) + (-1) \times 1)$$
$$= \sigma(-2) = \frac{1}{e^{-(-2)} + 1} = 0.12$$

对于图 9-17 所示的其他神经元，计算方式与 f_1 神经元类似，输入层到隐藏层的运算结果如图 9-19 所示。

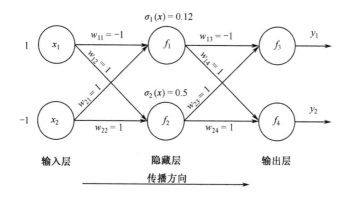

图 9-19　输入层到隐藏层前馈运算结果

f_1 神经元输出结果：$\sigma_1(x) = \sigma_1(x_1 w_{11} + x_2 w_{21}) = \sigma_1(-2) = 0.12$。

f_2 神经元输出结果：$\sigma_2(x) = \sigma_2(x_1 w_{12} + x_2 w_{22}) = \sigma_2(0) = 0.5$。

如图 9-19 所示，f_1 神经元输出的结果是 f_3 神经元的输入，同样 f_2 神经元输出的结果是 f_4 神经元的输入，类似地，图 9-17 所示网络的输出层最后的输出结果如图 9-20 所示。

f_3 神经元输出结果：$\sigma_3(x) = \sigma_3(f_1 w_{13} + f_2 w_{23}) = \sigma_3(0.62) = 0.65$。

f_4 神经元输出结果：$\sigma_4(x) = \sigma_4(f_1 w_{14} + f_2 w_{24}) = \sigma_4(0.38) = 0.59$。

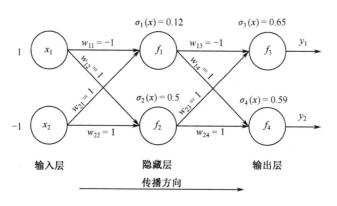

图 9-20　网络输出层最后输出结果

到目前为止，图 9-17 所示网络的一次前向传播过程结束，实际输出值为 $\boldsymbol{y} = [0.65, 0.59]^{\mathrm{T}}$，与真实值 $\boldsymbol{y}^* = [1, 0]^{\mathrm{T}}$ 存在误差。下面通过反馈运算进行反向传播过程来调整网络的参数。

2. 反馈运算

CNN 与其他深度学习模型一样，都是通过最小化损失函数来学习整个网络的参数。在神经网络中，目标函数通常非常复杂且为非凸函数，这就对求最优解造成了困难。通常情况下，深层神经网络采用批量随机梯度下降法和误差反向传播算法进行参数优化。

对于图 9-17 中的网络，一次前向传播过程结束，输出值和真实值之前存在误差，怎么使用反馈运算对网络参数进行更新呢？首先，回忆一下数学中的链式求导法则。

假设有两个函数，一个为 $y = g(x)$，另一个为 $z = h(y)$，那么 $\dfrac{dz}{dx}$ 可以用链式求导法则进行计算：

$$\frac{dz}{dx} = \frac{dz}{dy} \cdot \frac{dy}{dx} \tag{9-10}$$

再看更复杂的情形，假设有 3 个函数：$x = g(s)$，$y = h(s)$，$z = k(x,y)$，那么 $\dfrac{dz}{ds}$ 同样可以用链式求导法则进行计算（变量微分关系见图 9-21）。

$$\frac{dz}{ds} = \frac{\partial z}{\partial x} \cdot \frac{dx}{ds} + \frac{\partial z}{\partial y} \cdot \frac{dy}{ds} \tag{9-11}$$

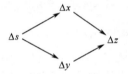

图 9-21 z 对 s 求微分示意图

有了链式求导法则，下面来看反馈运算在网络中是怎么反向传播并更新网络参数的。利用前馈运算的结果（见图 9-20）进行反馈运算。反馈运算是利用实际值和真实值之间的误差来进行计算的，在这里损失函数使用 ℓ_2 函数：

$$\text{Loss} = \frac{1}{2} \sum_{k \in \text{output}} (y_k^* - y_k)^2$$

式中，y_k^* 为第 k 个神经元的真实值，y_k 为第 k 个神经元的实际输出值，output 集合为网络最后一层的神经元集合。对于图 9-20 所示的网络来说，output $= \{y_1, y_2\}$，神经元输出的真实值为 $y_1^* = 1$，$y_2^* = 0$，神经元输出的实际值为 $y_1 = 0.65$，$y_2 = 0.59$。

对于图 9-20 所示的网络，不考虑偏置值，输出层的 f_3 神经元对权值 w_{13} 的更新，可以使用梯度下降法来计算。首先计算损失函数对 w_{13} 的微分 $\dfrac{\partial \text{Loss}}{\partial w_{13}}$，$f_3$ 神经元的输出为

$$\sigma_3(x) = \sigma_3(f_1 w_{13} + f_2 w_{23}) = \sigma_3(0.62) = 0.65$$

令 $\sigma_3(f_1 w_{13} + f_2 w_{23}) = y_1$，$f_1 w_{13} + f_2 w_{23} = z$，利用链式求导法则可得

$$\frac{\partial \text{Loss}}{\partial w_{13}} = \frac{\partial \text{Loss}}{\partial y_1} \cdot \frac{\partial y_1}{\partial z} \cdot \frac{\partial z}{\partial w_{13}}$$

很容易得出 $\dfrac{\partial z}{\partial w_{13}} = f_1$，这里的 f_1 是 f_1 神经元的输出，值为 $f_1 = 0.12$。

由于 Loss 是一个复合函数，其中复合了一个 Sigmoid 函数，并且 Sigmoid 函数的导数为 $\sigma'(x) = \sigma(x)(1-\sigma(x))$，因此，根据复合导数求导法则，有 $\dfrac{\partial \mathrm{Loss}}{\partial z} = (y_1'-y_1)\cdot y_1 \cdot (1-y_1)$，为了方便表达，记 $\dfrac{\partial \mathrm{Loss}}{\partial z}$ 为 δ_3。

最后将数值代入可得 $\dfrac{\partial \mathrm{Loss}}{\partial w_{13}} = (1-0.65)\times 0.65 \times (1-0.65) \times 0.12 = 0.0096$。这时可以利用梯度下降法反向更新 w_{13} 的权值（学习率 $\eta = 0.1$）：

$$w_{13} = w_{13} + \eta \Delta w_{13}$$
$$= -1 + 0.1 \times 0.0096 = -0.99904$$

上述计算过程如图 9-22 所示。

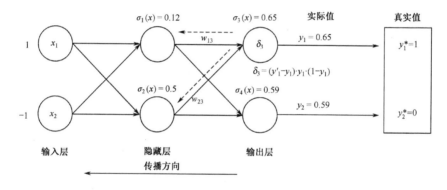

图 9-22　δ_3 神经元误差反向传播

类似地，可以对权值 w_{23} 进行更新：

$$w_{23} = w_{23} + \eta \Delta w_{23}$$
$$= w_{23} + \eta \cdot \dfrac{\partial \mathrm{Loss}}{\partial w_{23}}$$
$$= w_{23} + \eta \cdot \delta_3 \cdot f_2$$
$$= 1 + 0.1 \times 0.0796 \times 0.5 = 1.00398$$

按照上述算法，输出层到隐藏层误差反向传播计算结果如图 9-23 所示。

反向传播更新 w_{14} 的权值为

$$w_{14} = w_{14} + \eta \Delta w_{14}$$
$$= w_{14} + \eta \cdot \delta_4 \cdot f_1 = -1 + 0.1 \times (-0.1427) \times 0.12$$
$$= -1.0017$$

反向传播更新 w_{24} 的权值为

$$w_{24} = w_{24} + \eta \Delta w_{24}$$
$$= w_{24} + \eta \cdot \delta_4 \cdot f_2 = 1 + 0.1 \times (-0.1427) \times 0.5$$
$$= 0.9929$$

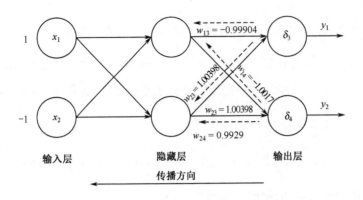

图 9-23 输出层到隐藏层误差反向传播计算结果

从隐藏层到输入层反向传播更新参数的方法与上述计算方法完全一致，这里不再赘述，读者可以自己计算。网络完成一次反馈运算后权值更新结果如图 9-24 所示。

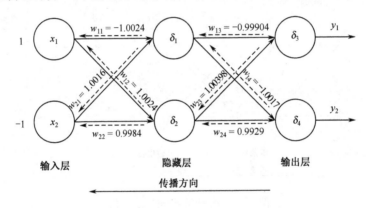

图 9-24 网络完成一次反馈运算后权值更新结果

当整个网络完成反馈运算后，网络的参数值就全部得到更新了，这样网络就可以接收下一个样本数据，继续训练网络（先前馈，后反馈），如此循环，直到整个网络的误差处于一个容忍范围后，停止训练，这时网络就训练好了。

3. 算法

按照反馈运算的原理将反向传播算法流程总结为算法 9-2。

算法 9-2 反向传播算法

输入：带标签的训练样本（$(x_n, y_n), n = 1, 2, \cdots, N$），训练批次 M。

1: **for** $t = 1 \cdots T$ **do**
2:     **while** $n \leqslant N$ **do**
3:         取一个批次的数据，采用前馈运算计算网络每层的 x^i，并得到网络的最终误差 z；
4:         **for** $i = k \cdots 1$ **do**
5:             采用反馈运算计算第 i 层误差对该层 w^i 的导数 $\dfrac{\partial z}{\partial (w^i)^{\mathrm{T}}}$；

6:　　　　　采用反馈运算计算第 i 层误差对该层 x^i 的导数 $\dfrac{\partial z}{\partial (x^i)^{\mathrm{T}}}$；

7:　　　　　参数更新：$w^i \leftarrow w^i + \eta \dfrac{\partial z}{\partial w^i}$；

8:　　　**end for**

9:　　**end while**

10: **end for**

11: **return** w^i

输出：$w^i, i = 1, 2, \cdots, k$。

9.4　激活函数和损失函数

9.4.1　激活函数

CNN 的强大离不开激活函数带来的"非线性"功能，CNN 中常用的激活函数包括 Sigmoid 函数、Tanh 函数、ReLU 函数、Leaky ReLU 函数、Randomized ReLU 函数、ELU 函数。其中，Sigmoid 函数、Tanh 函数、ReLU 函数的详细内容参见第 8 章，本节主要介绍 Leaky ReLU 函数、Randomized ReLU 函数、ELU 函数。

1. Leaky ReLU 函数

为了解决 ReLU 函数在 $x < 0$ 时会发生"死区"现象的问题，将 ReLU 函数 $x < 0$ 的部分调整为一个带参数 α 的一次函数，这种激活函数称为 Leaky ReLU 函数，定义如下：

$$\text{Leaky ReLU}(x) = \begin{cases} x, & x \geq 0 \\ \alpha \cdot x, & x < 0 \end{cases} \tag{9-12}$$

式中，α 是一个数量级较小的正数（如取值可以为 0.001 或 0.01）。虽然 Leaky ReLU 函数消除了"死区"现象，但参数 α 的值在实际应用中较为敏感，并且较难设定，所以，Leaky ReLU 函数的性能并不很稳定。Leaky ReLU 函数图像及其梯度图像如图 9-25 所示。

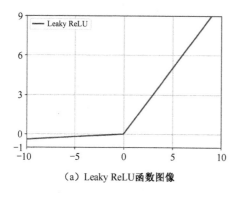

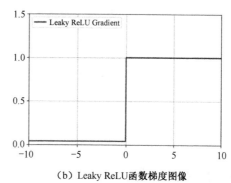

（a）Leaky ReLU 函数图像　　　　　　　　（b）Leaky ReLU 函数梯度图像

图 9-25　Leaky ReLU 函数图像及其梯度图像

2. Randomized ReLU 函数

为了解决 Leaky ReLU 函数中参数 α 较为敏感的问题，出现了 Randomized ReLU 函数。Randomized ReLU 函数定义如下：

$$\text{Randomized ReLU}(x)=\begin{cases}x, & x\geqslant 0\\ \alpha'\cdot x, & x<0\end{cases} \tag{9-13}$$

在 Randomized ReLU 函数中，参数 α 要服从均匀分布。Randomized ReLU 函数图像及其梯度图像如图 9-26 所示。

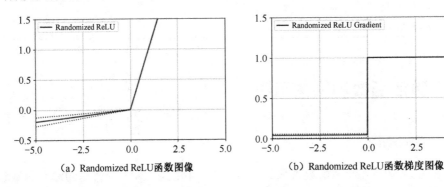

（a）Randomized ReLU 函数图像　　　　　（b）Randomized ReLU 函数梯度图像

图 9-26　Randomized ReLU 函数图像及其梯度图像

3. ELU 函数

2016 年，Clevert 等人提出了 ELU（Exponential Linear Unit，指数线性化单元）函数。ELU 函数具有 ReLU 函数的优点，同时避免了"死区"问题，但 ELU 函数的计算量过大，ELU 函数的定义如下：

$$\text{ELU}(x)=\begin{cases}x, & x\geqslant 0\\ \lambda\cdot(\mathrm{e}^x-1), & x<0\end{cases} \tag{9-14}$$

在实际工程中，λ 一般设为 1。ELU 函数图像及其梯度图像如图 9-27 所示。

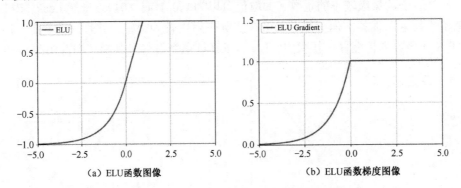

（a）ELU 函数图像　　　　　　　（b）ELU 函数梯度图像

图 9-27　ELU 函数图像及其梯度图像

9.4.2　损失函数

本节介绍在 CNN 分类问题和回归问题中常用的损失函数（或称代价函数）。

1. 分类问题常用的损失函数

定义一个分类任务，训练样本数为 N，训练样本真实值记为 $y_k^* \in \{1, 2, \cdots, C\}$，其中 C 为类别数，样本真实值实际上为一个一维向量，称为 one-hot 向量，$\boldsymbol{h}$ 为网络最终输出向量（实际值向量），并且 $\boldsymbol{h} = (h_1, h_2, \cdots, h_C)^{\mathrm{T}}$。

1）交叉熵损失函数（Cross Entropy Loss Function）

交叉熵损失函数（又称 Softmax 损失函数）目前是 CNN 分类问题中最为常用的目标函数，函数图像如图 9-28（a）所示，函数表示如下：

$$\text{Loss}_{\text{CrossEntropyLoss}} = -\frac{1}{N} \sum_{i=1}^{N} \log \left(\frac{e^{\boldsymbol{h}_{y_i}}}{\sum_{j=1}^{C} e^{\boldsymbol{h}_j}} \right) \tag{9-15}$$

这样交叉熵损失函数可以通过指数变换将网络输出值变为由概率表示的向量。

2）折页损失函数（Hinge Loss Function）

折页损失函数在 SVM 中得到了广泛的应用，有时也会用在 CNN 中。对于二分类问题来说，折页损失函数图像如图 9-28（b）所示，函数表示如下：

$$\text{Loss}_{\text{HingeLoss}} = \frac{1}{N} \sum_{i=1}^{N} \max\{0, 1 - \boldsymbol{h}_{y_i}\} \tag{9-16}$$

在实际工程中，使用 CNN 进行分类任务时，通常情况下使用交叉熵损失函数的分类效果略优于折页损失函数。折页损失函数最大的特点是，错误越大的样本会受到越严重的惩罚，也就是说，错误的分类会导致样本分类误差变得很大，所以，折页损失函数对样本噪点的抵抗力较差。

3）斜坡损失函数（Ramp Loss Function）

CNN 结构复杂，并且是一个非凸函数。斜坡损失函数可以很好地解决 CNN 为非凸函数这个问题，此函数具有很好的抗噪能力，对于分类误差较大的区域，其可以很好地截断，这样可以使误差较大的样本对整个误差有较小的影响。对于二分类问题来说，斜坡损失函数图像如图 9-28（c）所示，函数表示如下：

$$\begin{aligned}
\text{Loss}_{\text{RampLoss}} &= \frac{1}{N} \sum_{i=1}^{N} \max\{0, 1 - \boldsymbol{h}_{y_i}\} - \frac{1}{N} \sum_{i=1}^{N} \max\{0, s - \boldsymbol{h}_{y_i}\} \\
&= \text{Loss}_{\text{HingeLoss}} - \frac{1}{N} \sum_{i=1}^{N} \max\{0, s - \boldsymbol{h}_{y_i}\}
\end{aligned} \tag{9-17}$$

式中，s 为截断点的位置，s 值的设置与样本类别数 C 有关，一般设置为 $s = -\dfrac{1}{C-1}$。

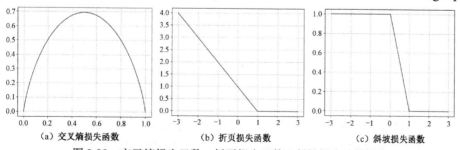

（a）交叉熵损失函数　　　　（b）折页损失函数　　　　（c）斜坡损失函数

图 9-28　交叉熵损失函数、折页损失函数、斜坡损失函数图像

2. 回归问题常用的损失函数

定义一个回归任务，假设对应于第 i 个输入特征的真实值为 $\boldsymbol{y}^i = (y_1, y_2, \cdots, y_M)^{\mathrm{T}}$，$M$ 为标记向量的维度，回归预测值记为 $\hat{\boldsymbol{y}}^i$。

1）ℓ_1 损失函数

N 个样本的 ℓ_1 损失函数表示如下：

$$\mathrm{Loss}_{\ell_1} = \frac{1}{N} \sum_{i=1}^{N} \left| \boldsymbol{y}^i - \hat{\boldsymbol{y}}^i \right| \tag{9-18}$$

2）ℓ_2 损失函数

N 个样本的 ℓ_2 损失函数表示如下：

$$\mathrm{Loss}_{\ell_2} = \frac{1}{N} \sum_{i=1}^{N} (\boldsymbol{y}^i - \hat{\boldsymbol{y}}^i)^2 \tag{9-19}$$

在实际工程中，在误差精度上，ℓ_1 和 ℓ_2 损失函数基本相同，但在收敛速度上，ℓ_2 损失函数比 ℓ_1 损失函数要快。ℓ_1 和 ℓ_2 损失函数图像如图 9-29 所示。

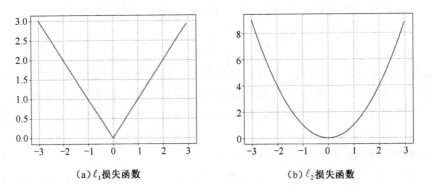

（a）ℓ_1 损失函数　　　　　　　　　（b）ℓ_2 损失函数

图 9-29　ℓ_1 和 ℓ_2 损失函数图像

9.5　经典 CNN 模型

9.2 节中介绍了 CNN 的基本部件，包括卷积层、池化层、激活函数层、全连接层和目标函数。虽然 CNN 模型就是这些部件的"组合"，但在实际工程中如何"组合"这些部件才能发挥最大的作用呢？下面介绍几种经典的 CNN 模型。

9.5.1　LeNet

1998 年，Y. LeCun 等人提出了第一个真正意义上的 CNN，称为 LeNet。整个网络由卷积层和池化层作为基本结构组成，其中包括 3 个卷积层和 2 个池化层。LeNet 最初用于手写数字辨识，美国邮局曾用其进行手写邮政编码识别来分类邮件。LeNet 包括 LeNet-1、LeNet-4、LeNet-5 等模型。

在 LeNet 原始模型中，整个模型有 8 层，包括 1 个输入层、3 个卷积层、2 个池化层、1 个全连接层和 1 个输出层。LeNet 原始模型结构如图 9-30 所示。

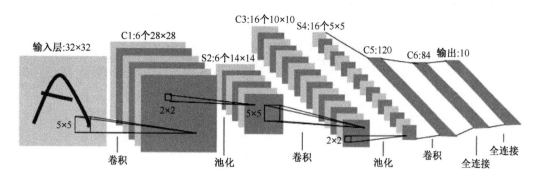

图 9-30　LeNet 原始模型结构[3]

LeNet 原始模型的输入层是 32×32 的矩阵。C1 层为卷积层，包括 6 个卷积通道，每个通道为 28×28 的矩阵，每个通道是由输入层进行卷积运算得到的（卷积核大小为 5×5）。

S2 层为池化层，包括 6 个池化通道，每个通道为 14×14 的矩阵，每个池化通道是由 C1 层经过大小为 2×2、步长为 2 的窗口平均池化（Mean Pooling），然后通过 Sigmoid 激活函数进行非线性变换得到的。

C3 层为卷积层，包括 16 个卷积通道，每个通道为 10×10 的矩阵，需要注意的是，C3 层的每个神经元与 S2 层的若干个 5×5 区域进行卷积局部连接。

S4 层为池化层，包括 16 个 5×5 的池化通道。每个池化通道是由 C3 层经过大小为 2×2、步长为 1 的窗口平均池化，然后通过 Sigmoid 激活函数进行非线性变换得到的。

C5 层为池化层，包括 120 个 1×1 的卷积通道。实际上 C5 层中的每个神经元和 S4 层中的一个 5×5 区域局部连接，由于 S4 层中所有的通道大小都是 5×5 的，所以，从 S4 层到 C5 层实际上是一种全连接。

C6 层为全连接层，有 84 个神经元，每个神经元和 C5 层的每个神经元相连接，然后通过 Tanh 激活函数进行变换。

最后一层为输出层，由 10 个神经元构成，表示输出有 10 个类别，每个神经元与 C6 层的每个神经元进行全连接。

9.5.2　AlexNet

在 2012 年的 ImageNet 竞赛中，AlexNet 以比第二名的准确率高 10.9%的成绩一举成名，获得当年竞赛的冠军，并且在计算机视觉领域得到了广泛的应用。它是第一个被关注并使用的卷积神经网络。AlexNet 是由 Hinton 和他的两位学生（Alex Krizhevsky 和 Ilya Sutskever）一起提出的网络，此网络名称取自提出者 Alex Krizhevsky 的名字。图 9-31 所示为 AlexNet 结构示意图。

从图 9-31 中可以看出，整个 AlexNet 包括 1 个输入层、5 个卷积层、3 个池化层、3 个全连接层、1 个输出层。为了训练方便，AlexNet 分为上、下两个分支，这样可以同时使用两个 GPU 来并行训练数据，并且第三个卷积层和全连接层中的上、下两个分支可以进行数据交互，上、下两个分支的网络结构完全一样。AlexNet 原理图如图 9-32 所示，具体网络参数如表 9-1 所示。

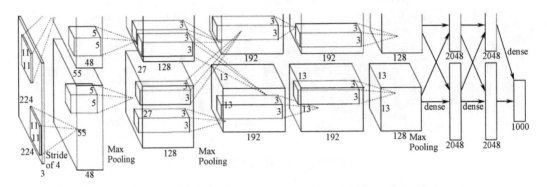

图 9-31　AlexNet 结构示意图[4]

图 9-32　AlexNet 原理图

表 9-1　AlexNet 网络参数

序号	操作类型	参数	输入	输出
1	卷积	$f=11, s=4, d=96, a=\text{ReLU}$	$227\times227\times3$	$55\times55\times96$
2	Max Pooling	$f=3, s=2$	$55\times55\times96$	$27\times27\times96$
3	卷积	$f=5, p=2, s=1, d=256, a=\text{ReLU}$	$27\times27\times96$	$27\times27\times256$
4	Max Pooling	$f=3, s=2$	$27\times27\times256$	$13\times13\times256$
5	卷积	$f=3, p=1, s=1, d=384, a=\text{ReLU}$	$13\times13\times256$	$13\times13\times384$
6	卷积	$f=3, p=1, s=1, d=384, a=\text{ReLU}$	$13\times13\times384$	$13\times13\times384$
7	卷积	$f=3, p=1, s=1, d=256, a=\text{ReLU}$	$13\times13\times384$	$13\times13\times256$
8	Max Pooling	$f=3, s=2$	$13\times13\times256$	$6\times6\times256$
9	全连接	$f=6, s=1, d=4096, a=\text{ReLU}$	$6\times6\times256$	$1\times1\times4096$
10	Dropout	$\delta=0.5$	$1\times1\times4096$	$1\times1\times4096$
11	全连接	$f=1, s=1, d=4096, a=\text{ReLU}$	$1\times1\times4096$	$1\times1\times4096$
12	Dropout	$\delta=0.5$	$1\times1\times4096$	$1\times1\times4096$
13	全连接	$f=1, s=1, d=4096$	$1\times1\times4096$	$1\times1\times C$
14	输出	$\text{Loss}=\text{Softmax}$	$1\times1\times C$	—

其中，f 为卷积核或池化核的大小，s 为步长，d 为卷积核的通道数（个数），p 为填充参数，δ 为 Dropout 丢掉率，a 为激活函数，C 为类别个数。

AlexNet 的发明，对于整个 CNN 乃至连接主义机器学习的发展有重要的意义，具体表现在以下 3 个方面。

（1）AlexNet 的出现首次将 CNN 应用于计算机视觉领域包含海量图像数据的 ImageNet（样本数量为 128 万多张彩色图像，包含 1000 种图像分类），表现出 CNN 非常强大的学习能力。

（2）利用 GPU 进行网络训练。之前，由于计算机硬件发展受限，研究人员无法使用 GPU 进行复杂的网络训练，这在一定程度上限制了神经网络的发展。AlexNet 可以使用 GPU 训练复杂网络，可将之前要数月完成的训练任务缩短为 4～5 天完成。

（3）在训练 AlexNet 时，引用了一些新的方法，如 ReLU 激活函数、Dropout 方法等，为后续构建新的 CNN 提供了范本。

9.5.3　VGGNet

2014 年，牛津大学 VGG 项目组提出了 VGGNet，并参加了 ImageNet 竞赛，获得了定位组竞赛第一名、分类组竞赛第二名。VGGNet 具有非常好的泛化能力，与 AlexNet 相比，使用了小卷积核方法，卷积层通道数随着网络深度的增加逐渐增加。VGGNet 具体分为 VGG-13、VGG-16、VGG-19 三种类型。图 9-33 所示为 VGGNet 结构示意图。

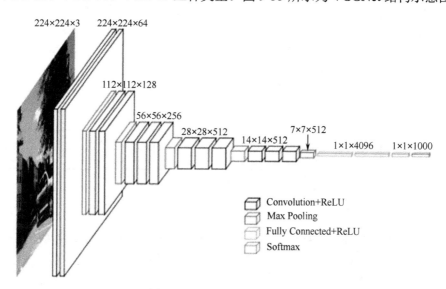

图 9-33　VGGNet 结构示意图[6]

以 VGG-16 为例，整个 VGG-16 包括 1 个输入层、13 个卷积层、5 个池化层、3 个全连接层、1 个输出层，原理图如图 9-34 所示。表 9-2 列出了 VGG-16 网络参数。

图 9-34　VGG-16 原理图

表 9-2 VGG-16 网络参数

序号	操作类型	参数	输入	输出
1	卷积	$f=3, p=1, s=1, d=64, a=\text{ReLU}$	$224\times224\times3$	$224\times224\times64$
2	卷积	$f=3, p=1, s=1, d=64, a=\text{ReLU}$	$224\times224\times64$	$224\times224\times64$
3	Max Pooling	$f=2, s=2$	$224\times224\times64$	$224\times224\times64$
4	卷积	$f=3, p=1, s=1, d=128, a=\text{ReLU}$	$112\times112\times64$	$112\times112\times128$
5	卷积	$f=3, p=1, s=1, d=128, a=\text{ReLU}$	$112\times112\times128$	$112\times112\times128$
6	Max Pooling	$f=2, s=2$	$112\times112\times128$	$56\times56\times128$
7	卷积	$f=3, p=1, s=1, d=256, a=\text{ReLU}$	$56\times56\times128$	$56\times56\times256$
8	卷积	$f=3, p=1, s=1, d=256, a=\text{ReLU}$	$56\times56\times256$	$56\times56\times256$
9	卷积	$f=3, p=1, s=1, d=256, a=\text{ReLU}$	$56\times56\times256$	$56\times56\times256$
10	Max Pooling	$f=2, s=2$	$56\times56\times256$	$28\times28\times256$
11	卷积	$f=3, p=1, s=1, d=512, a=\text{ReLU}$	$28\times28\times256$	$28\times28\times512$
12	卷积	$f=3, p=1, s=1, d=512, a=\text{ReLU}$	$28\times28\times512$	$28\times28\times512$
13	卷积	$f=3, p=1, s=1, d=512, a=\text{ReLU}$	$28\times28\times512$	$28\times28\times512$
14	Max Pooling	$f=2, s=2$	$28\times28\times512$	$14\times14\times512$
15	卷积	$f=3, p=1, s=1, d=512, a=\text{ReLU}$	$14\times14\times512$	$14\times14\times512$
16	卷积	$f=3, p=1, s=1, d=512, a=\text{ReLU}$	$14\times14\times512$	$14\times14\times512$
17	卷积	$f=3, p=1, s=1, d=512, a=\text{ReLU}$	$14\times14\times512$	$14\times14\times512$
18	Max Pooling	$f=7, s=1$	$14\times14\times512$	$7\times7\times512$
19	全连接	$f=7, s=1, d=4096, a=\text{ReLU}$	$7\times7\times512$	$1\times1\times4096$
20	Dropout	$\delta=0.5$	$1\times1\times4096$	$1\times1\times4096$
21	全连接	$f=1, s=1, d=4096, a=\text{ReLU}$	$1\times1\times4096$	$1\times1\times4096$
22	Dropout	$\delta=0.5$	$1\times1\times4096$	$1\times1\times4096$
23	全连接	$f=1, s=1, d=4096, a=\text{ReLU}$	$1\times1\times4096$	$1\times1\times C$
24	输出	$\text{Loss}=\text{Softmax}$	$1\times1\times C$	—

其中，f 为卷积核或池化核的大小，s 为步长，d 为卷积核的通道数（个数），p 为填充参数，δ 为 Dropout 丢掉率，a 为激活函数，C 为类别个数。

9.6 实验：应用 CNN 模型进行手写数字辨识

本节应用 CNN 模型进行手写数字辨识。

9.6.1 实验目的

（1）了解 MNIST 数据集的结构和原理。

（2）会使用 TensorFlow 搭建 CNN 框架。

（3）实现利用 TensorFlow 搭建基于 CNN 的手写数字辨识程序。

（4）运行程序，分析结果。

9.6.2　实验要求

（1）了解使用 TensorFlow 搭建 CNN 框架的步骤。
（2）会使用 MNIST 数据集。
（3）理解实现手写数字辨识的程序流程。
（4）实现手写数字辨识程序。

9.6.3　实验原理

1. MNIST 数据集

MNIST 数据集是一个非常经典的数据集，它是由美国国家标准与技术研究所（National Institute of Standards and Technology）编制的，整个数据集由 250 个不同人的手写数字构成，其中，50%来自美国高中生，50%来自美国人口普查局的员工，训练集有 60000 个样本图像，测试集有 10000 个样本图像。整个数据集由 4 个文件构成，文件内容如表 9-3 所示。

表 9-3　MNIST 数据集文件内容

序号	文件名称	介绍	文件大小（解压后）
1	train-images-idx3-ubyte.gz	训练集数据	47MB
2	train-labels-idx1-ubyte.gz	训练集数据标签	60KB
3	t10k-images-idx3-ubyte.gz	测试集数据	7.8MB
4	t10k-labels-idx1-ubyte.gz	测试集数据标签	10KB

MNIST 数据集地址为 http://yann.lecun.com/exdb/mnist/，数据集可视化展示如图 9-35 所示。

图 9-35　MNIST 数据集可视化

MNIST 数据集的每张图片大小为 28×28=784，可用一个二维数组表示。MNIST 数据集的数据标签是"one-hot"形式，由一个数组长度为 10 的一维向量表示（数据下标从 0 开始）。例如，有一张"2"的手写数字图片，数组下标为 2 的位置填 1，其余部分都为 0，如图 9-36 所示。

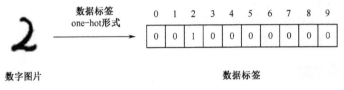

图 9-36　数据标签 one-hot 形式

2. 构建 CNN

在本次实验中，利用 TensorFlow 搭建一个简单的 CNN，包括 1 个输入层、3 个卷积层、2 个池化层、2 个全连接层、1 个输出层。其中输入层的尺寸为 28×28×1，输出层的神经元个数为 10。使用搭建好的 CNN 训练数据，并在测试集上验证准确率。实验构建 CNN 的原理如图 9-37 所示，网络具体参数如表 9-4 所示。

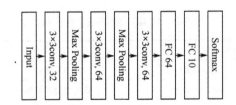

图 9-37　实验 CNN 原理

表 9-4　CNN 网络参数

序号	操作类型	参数	输入	输出
1	卷积	$f=3, p=1, s=1, d=32, a=\text{ReLU}$	$28\times28\times1$	$14\times14\times32$
2	Max Pooling	$f=2, s=2$	$14\times14\times32$	$14\times14\times32$
3	卷积	$f=3, p=1, s=1, d=64, a=\text{ReLU}$	$14\times14\times32$	$7\times7\times64$
4	Max Pooling	$f=2, s=2$	$7\times7\times64$	$7\times7\times64$
5	卷积	$f=3, p=1, s=1, d=64, a=\text{ReLU}$	$14\times14\times32$	$7\times7\times64$
6	全连接	$d=64, a=\text{ReLU}$	$7\times7\times64$	$1\times1\times64$
7	Dropout	$\delta=0.5$	$1\times1\times64$	$1\times1\times64$
8	全连接	$d=64, a=\text{ReLU}$	$1\times1\times64$	$1\times1\times10$

其中，f 为卷积核或池化核的大小，s 为步长，d 为卷积核的通道数（个数），p 为填充参数，δ 为 Dropout 丢掉率，a 为激活函数。

9.6.4　实验步骤

1. 实验环境

本次实验环境为 TensorFlow 2.3+Python 3.6，IDE 为 Python 自带的 IDLE。

2. 所用 Python 包

TensorFlow 包：import tensorflow as tf。如果没有安装 TensorFlow 包，在 Windows 操作系统的"命令提示符"（Mac 操作系统的"终端"）中输入"pip install tensorflow"进行安装。

3. 程序源代码

第一步，初始化变量，定义卷积层、池化层，下载 MNIST 数据集，代码如下：

```python
import os
import tensorflow as tf
from tensorflow.keras import datasets, layers, models
class CNN(object):
    def __init__(self):
        model = models.Sequential()
        # 第 1 层卷积，卷积核大小为 3×3，32 个，28×28 为待训练图片的大小
        model.add(layers.Conv2D(
            32, (3, 3), activation='relu', input_shape=(28, 28, 1)))
        model.add(layers.MaxPooling2D((2, 2)))
        # 第 2 层卷积，卷积核大小为 3×3，64 个
        model.add(layers.Conv2D(64, (3, 3), activation='relu'))
        model.add(layers.MaxPooling2D((2, 2)))
        # 第 3 层卷积，卷积核大小为 3×3，64 个
        model.add(layers.Conv2D(64, (3, 3), activation='relu'))
        model.add(layers.Flatten())
        model.add(layers.Dense(64, activation='relu'))
        model.add(layers.Dense(10, activation='softmax'))
        model.summary()
        self.model = model
class DataSource(object):
    def __init__(self):
        # Mnist 数据集存储的位置，如果不存在，将自动下载
        data_path = os.path.abspath(os.path.dirname(
            __file__)) + '/../data_set_tf2/mnist.npz'
        (train_images, train_labels), (test_images, test_labels) = datasets.mnist.load_data(path=data_path)
        # 6 万张训练图片，1 万张测试图片
        train_images = train_images.reshape((60000, 28, 28, 1))
        test_images = test_images.reshape((10000, 28, 28, 1))
        # 像素值映射到 0～1
        train_images, test_images = train_images / 255.0, test_images / 255.0
        self.train_images, self.train_labels = train_images, train_labels
        self.test_images, self.test_labels = test_images, test_labels
```

第二步，训练数据，并计算每个批次训练后的预测准确率，代码如下：

```
class Train:
    def __init__(self):
        self.cnn = CNN()
        self.data = DataSource()
    def train(self):
        check_path = './ckpt/cp-{epoch:04d}.ckpt'
        # period 每隔 5epoch 保存一次
        save_model_cb = tf.keras.callbacks.ModelCheckpoint(
            check_path, save_weights_only=True, verbose=1, period=5)
        self.cnn.model.compile(optimizer='adam', loss='sparse_categorical_crossentropy',
                               metrics=['accuracy'])
        self.cnn.model.fit(self.data.train_images, self.data.train_labels,
                           epochs=5, callbacks=[save_model_cb])
        test_loss, test_acc = self.cnn.model.evaluate(self.data.test_images, self.data.test_labels)
        print("准确率: %.4f, 共测试了%d 张图片 " % (test_acc, len(self.data.test_labels)))
if __name__ == "__main__":
    app = Train()
    app.train()
```

9.6.5 实验结果

实验运行结果如图 9-38 所示。因为网络参数较多，所以，程序运行时间可能较长，当整个网络迭代 5 次后，测试集准确率为 99%左右。

```
288/313 [=========================>...] - ETA: 0s - loss: 0.0236 - accuracy: 0.9934
294/313 [==========================>..] - ETA: 0s - loss: 0.0231 - accuracy: 0.9935
300/313 [===========================>..] - ETA: 0s - loss: 0.0228 - accuracy: 0.9935
306/313 [============================>.] - ETA: 0s - loss: 0.0243 - accuracy: 0.9934
311/313 [============================>.] - ETA: 0s - loss: 0.0240 - accuracy: 0.9935
313/313 [=============================] - 3s 11ms/step - loss: 0.0239 - accuracy: 0.9935
准确率: 0.9935, 共测试了10000张图片
```

图 9-38 实验运行结果

习题

1. 假设有输入 x、y、z，值分别是$-2, 5, -4$。有神经元 q 和 f，函数分别为 $q = x + y$，$f = q \times z$。神经网络如图 9-39 所示，则 f 对 x、y 和 z 的梯度分别是多少？

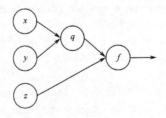

图 9-39 习题 1 的神经网络

2. 说明 Sigmiod、ReLU、Tanh 三个激活函数的优点和缺点。有没有更好的激活函数？

3. 详细说明 CNN 的工作原理。

4. 假设给定一个图像"X"，计算机是如何通过 CNN 来识别另一个图像（见图 9-40）是否也是"X"图案的？

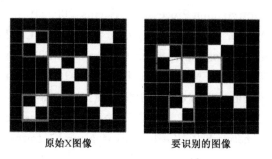

原始X图像　　　　　要识别的图像

图 9-40　原始"X"图像和要识别的图像

5. 有一个 CNN，输入图片大小为 200×200，依次经过卷积层（卷积核大小为 5×5，填充参数为 1，步长为 2）、池化层（卷积核大小为 3×3，填充参数为 0，步长为 1）、卷积层（卷积核大小为 3×3，填充参数为 1，步长为 1）之后，输出特征图大小为多少？

6. 有一个包含 2 个输入层神经元、2 个隐藏层神经元及 2 个输出层神经元的神经网络（见图 9-41），并且隐藏层和输出层神经元各包含一个偏置值，其中 y_1 和 y_2 为真实值。分别用前馈运算和反馈运算更新一次网络中的参数值。

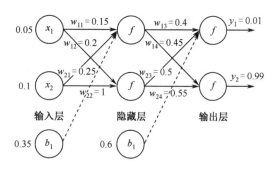

图 9-41　习题 6 的神经网络

7. 在本章运用 CNN 进行手写数字辨识的实现中，参数优化使用了梯度下降法，即

tf.train.GradientDescentOptimizer(0.2).minimize(loss)

试查阅相关资料，使用 Momentum 算法、Adagrad 算法、RMSprop 算法、Adam 算法对参数进行优化，并比较各优化器对参数优化时的收敛速度。

8. 在本章运用 CNN 进行手写数字辨识的实现中，在参数优化时，学习率使用了固定的学习率 0.2，试改进算法的学习率，要求：一开始学习率的数值较大，并且有较快的收敛速度，然后随着迭代次数的增加，学习率的数值慢慢衰减。参考 9.3.1 节的内容。

参考文献

[1] BENGIO Y, LAMBLIN P, DAN P, et al. Greedy layer-wise training of deep networks[J]. Advances in Neural Information Processing Systems, 2007, 19: 153-160.

[2] BA L J, CARUANA R. Do deep nets really need to be deep? [C]// International Conference on Neural Information Processing Systems. Cambridge: MIT Press, 2014.

[3] LECUN Y L, BOTTOU L, BENGIO Y, et al. Gradient-based learning applied to document recognition[J]. Proceedings of the IEEE, 1998, 86(11): 2278-2324.

[4] KRIZHEVSKY A, SUTSKEVER I, HINTON G. Imagenet classification with deep convolutional neural networks[C]// Advances in Neural Information Processing Systems (NIPS). New York: Curran Associates Inc. 2012.

[5] 周志华. 机器学习[M]. 北京：清华大学出版社，2016.

[6] KAREN S, ANDREW Z. Very deep convolutional networks for large-scale image recognition[J/OL]. Computer Science, arXiv: 1409-1556, 2014.

[7] 张玉宏. 深度学习之美[M]. 北京：电子工业出版社，2018.

第 10 章　循环神经网络

卷积神经网络在图形图像处理领域取得了很大的成功，它的前一个输入和下一个输入之间没有关系，但当输入数据具有依赖性且是序列模式时，如一句话是一个意思，但整个对话又是完全不同的意思，或者股票数据与时间序列有很强的相关性，就需要神经网络有一定的记忆功能，有助于系统获取上下文，此时循环神经网络（Recurrent Neural Network，RNN）就是比较适合的网络。本章详细分析 RNN 的工作原理，阐述双向RNN[1]的特点，比较 RNN 与长短时记忆网络（LSTM）[2]的异同，并描述 GRU[3]神经网络，最后用 LSTM 实现一个手写数字辨识的例子。

10.1　RNN 简介

RNN 是一种常见的神经网络，源于 1982 年 Sathasivam 提出的霍菲尔德网络[4]，在运算时会考虑特征之间的时序。RNN 引入状态变量来存储过去的信息，并与当前的输入共同决定当前的输出，广泛应用于语言模型、文本分类、图像分析、语言识别、机器翻译和推荐系统。

10.1.1　RNN 概述

在 DNN 和 CNN 中，训练样本的输入和输出是比较确定的。但是，有一类问题 DNN 和 CNN 不好解决，即训练样本输入的是连续序列，且序列的长短不一，如下面这句话：我昨天上课睡觉了，老师批评了_____。

在这句话中，横线中填写的词很可能是"我"，而不太可能是"小明"或"睡觉"，前面的输入和后面的输入是有关系的，孤立地理解这句话的每个词是不够的，需要处理这些词连接起来的整个序列。

10.1.2　RNN 的工作原理

RNN 的每一层不仅输出给下一层，同时还输出一个隐藏状态，给当前层在处理下一个样本时使用，如图 10-1 所示[5]。RNN 可以扩展到更长的序列数据，而且大多数的RNN可以处理序列长度不同的数据，它可以看作带自循环反馈的全连接神经网络。

图 10-1 中，如果没有 W 带箭头的圈，它就是一个普通的全连接神经网络。x 是一个向量，表示输入层的值；s 是一个向量，表示隐藏层的值（可以有多个节点，节点数与向量 s 的维度相同）；U 是输入层到隐藏层的权重矩阵；o 也是一个向量，表示输出层的值；V 是隐藏层到输出层的权重矩阵。RNN 的隐藏层的值 s 不仅取决于当前的输

入 x，还取决于上一次隐藏层的值 s，权重矩阵 W 就是隐藏层上一次的值作为这次的输入的权重。

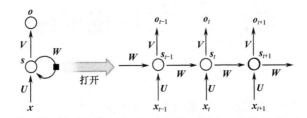

图 10-1　RNN 工作原理图

网络在 t 时刻接收到输入 x_t 之后，隐藏层的值是 s_t，输出值是 o_t，s_t 的值不仅取决于 x_t，还取决于 s_{t-1}，可以用下面的公式表示 RNN 的计算方法：

$$o_t = g(Vs_t) \tag{10-1}$$

$$s_t = f(Ux_t + Ws_{t-1}) \tag{10-2}$$

式（10-1）是输出层的计算公式，输出层是一个全连接层，它的节点都和隐藏层的每个节点相连，V 是输出层的权重矩阵，g 是激活函数。式（10-2）是隐藏层的计算公式，它是循环层，U 是输入 x 的权重矩阵，W 是上一次的值 s_{t-1} 作为这一次输入的权重矩阵，f 是激活函数，循环层和全连接层的区别是循环层多了一个权重矩阵 W，反复把式（10-2）代入式（10-1）中，得

$$
\begin{aligned}
o_t &= g(Vs_t) \\
&= Vf(Ux_t + Ws_{t-1}) \\
&= Vf(Ux_t + Wf(Ux_{t-1} + Ws_{t-2})) \\
&= Vf(Ux_t + Wf(Ux_{t-1} + Wf(Ux_{t-2} + Ws_{t-3}))) \\
&= Vf(Ux_t + Wf(Ux_{t-1} + Wf(Ux_{t-2} + Wf(Ux_{t-3} + \cdots))))
\end{aligned} \tag{10-3}
$$

RNN 的输出值 o_t 受前面输入值 $x_t, x_{t-1}, x_{t-2}, x_{t-3}, \cdots$ 的影响，RNN 可以看作受任意多个输入值的影响。

10.2　双向 RNN

对于有些模型，只有基本的 RNN 是不够的，还无法判断后面要填写的内容。例如，我的电脑坏了，我需要_____一台新电脑。如果只看前半句，我们可以填写"修一修"或者"换一台新的"，但看后面的内容后，填写"买"的概率就比较大了。双向 RNN 的结构图如图 10-2 所示。

双向 RNN 的隐藏层需要保存两个值，一个是 A，参与正向计算，另一个是 A'，参与反向计算。输出值 y_2 取决于 A_2 和 A'_2，计算方法如下：

$$y_2 = g(VA_2 + V'A'_2) \tag{10-4}$$

A_2 和 A_2' 则分别计算如下：

$$A_2 = f(WA_1 + Ux_2) \tag{10-5}$$

$$A_2' = f(W'A_3' + U'x_2) \tag{10-6}$$

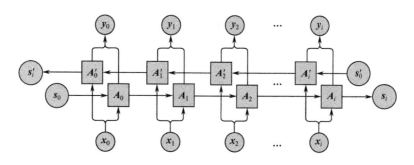

图 10-2　双向 RNN 结构图

可以看出，正向计算时隐藏层的值 s_t 与 s_{t-1} 有关，反向计算时隐藏层的值 s_t' 与 s_{t+1}' 有关，最终的结果与正向和反向的结果都有关，双向 RNN 的计算方法如下：

$$o_t = g(Vs_t + V's_t') \tag{10-7}$$

$$s_t = f(Ux_t + Ws_{t-1}) \tag{10-8}$$

$$s_t' = f(U'x_t + W's_{t+1}') \tag{10-9}$$

由式（10-7）～式（10-9）可以看出，正向计算和反向计算不同享权重，U 和 U'、W 和 W'、V 和 V' 都是不同的权重矩阵。

RNN 在实际训练中容易出现梯度爆炸和梯度消失的情况。梯度爆炸时程序会收到 NaN 错误值，解决的方法是设置一个阈值，当梯度超过这个阈值时直接截取；对于梯度消失，主要采用以下 3 种方法：

（1）合理地初始化权重值。合理地初始化权重值，使每个神经元尽可能不要取极大值或极小值，以躲开梯度消失的区域。

（2）使用 ReLU 代替 Sigmoid 或 Tanh 作为激活函数，加速函数的收敛。

（3）使用其他结构的 RNN，如 LTSM 和 GRU。

10.3　LSTM

由于 RNN 存在梯度消失和梯度爆炸的问题，因此，它很难处理长序列的数据，而 LSTM 通过一系列技巧让隐藏层结构复杂起来，可以避免梯度消失的问题，在工业界得到了广泛应用。LSTM 的总体框架图如图 10-3[8]所示。LSTM 的详细结构图如图 10-4 所示。

由图 10-4 可以看出，LSTM 在每个序列索引位置 t 除了向前传播和 RNN 一样的隐藏状态 h_t，还多了一个隐藏状态，称为细胞状态（Cell State），记为 C_t。LSTM 在每个序列索引位置 t 的门一般包括遗忘门、输入门和输出门。

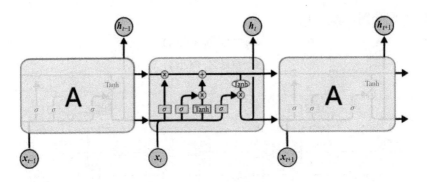

图 10-3　LSTM 总体框架图

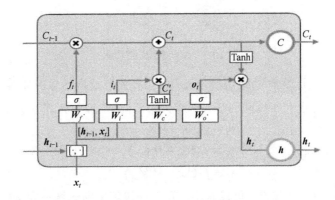

图 10-4　LSTM 详细结构图

10.3.1　LSTM 遗忘门

遗忘门用来控制是否遗忘，在 LSTM 中，其以一定的概率控制是否遗忘上一层的细胞状态。LSTM 遗忘门的结构如图 10-5 所示。

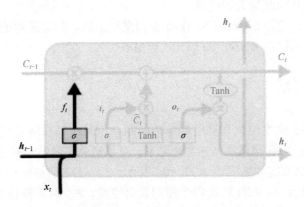

图 10-5　LSTM 遗忘门结构图

输入上一个时刻的隐藏状态 h_{t-1} 和当前时刻的数据 x_t，通过一个激活函数，一般为

Sigmoid，得到遗忘门的输出 f_t。由于 Sigmoid 的输出 f_t 的值为[0,1]，因此，输出 f_t 代表遗忘上一层细胞状态的概率，用数学表达式为

$$f_t = \sigma(W_f \cdot [h_{t-1}, x_t] + b_f) = \sigma(W_{fh}h_{t-1} + W_{fx}x_t + b_f) \tag{10-10}$$

式中，σ 表示 Sigmoid 函数；W_f 表示遗忘门的权重矩阵；h_{t-1} 表示上一个细胞的输出；x_t 表示当前细胞的输入；$[h_{t-1}, x_t]$ 表示把两个向量连接成一个更长的向量；b_f 表示遗忘门的偏置项。

10.3.2　LSTM 输入门

输入门决定有多少新的信息加入细胞状态中，实现这个需要两个步骤：输入门中的 Sigmoid 函数用于决定哪些信息需要更新；Tanh 函数用于生成一个向量，用来更新内容 C_t，如图 10-6 所示。

$$i_t = \sigma(W_i \cdot [h_{t-1}, x_t] + b_i) \tag{10-11}$$

$$\tilde{C}_t = \text{Tanh}(W_C \cdot [h_{t-1}, x_t] + b_C) \tag{10-12}$$

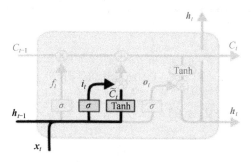

图 10-6　LSTM 输入门结构图

更新旧细胞状态：把 C_{t-1} 更新为 C_t，把旧状态与 f_t 相乘，丢弃确定需要丢弃的信息，接着加上新候选值 $i_t\tilde{C}_t$，就是新的细胞状态，其根据决定更新每个状态的程度进行变化，如图 10-7 所示。

$$C_t = f_t C_{t-1} + i_t \tilde{C}_t \tag{10-13}$$

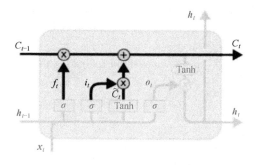

图 10-7　LSTM 中的 C_t 结构图

10.3.3　LSTM 输出门

输出门中的 Sigmoid 函数用来确定细胞状态的哪个部分将输出，细胞状态通过 Tanh 函数处理后，会得到一个-1～1的值，将它和Sigmoid门的输出相乘，决定输出的部分：

$$o_t = \sigma(W_o \cdot [h_{t-1}, x_t] + b_o) \tag{10-14}$$

$$h_t = o_t \mathrm{Tanh}(C_t) \tag{10-15}$$

图 10-8 所示为 LSTM 输出门结构图。

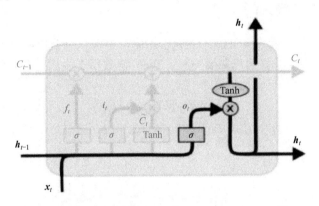

图 10-8　LSTM 输出门结构图

10.3.4　前向传播的代码实现

如下定义前向传播代码，计算遗忘门、输入门、输出门、即时状态和单元状态的值。

```python
def forward(self, x):
    # 根据式（10-1）～式（10-6）进行前向计算
    self.times += 1
    # 遗忘门
    fg = self.calc_gate(x, self.Wfx, self.Wfh, self.bf, self.gate_activator)
    self.f_list.append(fg)
    # 输入门
    ig = self.calc_gate(x, self.Wix, self.Wih, self.bi, self.gate_activator)
    self.i_list.append(ig)
    # 输出门
    og = self.calc_gate(x, self.Wox, self.Woh, self.bo, self.gate_activator)
    self.o_list.append(og)
    # 即时状态
    ct = self.calc_gate(x, self.Wcx, self.Wch, self.bc, self.output_activator)
    self.ct_list.append(ct)
    # 单元状态
    c = fg * self.c_list[self.times - 1] + ig * ct
    self.c_list.append(c)
    # 输出
```

```
        h = og * self.output_activator.forward(c)
        self.h_list.append(h)


    def calc_gate(self, x, Wx, Wh, b, activator):
        # 计算门
        h = self.h_list[self.times - 1]        # 上次的 LSTM 输出
        net = np.dot(Wh, h) + np.dot(Wx, x) + b
        gate = activator.forward(net)
        return gate
```

10.3.5　反向传播的代码实现

反向传播代码如下。

```
# 定义反向传播计算比率和梯度
def backward(self, x, delta_h, activator):
    # 实现 LSTM 训练算法
    self.calc_delta(delta_h, activator)
    self.calc_gradient(x)


def calc_delta(self, delta_h, activator):
    # 初始化各时刻的误差项
    self.delta_h_list = self.init_delta()        # 输出误差项
    self.delta_o_list = self.init_delta()        # 输出门误差项
    self.delta_i_list = self.init_delta()        # 输入门误差项
    self.delta_f_list = self.init_delta()        # 遗忘门误差项
    self.delta_ct_list = self.init_delta()       # 即时输出误差项
    # 保存从上一层传递下来的当前时刻的误差项
    self.delta_h_list[-1] = delta_h
    # 迭代计算每个时刻的误差项
    for k in range(self.times, 0, -1):
        self.calc_delta_k(k)


def calc_delta_k(self, k):
    # 根据 k 时刻的 delta_h，计算 k 时刻的 delta_f、delta_i、delta_o、delta_ct，以及 k-1 时刻的
delta_h，获得 k 时刻前向计算的值
        ig = self.i_list[k]
        og = self.o_list[k]
        fg = self.f_list[k]
        ct = self.ct_list[k]
        c = self.c_list[k]
        c_prev = self.c_list[k-1]
        tanh_c = self.output_activator.forward(c)
        delta_k = self.delta_h_list[k]
        # 根据公式计算 delta_o
```

```
delta_o = (delta_k * tanh_c * self.gate_activator.backward(og))
delta_f = (delta_k * og * (1 – tanh_c * tanh_c) * c_prev * self.gate_activator.backward(fg))
delta_i = (delta_k * og * (1 – tanh_c * tanh_c) * ct * self.gate_activator.backward(ig))
delta_ct = (delta_k * og * (1 – tanh_c * tanh_c) * ig * self.output_activator.backward(ct))
delta_h_prev = (
np.dot(delta_o.transpose(), self.Woh) +
np.dot(delta_i.transpose(), self.Wih) +
np.dot(delta_f.transpose(), self.Wfh) +
np.dot(delta_ct.transpose(), self.Wch)
).transpose()

# 保存全部 delta 值
self.delta_h_list[k - 1] = delta_h_prev
self.delta_f_list[k] = delta_f
self.delta_i_list[k] = delta_i
self.delta_o_list[k] = delta_o
self.delta_ct_list[k] = delta_ct
```

10.4 GRU

GRU 对 LSTM 进行了简化，同时保持与 LSTM 相同的效果，其结构图如图 10-9 所示。

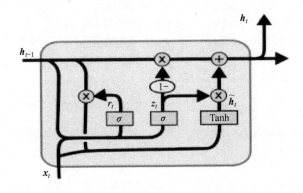

图 10-9 GRU 结构图

图 10-9 中，r_t 表示重置门，z_t 表示更新门。重置门决定是否将之前的状态忘记（作用相当于合并了 LSTM 中的遗忘门和输入门），当 r_t 趋于 0 时，前一个时刻的状态信息 h_{t-1} 会被忘掉，隐藏状态 $\tilde{h}_t$ 会被重置为当前输入的信息。更新门决定是否要将隐藏状态更新为新的状态 $\tilde{h}_t$。与 LSTM 对比，GRU 少一个门，同时少了细胞状态 C_t。

在 LSTM 中，通过遗忘门和输入门控制信息的保留和输入，GRU 通过重置门来控制是否保留原来隐藏状态的信息，但不再限制当前信息的输入。

$$z_t = \sigma(W_z \cdot [h_{t-1}, x_t]) \tag{10-16}$$

$$r_t = \sigma(W_r \cdot [h_{t-1}, x_t]) \tag{10-17}$$

$$\tilde{\boldsymbol{h}}_t = \mathrm{Tanh}(\boldsymbol{W} \cdot [r_t * \boldsymbol{h}_{t-1}, \boldsymbol{x}_t]) \tag{10-18}$$

$$\boldsymbol{h}_t = (1 - z_t) * \boldsymbol{h}_{t-1} + z_t * \boldsymbol{h}'_t \tag{10-19}$$

在 LSTM 中，虽然得到了新的细胞状态 C_t，但不能直接输出，需要一个过滤的处理：$\boldsymbol{h}_t = \boldsymbol{o}_t * \mathrm{Tanh}(C_t)$。同样在 GRU 中，虽然得到新的隐藏状态，但还不能直接输出，需要通过更新门来控制最后的输出，如式（10-19）所示。

10.5　RNN 的实现

10.5.1　定义初始化类和初始化函数

下面定义一个 RecurrentLayer 类，定义初始化函数 __init__，通过初始化函数初始化 RNN 的输入宽度、激活函数、学习率，并用随机函数初始化 $\boldsymbol{U}$ 和 $\boldsymbol{W}$ 的值[6]。

```
class RecurrentLayer(object):
def __init__(self, input_width, state_width, activator, learning_rate):
    self.inpit_width = input_width
    self.state_width = state_width
    self.activator = activator            # 定义激活函数
    self.learning_rate = learning_rate    # 设置学习率
    self.times = 0            # 当前时刻初始化为 t₀
    self.state_list = []      # 保存各时刻的状态
    self.state_list.append(np.zeros(state_width, 1))    # 初始化 s₀
    self.U = np.random.uniform(-1e-4, 1e-4, (state_width, input_width))    # 初始化 U
    self.W = np.random.uniform(-1e-4, 1e-4, (state_width, state_width))    # 初始化 W

# 定义初始化函数
def data_set():
    x = [np.array([[1], [2], [3]]), np.arrar([[2], [3], [4]])]
    d = np.array([[1], [2]])
    return x, d
```

10.5.2　定义激活函数

定义激活函数，代码如下。

```
# 定义激活函数，前向传播输出权重，反向传播输出 1
class IdentityActivator(object):
def forward(self, weighted_input):
    return weighted_input
    def backward(self, output):
        return 1
```

10.5.3　定义前向传播和反向传播

定义前向传播，代码如下。

```
# 定义前向传播并更新权重
def forward(self, input_array):
    self.times += 1
    # 计算输入值与权重的乘积，计算反馈值与上一阶段输入的乘积，并计算这两个积的和
    state = (np.dot(self.U, input_array) + np.dot(self.W, self.state_list[-1]))
    element_wise_op(state, self.activator.forward)
    self.state_list.append(state)
```

定义反向传播，代码如下。

```
def backward(self, sensitivity_array, activator):
    self.calc_delta(sensitivity_array, activator)    # 计算各时期的误差值
    self.calc_gradient()    # 计算各时期的梯度值
```

10.5.4　计算 delta 值和总的 delta 值

计算 delta 值，代码如下。

```
def calc_delta_k(self, k, activator):
# 根据 k+1 时刻的 delta 计算 k 时刻的 delta 值
state = self.state_list[k + 1].copy()
    element_wise_op(self.state_list[k + 1],activator.backward)
    self.delta_list[k] = np.dot(np.dot(self.delta_list[k + 1].T, self.W),np.diag(state[:, 0])).T
```

计算总的 delta 值，代码如下。

```
def calc_delta(self, sensitivity_array, activator):
    self.delta_list = []    # 用来保存各时刻的误差项
    for i in range(self.times):
    self.delta_list.append(np.zeros((self.state_width, 1)))
    self.delta_list.append(sensitivity_array)
    # 迭代计算各时刻的误差项
    for k in range(self.times- 1, 0, -1) :
    self.calc_delta_k(k, activator)
```

10.5.5　计算各个梯度的值和总梯度

计算各梯度和总梯度的值，代码如下。

```
def calc_gradient_t(self, t):
# 计算每个时刻 t 权重的梯度
    gradient = np.dot(self.delta_list[t],self.state_list[t-1].T)
    self.gradient_list[t] = gradient
    def calc_gradient(self):
    self.gradient_list = []    # 保存各时刻的权重梯度
    for t in range(self.times + 1):
    self.gradient_list.append(np.zeros((self.state_width, self.state_width)))
    for t in range(self.times, 0, -1):
    self.calc_gradient_t(t)
    # 实际的梯度是各时刻梯度之和
    self.gradient = reduce(lambda a, b: a + b, self.gradient_list,self.gradient_list[0])
```

10.5.6　定义梯度检查函数

定义梯度检查函数，代码如下。

```
def gradient_check():
# 梯度检查，设计一个误差函数，取所有节点输出项之和
    error_function = lambda o: o.sum()
    rl = RecurrentLayer(3, 2, IdentityActivator(), 1e-3)
    # 计算 forward 值
    x, d = data_set()
    rl.forward(x[0])
    rl.forward(x[1])
    # 求取 sensitivity map，sensitivity_array 为[1,1]
    sensitivity_array = np.ones(rl.state_list[-1].shape,dtype=np.float64)
    # 计算梯度
    rl.backward(sensitivity_array, IdentityActivator())
    # 检查梯度
    epsilon = 10e-4
    for i in range(rl.W.shape[0]):
        for j in range(rl.W.shape[1]):
            rl.W[i, j] += epsilon
    rl.reset_state()
        rl.forward(x[0])
        rl.forward(x[1])
            err1 = error_function(rl.state_list[-1])
            rl.W[i, j] -= 2 * epsilon
            rl.reset_state()
            rl.forward(x[0])
            rl.forward(x[1])
            err2 = error_function(rl.state_list[-1])
            expect_grad = (err1 - err2) / (2 * epsilon)
            rl.W[i, j] += epsilon
            print('weights(%d,%d): expected - actural %f - %f' % (i, j, expect_grad, rl.gradient[i, j]))
```

10.5.7　构建测试函数并运行

定义测试函数，在测试函数中先调用 RNN 模型，设置初始值，然后测试前向传播和反向传播，并检查梯度更新的情况。

```
def test():
    gradient_check()
```

由于数据量比较小，经过 3 次迭代后，weights(0,1)的值为 0.000237，weights(1,0)的值为 0.000395，weights(1,1)的值为 0.000237，如图 10-10 所示。

```
plugins: remotedata-0.2.1, openfiles-0.3.0, doctestplus-0.1.3, arraydiff-0.2collected 1 item

rnn.py .weights(0,0): expected - actural 0.000395 - 0.000395
weights(0,1): expected - actural 0.000237 - 0.000237
weights(1,0): expected - actural 0.000395 - 0.000395
weights(1,1): expected - actural 0.000237 - 0.000237
                                                        [100%]
```

图 10-10　RNN 模型运行结果

10.6　实验：应用 LSTM 模型进行手写数字辨识

10.6.1　实验目的

（1）了解 MNIST 数据集的结构和原理。

（2）会使用 TensorFlow 搭建 LSTM 框架。

（3）利用 TensorFlow 框架搭建基于 LSTM 的手写数字辨识程序。

（4）运行程序，分析结果。

10.6.2　实验要求

（1）了解 TensorFlow 搭建 LSTM 框架的步骤。

（2）理解实现手写数字辨识程序的流程。

（3）实现手写数字辨识程序。

10.6.3　实验原理

MNIST 数据集相关介绍见 9.6.3 节。

本实验用集成在 TensorFlow 中的 RNN 框架中，该框架集成了 BasicLSTMCell 这个基本操作，用 softmax_cross 交叉熵作为损失函数，并利用 RMSPropOptimizer 进行优化，经过 100 次迭代后，准确率为 98%左右。

10.6.4　实验步骤

1. 实验环境

本次实验环境为 TensorFlow 2.3+Python 3.6+Anaconda 3.6，IDE 为 Anaconda 自带的 Jupyter。

2. 安装所用的库

根据自己操作系统的类型在 https://mirrors4.tuna.tsinghua.edu.cn/下载 Anaconda 3.6 的安装包并安装 Anaconda 库；在 Anaconda Prompt 命令提示符中用"conda create–name envname python version"创建 TensorFlow 所需的实验环境；用"conda activate envname"激活这个环境；用命令"conda install tensorflow"根据自己的 CPU 类型自动安装对应的 TensorFlow 版本；在命令行中输入"python"，然后输入"import tensorflow"，如果不报

错，则说明当前的 TensorFlow 环境已经安装成功。

3. 程序源代码

（1）导入相应的库。

```
import tensorflow as tf
from tensorflow.contrib import rnn
import numpy as np
import input_data
```

（2）设置输入向量、循环层维度。

```
# img128 or img256 (batch_size or test_size 256)
# each input size = input_vec_size=lstm_size=28
# configuration variables


input_vec_size = lstm_size = 28 #  输入向量的维度
time_step_size = 28 #  循环层维度
batch_size = 128
test_size = 256


definit_weights(shape):
    return tf.Variable(tf.random_normal(shape, stddev=0.01))
```

（3）设置训练模型。

```
def model(X, W, B, lstm_size):
# X, input shape: (batch_size, time_step_size, input_vec_size)
    # XT shape: (time_step_size, batch_size, input_vec_size)
    #1. 设置输入与输出的维度
XT = tf.transpose(X, [1, 0, 2])    # permute time_step_size and batch_size,[28, 128, 28]
    # XR shape: (time_step_size * batch_size, input_vec_size)
    XR = tf.reshape(XT, [-1, lstm_size])
    # each row has input for each lstmcell (lstm_size=input_vec_size)
    # Each array shape: (batch_size, input_vec_size)
X_split = tf.split(XR, time_step_size, 0)
    # split them to time_step_size (28 arrays),shape = [(128, 28),(128, 28)...]
    # Make lstm with lstm_size (each input vector size). num_units=lstm_size; forget_bias=1.0
#2. 利用标准的 LSTM 进行训练
lstm = rnn.BasicLSTMCell(lstm_size, forget_bias=1.0, state_is_tuple=True)
    # Get lstm cell output, time_step_size (28) arrays with lstm_size output: (batch_size, lstm_size)
# rnn..static_rnn()的输出对应于每一个 timestep，如果只关心最后一步的输出，取 outputs[-1]即可
outputs, _states = rnn.static_rnn(lstm, X_split, dtype=tf.float32)
    #  时间序列上每个细胞的输出 shape=(128, 28)
    return tf.matmul(outputs[-1], W) + B, lstm.state_size # State size to initialize the state
```

（4）读取数据。

```
mnist = input_data.read_data_sets("MNIST_data/", one_hot=True)
# mnist.train.images 是一个 55000×784 维的矩阵, mnist.train.labels 是一个 55000×10 维的矩阵，训练
# 集包含 55000 张图片，每张图片为 28×28 维的矩阵
# 训练集标签同样对应 55000，10 表示存在 10 个标签
trX, trY, teX, teY = mnist.train.images, mnist.train.labels, mnist.test.images, mnist.test.labels
# 将每张图片用一个 28×28 的矩阵表示，(55000,28,28,1)
# -1 表示该数未知，根据后面 28×28，将 trx 分成 55000 个 28×28 的矩阵，每个表示一张图片
trX = trX.reshape(-1, 28, 28)
teX = teX.reshape(-1, 28, 28)
X = tf.placeholder("float", [None, 28, 28])
Y = tf.placeholder("float", [None, 10])
# get lstm_size and output 10 labels
# 生成一个初始随机值
W = init_weights([lstm_size, 10])   # 输出层权重矩阵 28×10
B = init_weights([10])   # 输出层偏置项
```

（5）调用模型对数据进行训练。

```
py_x, state_size = model(X, W, B, lstm_size)
# 用 softmax_cross 交叉熵作为损失函数
cost = tf.reduce_mean(tf.nn.softmax_cross_entropy_with_logits(logits=py_x, labels=Y))
```

（6）利用 RMSPropOptimizer 进行优化。

```
train_op = tf.train.RMSPropOptimizer(0.001, 0.9).minimize(cost)
# 返回每一行的最大值
predict_op = tf.argmax(py_x, 1)
# tf.ConfigProto，一般是在创建 session 时对 session 进行配置
session_conf = tf.ConfigProto()
session_conf.gpu_options.allow_growth = True   # 允许 GPU 在使用的过程中慢慢增加
```

（7）执行模型并输出结果。

```
with tf.Session(config=session_conf) as sess:
# you need to initialize all variables
    tf.global_variables_initializer().run()
    for i in range(100):
        # 从训练集中每段选择一个 batch 训练，batch_size= end-start
        for start, end in zip(range(0, len(trX), batch_size), range(batch_size, len(trX)+1, batch_size)):
            sess.run(train_op, feed_dict={X: trX[start:end], Y: trY[start:end]})s=len(teX)
    test_indices = np.arange(len(teX))   # Get A Test Batch
    np.random.shuffle(test_indices)
    test_indices = test_indices[0:test_size]
    print(i, np.mean(np.argmax(teY[test_indices], axis=1)))
    sess.run(predict_op, feed_dict={X: teX[test_indices]})))
```

10.6.5   实验结果

在实验过程中，随着迭代次数的增多，准确率不断增加，如图 10-11 所示。迭代到

第 35 次时，准确率达到 98%，如图 10-12 所示。后面的迭代基本上维持这个数值，经过 100 次迭代，用 TensorFlow 中自带的 BasicLSTMCell 在 MNIST 数据集上处理的准确率约为 98%。

```
Extracting MNIST_data/train-labels-idx1-ubyte.gz
Extracting MNIST_data/t10k-images-idx3-ubyte.gz
Extracting MNIST_data/t10k-labels-idx1-ubyte.gz
WARNING:tensorflow:From F:/python code/LSTM/Minist/lstm.py:87: softmax_cross_entropy_with_logits (f
Instructions for updating:

Future major versions of TensorFlow will allow gradients to flow
into the labels input on backprop by default.

See @{tf.nn.softmax_cross_entropy_with_logits_v2}.

2019-11-12 00:17:44.606735: I T:\src\github\tensorflow\tensorflow\core\platform\cpu_feature_guard.co
0 0.61328125
1 0.765625
2 0.859375
3 0.859375
4 0.8984375
5 0.91796875
```

图 10-11　准确率随迭代次数增多而增加

```
91 0.984375
92 0.97265625
93 0.96875
94 0.96484375
95 0.97265625
96 0.9921875
97 0.9921875
98 0.97265625
99 0.984375
PyDev console: using IPython 6.4.0

Python 3.6.5 |Anaconda custom (64-bit)| (default, Mar 29 2018, 13:32:41) [MSC v.1900 64 bit (AMD64
```

图 10-12　准确率在 98%趋于稳定

习题

1. 简述 RNN 的优点和缺点。
2. 简述 LSTM 的优点和缺点。
3. 比较 LSTM 和 GRU。
4. 编程实现用 GRU 对 MNIST 数据集进行手写数字辨识。

参考文献

[1]　SCHUSTER M, PALIWAL K K. Bidirectional recurrent neural networks[J]. IEEE Transactions on Signal Processing, 1997, 45(11): 2673-2681.

[2]　HOCHREITER S, SCHMIDHUBER J. Long short-term memory[J]. Neural computation, 1997, 9(8): 1735-1780.

[3]　CHO K, VAN M B, GULCEHRE C, et al. Learning phrase representations using RNN encoder-decoder for statistical machine translation[J/OL]. arXiv preprint arXiv: 1406-1078.

[4]　HOPFIELD J J. Neural networks and physical systems with emergent collective computational abilities[J]. Proceedings of the national academy of sciences, 1982, 79(8): 2554-2558.

[5]　黄安. 深入浅出深度学习[M]. 北京：电子工业出版社，2017.

[6]　Werbos P J. Backpropagation through time: what it does and how to do it[J]. Proceedings of the IEEE, 1990,78(10): 1550-1560.

[7]　张玉宏. 深度学习之类[M]. 北京：电子工业出版社，2018.

第 11 章　生成对抗网络

经过多年的发展，深度学习使人工智能已经能够很好地识别自然界中的很多对象和事件，但一直无法自我生成人与物体的仿真图像。直到 2014 年，蒙特利尔大学的博士生 Goodfellow 在一场学术辩论中提出，可用生成对抗网络（Generative Adversarial Network, GAN）的方法解决这一问题。简单来说，GAN 就是利用同一数据源创建两个互相独立的神经网络——生成器（Generator）和判别器（Discriminator），然后通过让这两个网络互相对抗，最终产生理想的效果。目前，国内外研究人员对 GAN 开展了广泛的研究，其成果已经频繁地出现在人工智能、计算机视觉领域的国际顶级会议上。GAN 被 Yann LeCun 评价为"20 年来机器学习领域最酷的想法"。本章首先简述博弈、对抗、分类等思想及其相关成果；然后重点论述 GAN 的原理、机制和应用，并简要分析 GAN 的变种网络；最后给出 3 个 GAN 应用实例。

11.1　生成对抗网络简述

11.1.1　博弈

早在 1992 年神经网络的研究中，Schmidhuber 等人就用互相竞争的两个神经网络训练模型，以此鼓励网络隐藏层中的节点之间在统计意义上独立，并以此作为训练阶段的正则因素[1]。

潜意识中，人们做出的每项决策都会本着趋利避害的本能，做出最有利于自己的决策，这是一个与其他若干拥有同样智能的人相互博弈的过程。2013 年，在国际人工智能顶级会议 IJCAI 上，微软亚洲研究院团队把博弈论的思想引入机器学习，首次给出"博弈机器学习"的概念，并显式建模人的动态策略，以行为模型和决策模型相结合的方式，尝试解决现实中的一些问题[2]。

以城市交通为例，假定某时刻有 3 种从长乐公园到开元商城的驾驶方案，方案 1 严重堵车，方案 2 行驶缓慢，方案 3 行驶畅通，那么当驾驶员利用导航软件获知该信息后，多数驾驶员可能选择方案 3，由此导致方案 3 对应的行驶路线很快进入拥堵状态。当然，一些驾驶员也可能不愿绕路而保持在最短路线上。

那么，如何实现理想的资源优化配置呢？从博弈机器学习的角度来思考，每位驾驶员都有大量的历史驾驶数据，如出门时间、回家时间、常用路线、备用路线、拥堵忍耐程度、导航建议采纳情况等，因此，可以通过这些相关信息对每位驾驶员建立个性化的行为模型，并提供给交通导航信息的发布者或导航软件，以准确预测发布某交通导航信息后可能带来的交通变化，也可以以此为依据为用户提供更便捷的导航线路，甚至能够为不同行为偏好的驾驶员提供个性化的导航路线服务。反之，对于因数据量少而无法建立个性化行为模型的驾驶员，可利用一些聚类模型或通用模型的方式解决[2]。

因此，博弈机器学习让算法比人多想一步或很多步，提前预料对方做出的反应，从而在博弈时占得先机。这种思想可以广泛应用在社交媒体、众包管理、交通疏导等领域。

11.1.2 对抗

对抗，是指双方存在对立的关系，相持不下。博弈、竞争中均包含对抗的思想。从机器学习到人工智能，对抗思想被引入更多领域，发挥越来越重要的作用。

2016 年，Chen 等人提出了基于合成训练图像的人体三维姿态估计方法。该方法中，训练数据的生成过程是，首先采样三维姿态空间，将采样结果用于 SCAPE 模型的变形；然后将各种服装纹理映射到人体模型上，用各种视点和光源渲染变形的纹理模型；最后在真实图像背景上合成。实验结果显示，用所合成的训练图像可以构成有效注释，并完成训练 3D 姿态估计任务[3]。

同年，受领域适应理论的启发，Ganin 等人提出域适应的表示学习方法[4]。该方法中，训练数据和测试数据来自相似但不同的分布。在神经网络体系结构中，训练对象是源域的标记数据和目标域的未标记数据。随着训练的进行，该方法促进了两类特征的出现，即"源域上的学习任务有辨别性"和"域间转换时不加区分"。这种适应行为几乎只需增加很少的标准层和一个新的梯度反转层，就可以在任何前馈模型中实现，产生的增强架构能通过后向传播训练。在将 PRID、VIPeR、CUHK 作为目标数据集时，该方法有最好的领域适应性。

以上两个研究小组的共同特点是，利用对抗思想训练领域适应的神经网络，其中，特征生成器将源域数据和目标域数据变换为高层抽象特征，并尽可能使特征的产生域难以判别；与之相反，领域判别器利用变换后的特征，尽可能准确地判别特征的领域。

11.1.3 分类问题

机器学习方法大致可分为两类：生成方法（Generative Approach）和判别方法（Discriminative Approach）。根据这两类不同的机器学习方法，学到的模型可分别称为生成模型（Generative Model）和判别模型（Discriminative Model）[5~8]。

生成模型学习的是联合概率，重在各类数据的分布情况；与之不同，判别模型学习的是条件概率，重在各类数据的分类边界。例如，在兔子和狗的分类问题中，判别方法的做法是利用已有的两类动物的特征建立一条分界线，下次只需要输入特征就可以利用这条分界线来判断这只动物是兔子还是狗。与之不同，生成方法则先观察兔子，建立兔子的模型，然后观察狗，建立狗的模型，随后，在区分狗和兔子时，只需要看这只动物和两个模型中的哪一个更加匹配。

令 x 为观察变量、z 为隐含变量，当利用判别模型建模 $p(z|x)$ 时，该模型根据输入的观察变量 x 得到隐含变量 z 出现的概率。与之相反，当利用生成模型建模 $p(x|z)$ 时，该模型根据输入隐含变量 z 得到输出观察变量 x 的概率。两类方法的侧重点不同，表现出的分类性能也不同。

11.2 生成对抗网络的基本原理、学习机制、应用、特点

生成对抗网络的思想是一种二人零和博弈思想，博弈双方的利益之和是一个常数。例如，A、B 两人掰手腕，假设总空间是一定的，如果 A 的力气大，则 A 得到的空间多，对手 B 的空间就少；相反，如果 B 的力气大，B 的空间就多，这就是二人博弈[8, 9]。

11.2.1 生成对抗网络的基本原理

生成对抗网络的核心思想来源于博弈论的纳什均衡。它设定参与游戏的双方分别为一个生成器（Generator）和一个判别器（Discriminator），生成器尽量去学习真实数据的分布，而判别器尽量正确判别输入数据是来自真实数据还是来自生成器。两者不断优化，提高自己的生成能力和判别能力，这个学习优化过程就是寻找二者之间的一个纳什均衡[7]。

任意可微分的函数都可以用来表示 GAN 的生成器和判别器，由此，可微分函数 D 和 G 分别表示判别器和生成器，它们的输入分别为真实数据 x 和随机变量 z。$G(z)$ 为由 G 生成的尽量服从真实数据分布 P_{data} 的样本。如果判别器的输入来自真实数据，则标注为 1；如果输入为 $G(z)$，则标注为 0。这里 D 的目标是实现对数据来源的二类判别，即真（源于真实数据 x 的分布）或假（源于生成器的伪数据 $G(z)$），而 G 的目标是使自己生成的伪数据 $G(z)$ 在 D 上的表现 $D(G(z))$ 和真实数据 x 在 D 上的表现 $D(x)$ 一致，这两个相互对抗并迭代优化的过程使 D 和 G 的性能不断提升，当最终 D 的判别能力提升到一定程度，并且无法正确判别数据来源时，可以认为这个生成器 G 已经学到了真实数据的分布。

11.2.2 生成对抗网络的学习机制

在给定生成器 G 的情况下，考虑最优化判别器 D。与一般基于 Sigmoid 的二分类模型训练一样，训练判别器 D 也是最小化交叉熵的过程，损失函数为

$$\text{Obj}^D(\theta_D,\theta_G) = \frac{1}{2}E_{x\sim P_{data}(x)}[\log D(x)] - \frac{1}{2}E_{z\sim p_z(z)}[\log(1-D(g(z)))] \tag{11-1}$$

式中，x 采样于真实数据分布 $P_{data}(x)$，z 采样于先验分布 $P_z(z)$（如高斯噪声分布），$E(\cdot)$ 表示计算期望值。实际训练时和二分类模型不同，判别器的训练数据集来源于真实数据集分布 $P_{data}(x)$（标注为 1）和生成器的数据分布 $P_g(x)$（标注为 0）。给定生成器 G，需在连续空间上，最小化式（11-2）得到最优解。

$$\begin{aligned}\text{Obj}^D(\theta_D,\theta_G) &= -\frac{1}{2}\int_x P_{data}(x)\log(D(X))\mathrm{d}x - \frac{1}{2}\int_z P_z(z)\log(1-D(g(z)))\mathrm{d}z \\ &= -\frac{1}{2}\int_x[P_{data}(x)\log(D(x)) + P_g(x)\log(1-D(x))]\mathrm{d}x\end{aligned} \tag{11-2}$$

对任意的非零实数 m 和 n，且实数值 $y\in[0,1]$，表达式 $-m\log(y)-n\log(1-y)$ 在 $\frac{m}{m+n}$ 处得到最小值。因此，在给定生成器的情况下，目标函数在 $D_G^*(x)=\dfrac{P_{data}(x)}{P_{data}(x)+P_g(x)}$

处得到最小值，此即判别器的最优解。由式（11-2）可知，GAN 估计的是两个概率分布密度的比值。

另外，$D(x)$ 代表的是 x 来源于真实数据而非生成数据的概率。当输入数据采样自真实数据 x 时，D 的目标是使输出概率值 $D(x)$ 趋近于 1，而当输入来自生成数据 $G(z)$ 时，D 的目标是正确判断数据来源，使得 $D(G(z))$ 趋近于 0，同时 G 的目标是使其趋近于 1。

实际上 GAN 就是一个关于 G 和 D 的零和游戏，生成器 G 的损失函数为 $\mathrm{Obj}^G(\theta_G) = -\mathrm{Obj}^D(\theta_D, \theta_G)$，所以，优化 GAN 是一个极小极大化问题，其目标函数为

$$\min_G \max_D \{f(D,G) = E_{x \sim P_{\text{data}}(x)}[\log D(x)] + E_{z \sim P_z(z)}[\log(1 - D(G(z)))]\} \tag{11-3}$$

总之，对于 GAN 的学习过程，需要训练模型 D 来最大化判别数据来源于真实数据或伪数据分布 $G(z)$ 的准确率，同时，需要训练模型 G 来最小化 $\log(1 - D(G(z)))$。这里可以采用交替优化的方法：先固定生成器 G，优化判别器 D，使得 D 的判别准确率最大化；然后固定判别器 D，优化生成器 G，使得 D 的判别准确率最小化。当且仅当 $P_{\text{data}} = P_g$ 时，达到全局最优。训练 GAN 时，同一轮参数更新中，一般对 D 的参数更新 K 次，再对 G 的参数更新 1 次[9]。

11.2.3 生成对抗网络的应用

GAN 的初始目的是基于大量的无标记数据无监督地学习生成器 G，具备生成各种形态（图像、语音、语言等）数据的能力。其主要应用体现在：①作为一个具有"无限"生成能力的模型，直接应用就是建模，生成与真实数据分布一致的数据样本，如可以生成图像、视频等；②可以用于解决标注数据不足时的学习问题，如无监督学习、半监督学习等；③可以用于语音和语言处理，如生成对话、由文本生成图像等。下面从图像和视觉领域、语音和语言领域、其他领域来阐述 GAN 的应用[10~15]。

1. 图像和视觉领域

GAN 能够生成与真实数据分布一致的数据。以生成图像为例，GAN 能够生成百万级分辨率的高清图像。例如，2018 年，英伟达公司的研究人员用名人照片作为 GAN 的数据源，创造了数百个并不存在的人的逼真面孔。

GAN 不但可以用来生成以假乱真的图像，还可以采用不同的方式重新构想图像，如使阳光明媚的道路显得白雪皑皑、将普通马变成斑马等。

实际上，GAN 的生成数据并不是无标记真实数据的单纯复现，而是具备一定的数据内插和外插能力，可作为一种数据增广方式，结合其他数据更好地训练各种学习模型。

2. 语音和语言领域

GAN 在语音和语言方面均有应用。Li 等人用 GAN 来表征对话之间的隐式关联性，从而生成对话文本。Zhang 等人提出基于 GAN 的文本生成，其用 CNN 作为判别器，基于拟合 LSTM 的输出，用矩匹配来解决优化问题；在训练时，和传统更新多次判别器参数再更新一次生成器参数不同，需要多次更新生成器参数再更新 CNN 判别器参数。SeqGAN 基于策略梯度来训练生成器，策略梯度的反馈奖励信号来自生成器，经过蒙特卡罗搜索得到。实验表明，SeqGAN 在语音、诗词和音乐生成方面的表现可以超过传统

方法[20]。

Reed 等人提出用 GAN 基于文本描述来生成图像，文本编码被作为生成器的条件输入，同时为了利用文本编码信息，也将其作为判别器特定层的额外信息输入来改进判别器。实验结果表明，生成图像和文本描述具有较高的相关性。

3. 其他领域

GAN 可以与强化学习相结合，如形成 SeqGAN。还有研究者将 GAN 和模仿学习融合，或者和 Actor-critic 方法结合等。

11.2.4　生成对抗网络的特点

与传统模型相比，GAN 包含两个不同的网络，而不是单一的网络，并且采用的是对抗训练方式。另外，GAN 中 G 的梯度更新信息来自判别器 D，而不是来自数据样本。

Goodfellow 认为 GAN 的优点主要体现在以下几个方面[8]。

（1）GAN 采用无监督的学习方式进行训练，可以被广泛用在无监督学习和半监督学习领域。

（2）GAN 是一种生成模型，相比其他生成模型（玻尔兹曼机和 GSN）只用到了反向传播，而不需要复杂的马尔可夫链。

（3）GAN 没有引入任何决定性偏置（Deterministic Bias），生成的实例样本清晰、真实。

（4）GAN 没有变分下界，如果判别器训练良好，那么生成器可以完美地学习到训练样本的分布。

（5）GAN 应用到图像风格迁移、图像补全、去噪等方面时，不需要损失函数，只要有一个基准，直接用判别器，剩下的经对抗训练完成即可。

GAN 存在的主要问题如下[11-13]。

（1）不收敛（Non-convergence）的问题。所有的理论都认为 GAN 应该在纳什均衡上有卓越的表现，但梯度下降只有在凸函数的情况下才能保证实现纳什均衡。Goodfellow 认为，当博弈双方都由神经网络表示时，在没有实际达到均衡的情况下，让它们永远保持对自己策略的调整是可能的。

（2）难以训练、崩溃的问题。GAN 模型被定义为极小极大化问题，没有损失函数，在训练过程中很难区分是否正在取得进展。GAN 的学习过程可能发生崩溃问题：生成器开始退化，总是生成同样的样本点，无法继续学习。当生成模型崩溃时，判别模型也会对相似的样本点指向相似的方向，训练无法继续。

（3）无须预先建模，模型过于自由，不可控。GAN 的这种竞争方式不再要求一个假设的数据分布，即不需要建模 $P(x)$，而是使用一种分布直接进行采样，从而真正在理论上可以完全逼近真实数据，这也是 GAN 最大的优势。然而，这种不需要预先建模的方法太过自由，处理较大图像时不太可控。在 GAN 中，学习参数的更新过程被设为 D 更新 K 次，G 才更新一次，也是出于类似考虑。

11.3　生成对抗网络的变种网络

自 Goodfellow 等人于 2014 年提出 GAN 以来[8]，针对基本 GAN 中存在的不适合处理离散形式的数据、训练不稳定、梯度消失、模式崩溃等问题，国内外的研究人员提出了各种 GAN 的衍生模型。这些模型的创新点包括模型结构改进、理论扩展及应用等。

笔者在王坤峰等人工作[7]的基础上进一步梳理总结了一些有代表意义的 GAN 衍生模型，包括 W-GAN、LS-GAN、Semi-GAN、Conditional GAN、Stack GAN、Big-GAN、Info-GAN、AC-GAN、SeqGAN，以及 HexaGAN、JointGAN、GraphGAN、MD-GAN、MsCGAN、TGAN 等[14~45]。下面重点介绍近年来的部分研究成果。

11.3.1　JointGAN

针对联合分布匹配问题，Pu 等人于 2018 年提出了一种新的 GAN——JointGAN[23]。与大多数只学习条件分布的现有网络不同，该网络旨在学习多个随机变量（域）的联合分布。这是通过从域之间的条件分布中取样，同时从每个域的边缘中取样来实现的。该网络框架由多个生成器和一个基于 Softmax 的 critic 组成，所有这些都是通过对抗性学习共同训练的。

11.3.2　MD-GAN

Hardy 等人于 2018 年提出了一种分布式 GAN——MD-GAN（Multi-Discriminator Generative Adversarial Networks）[24]。

不同于单个服务器上的 GAN，Hardy 等人提出一种适合分布式设置的 GAN，以解决分发 GAN 的问题，使它们能够在多个数据集上进行训练。他们使用 MNIST 和 CIFAR10 数据集，将 MD-GAN 的性能与改编版的联邦学习进行比较。结果显示，MD-GAN 在每个工作节点上的学习复杂性降低了一半，同时在两个数据集上提供了比联邦学习更好的性能。

11.3.3　MsCGAN

Tang 等人于 2018 年提出了一种多尺度条件生成对抗网络（Multi-scale Conditional Generative Adversarial Network，MsCGAN）[25]。他们针对合成任意姿势高质量的人像问题，提出将输入图像中的目标人物转换为任意包含给定目标姿态的合成图像，并且其外观和纹理与输入图像一致[28]。MsCGAN 是一个由两个生成器和两个判别器组成的多尺度 GAN。

MsCGAN 包含两个阶段。第一阶段，全局结构生成器 G_1 生成一个粗糙的图像；第二阶段，局部增强生成器 G_2 根据第一阶段的结果增强人的外观细节和有条件人图像的纹理信息，生成更真实的高分辨率图像。判别器 D_1 和 D_2 分别对原始尺寸的图像对和下采样的图像对进行鉴别。最后，将两个判别结果的加权和作为判别结果[28]。

11.3.4　TGAN

针对大尺寸图像生成问题，Ding 等人提出了一种通过探测张量结构生成高质量图像的新方案，即深张量生成对抗网络（Deep Tensor Generative Adversarial Net，TGAN）[26]。

深层次生成模型已成功地应用于许多领域。然而，现有方法在生成大图像时会受到限制（通常生成小图像）。本质上，TGAN 的对抗过程发生在张量空间。首先，其采用张量结构简洁地表示图像，在捕捉图像中基本对象的像素邻近信息和空间模式方面优于现有方法中的矢量化预处理；其次，其从随机分布中生成高质量的图像；最后，在 3 个数据集上，与最先进的对抗式自动编码器相比，TGAN 生成图像有更逼真的纹理，生成的图像尺寸也增加了 8.5 倍以上。

在 PASCAL 2 和 CIFAR 10 数据集上的生成结果均显示，TGAN 可以生成质量更好的图像，尤其是对 PASCAL 2 中的大图像，具有更精确的特征和细节，比传统方法更好地保留了空间结构和局部近端信息。

11.3.5　HexaGAN

大多数深度学习分类研究都假设数据是干净的，而真实世界普遍存在的是"脏"数据，即"缺少数据""类不平衡"和"缺少标签"的数据，这会破坏实际的分类效果。为此，Hwang 等人于 2019 年提出适用于真实世界分类问题的一种 GAN 框架——HexaGAN[21]。它对上述 3 种情况都具有良好的分类性能。

11.4　实验

11.4.1　基于 SRGAN 模型的人脸超分辨率实验

使用更快、更深的卷积神经网络在单图像超分辨率的精度和速度上取得了突破，但"采用大的向上采样因子时，如何超分辨率恢复更精细的纹理细节"这一核心问题仍未得到解决。基于优化的超分辨率方法的行为主要由选择的目标函数决定。最近的研究主要集中在最小化均方重建误差上，所得到的估计值具有较高的峰值信噪比，但它们通常缺乏高频细节，并且在感觉上不满足在较高分辨率下预期的保真度。

针对此问题，Ledig 等人提出一种用于图像超分辨率的 GAN——SRGAN[27]。

其感知损失由对抗性损失和内容损失组成。对抗性损失将其解决方案推向自然图像流形，使用一个经过训练的判别器网络来区分超分辨率图像和原始照片。其深度残留网络能够从公共基准上的大量减采样图像中恢复照片的真实纹理。一个扩展的 MOS 测试显示，使用 SRGAN 在知觉质量方面取得了巨大的进步。与最先进的方法相比，SRGAN 产生图像的 MOS 得分更接近于原始高分辨率图像的 MOS 得分。

1. 实验目的

（1）了解 PyTorch 的基本操作环境和操作的基本流程。

（2）在 PyTorch 环境下，实现基于 SRGAN 模型的人脸超分辨率实验。

（3）运行程序，观察并分析结果。

2. 实验要求

（1）了解 PyTorch 的工作原理。

（2）了解 SRGAN 的原理与结构。

（3）了解 CeleA 数据集的组成。

（4）理解 PyTorch 中与 SRGAN 相关的源码。

3. 实验原理

SRGAN 在 SRResNet 的基础上加了一个判别器。GAN 的作用是额外增加一个判别器网络和两个损失（g_loss 和 d_loss），用一种交替训练的方式训练两个网络。

CeleA 数据集是香港中文大学的开放数据，包含 10177 个名人的 202599 张图像，并且都做好了特征标记，是人脸相关训练方面非常好用的数据集。

4. 实验步骤

本实验环境为 PyTorch 1.0+Python 3.5，实验步骤如下。

（1）准备数据集。创建 data 目录，将任意图像文件夹放入 data 目录，如 data/celeba。

（2）创建数据导入函数（datasets.py），代码如下。

```python
import glob
import random
import os
import numpy as np
from torch.utils.data import Dataset
from PIL import Image
import torchvision.transforms as transforms
class ImageDataset(Dataset):
    def __init__(self, root, lr_transforms=None, hr_transforms=None):
        self.lr_transform = transforms.Compose(lr_transforms)
        self.hr_transform = transforms.Compose(hr_transforms)
        self.files = sorted(glob.glob(root + '/*.*'))
    def __getitem__(self, index):
        img = Image.open(self.files[index % len(self.files)])
        img_lr = self.lr_transform(img)
        img_hr = self.hr_transform(img)
        return {'lr': img_lr, 'hr': img_hr}
    def __len__(self):
        return len(self.files)
```

（3）定义生成器和判别器（model.py），代码如下。

```python
import torch.nn as nn
import torch.nn.functional as F
import torch
from torchvision.models import vgg19
import math


def weights_init_normal(m):
```

```python
        classname = m.__class__.__name__
        if classname.find('Conv') != -1:
            torch.nn.init.normal_(m.weight.data, 0.0, 0.02)
        elif classname.find('BatchNorm') != -1:
            torch.nn.init.normal_(m.weight.data, 1.0, 0.02)
            torch.nn.init.constant_(m.bias.data, 0.0)


class FeatureExtractor(nn.Module):
    def __init__(self):
        super(FeatureExtractor, self).__init__()
        vgg19_model = vgg19(pretrained=True)
        self.feature_extractor = nn.Sequential(*list(vgg19_model.features.children())[:12])
    def forward(self, img):
        out = self.feature_extractor(img)
        return out


class ResidualBlock(nn.Module):
    def __init__(self, in_features):
        super(ResidualBlock, self).__init__()
        conv_block = [   nn.Conv2d(in_features, in_features, 3, 1, 1),
                         nn.BatchNorm2d(in_features),
                         nn.ReLU(),
                         nn.Conv2d(in_features, in_features, 3, 1, 1),
                         nn.BatchNorm2d(in_features)   ]
        self.conv_block = nn.Sequential(*conv_block)
    def forward(self, x):
        return x + self.conv_block(x)


class GeneratorResNet(nn.Module):
    def __init__(self, in_channels=3, out_channels=3, n_residual_blocks=16):
        super(GeneratorResNet, self).__init__()
        self.conv1 = nn.Sequential(
            nn.Conv2d(in_channels, 64, 9, 1, 4),
            nn.ReLU(inplace=True)
        )
        res_blocks = []
        for _ in range(n_residual_blocks):
            res_blocks.append(ResidualBlock(64))
        self.res_blocks = nn.Sequential(*res_blocks)
        self.conv2 = nn.Sequential(nn.Conv2d(64, 64, 3, 1, 1), nn.BatchNorm2d(64))
        upsampling = []
        for out_features in range(2):
            upsampling += [ nn.Conv2d(64, 256, 3, 1, 1),
                            nn.BatchNorm2d(256),
                            nn.PixelShuffle(upscale_factor=2),
                            nn.ReLU(inplace=True)]
```

```
            self.upsampling = nn.Sequential(*upsampling)
            self.conv3 = nn.Sequential(nn.Conv2d(64, out_channels, 9, 1, 4), nn.Tanh())

     def forward(self, x):
            out1 = self.conv1(x)
            out = self.res_blocks(out1)
            out2 = self.conv2(out)
            out = torch.add(out1, out2)
            out = self.upsampling(out)
            out = self.conv3(out)
            return out


class Discriminator(nn.Module):
     def __init__(self, in_channels=3):
            super(Discriminator, self).__init__()
            def discriminator_block(in_filters, out_filters, stride, normalize):
                """Returns layers of each discriminator block"""
                layers = [nn.Conv2d(in_filters, out_filters, 3, stride, 1)]
                if normalize:
                     layers.append(nn.BatchNorm2d(out_filters))
                layers.append(nn.LeakyReLU(0.2, inplace=True))
                return layers
            layers = []
            in_filters = in_channels
            for out_filters, stride, normalize in [ (64, 1, False),(64, 2, True),(128, 1, True),(128, 2, True),(256,
1, True),(256, 2, True),(512, 1, True),(512, 2, True),]:
                layers.extend(discriminator_block(in_filters, out_filters, stride, normalize))
                in_filters = out_filters
            layers.append(nn.Conv2d(out_filters, 1, 3, 1, 1))
            self.model = nn.Sequential(*layers)


     def forward(self, img):
            return self.model(img)
```

（4）训练和结果生成（srgan.py），代码如下。

```
import argparse
import os
import numpy as np
import math
import itertools
import sys
import torchvision.transforms as transforms
from torchvision.utils import save_image
from torch.utils.data import DataLoader
from torchvision import datasets
from torch.autograd import Variable
```

```python
from models import *
from datasets import *
import torch.nn as nn
import torch.nn.functional as F
import torch

os.makedirs('images', exist_ok=True)
os.makedirs('saved_models', exist_ok=True)

parser = argparse.ArgumentParser()
parser.add_argument('--epoch', type=int, default=0, help='epoch to start training from')
parser.add_argument('--n_epochs', type=int, default=200, help='number of epochs of training')
parser.add_argument('--dataset_name', type=str, default="img_align_celeba", help='name of the dataset')
parser.add_argument('--batch_size', type=int, default=1, help='size of the batches')
parser.add_argument('--lr', type=float, default=0.0002, help='adam: learning rate')
parser.add_argument('--b1', type=float, default=0.5, help='adam: decay of first order momentum of gradient')
parser.add_argument('--b2', type=float, default=0.999, help='adam: decay of first order momentum of gradient')
parser.add_argument('--decay_epoch', type=int, default=100, help='epoch from which to start lr decay')
parser.add_argument('--n_cpu', type=int, default=8, help='number of cpu threads to use during batch generation')
parser.add_argument('--hr_height', type=int, default=256, help='size of high res. image height')
parser.add_argument('--hr_width', type=int, default=256, help='size of high res. image width')
parser.add_argument('--channels', type=int, default=3, help='number of image channels')
parser.add_argument('--sample_interval', type=int, default=100, help='interval between sampling of images from generators')
parser.add_argument('--checkpoint_interval', type=int, default=-1, help='interval between model checkpoints')
opt = parser.parse_args()
print(opt)

cuda = True if torch.cuda.is_available() else False
patch_h, patch_w = int(opt.hr_height / 2**4), int(opt.hr_width / 2**4)
patch = (opt.batch_size, 1, patch_h, patch_w)
generator = GeneratorResNet()
discriminator = Discriminator()
feature_extractor = FeatureExtractor()
criterion_GAN = torch.nn.MSELoss()
criterion_content = torch.nn.L1Loss()

if cuda:
    generator = generator.cuda()
    discriminator = discriminator.cuda()
    feature_extractor = feature_extractor.cuda()
    criterion_GAN = criterion_GAN.cuda()
```

```
            criterion_content = criterion_content.cuda()

    if opt.epoch != 0:
        generator.load_state_dict(torch.load('saved_models/generator_%d.pth'))
        discriminator.load_state_dict(torch.load('saved_models/discriminator_%d.pth'))
    else:
        generator.apply(weights_init_normal)
        discriminator.apply(weights_init_normal)

    optimizer_G = torch.optim.Adam(generator.parameters(), lr=opt.lr, betas=(opt.b1, opt.b2))
    optimizer_D = torch.optim.Adam(discriminator.parameters(), lr=opt.lr, betas=(opt.b1, opt.b2))
    Tensor = torch.cuda.FloatTensor if cuda else torch.Tensor
    input_lr = Tensor(opt.batch_size, opt.channels, opt.hr_height//4, opt.hr_width//4)
    input_hr = Tensor(opt.batch_size, opt.channels, opt.hr_height, opt.hr_width)
    valid = Variable(Tensor(np.ones(patch)), requires_grad=False)
    fake = Variable(Tensor(np.zeros(patch)), requires_grad=False)
    lr_transforms = [    transforms.Resize((opt.hr_height//4, opt.hr_height//4), Image.BICUBIC),
                         transforms.ToTensor(),
                         transforms.Normalize((0.5,0.5,0.5), (0.5,0.5,0.5)) ]
    hr_transforms = [    transforms.Resize((opt.hr_height, opt.hr_height), Image.BICUBIC),
                         transforms.ToTensor(),
                         transforms.Normalize((0.5,0.5,0.5), (0.5,0.5,0.5)) ]
    dataloader = DataLoader(ImageDataset("../../data/%s" % opt.dataset_name, lr_transforms=lr_transforms,
hr_transforms=hr_transforms),
                        batch_size=opt.batch_size, shuffle=True, num_workers=opt.n_cpu)

    for epoch in range(opt.epoch, opt.n_epochs):
        for i, imgs in enumerate(dataloader):
            imgs_lr = Variable(input_lr.copy_(imgs['lr']))
            imgs_hr = Variable(input_hr.copy_(imgs['hr']))

    optimizer_G.zero_grad()
            gen_hr = generator(imgs_lr)
            gen_validity = discriminator(gen_hr)
            loss_GAN = criterion_GAN(gen_validity, valid)
            gen_features = feature_extractor(gen_hr)
            real_features = Variable(feature_extractor(imgs_hr).data, requires_grad=False)
            loss_content =   criterion_content(gen_features, real_features)
            loss_G = loss_content + 1e-3 * loss_GAN
            loss_G.backward()
            optimizer_G.step()

    optimizer_D.zero_grad()
            loss_real = criterion_GAN(discriminator(imgs_hr), valid)
            loss_fake = criterion_GAN(discriminator(gen_hr.detach()), fake)
            loss_D = (loss_real + loss_fake) / 2
```

```
        loss_D.backward()
        optimizer_D.step()
        print("[Epoch %d/%d] [Batch %d/%d] [D loss: %f] [G loss: %f]" %
              (epoch, opt.n_epochs, i, len(dataloader),
               loss_D.item(), loss_G.item()))
        batches_done = epoch * len(dataloader) + i
        if batches_done % opt.sample_interval == 0:
            save_image(torch.cat((gen_hr.data, imgs_hr.data), -2),
                       'images/%d.png' % batches_done, normalize=True)
    if opt.checkpoint_interval != -1 and epoch % opt.checkpoint_interval == 0:
        torch.save(generator.state_dict(), 'saved_models/generator_%d.pth' % epoch)
        torch.save(discriminator.state_dict(), 'saved_models/discriminator_%d.pth' % epoch)
```

（5）运行程序，代码如下。

```
python srgan.py
```

11.4.2　基于 SRGAN 的图像转换实验

Isola 等人将图像处理、计算机图形学和计算机视觉中的许多问题看作按某种规则将输入图像转换成相应输出图像的过程。如图 11-1 所示，把一个图像语义标签场景转换为一幅 RGB 图像、把一个边缘映射图像转换为一个仿真目标的映射等[38]。

（a）标签图像生成真实图像

（b）白天场景图像生成夜晚场景图像

（c）目标边缘图像生成真实目标图像

图 11-1　图像处理、计算机图形学和计算机视觉中的图像转换问题[39]

（d）灰度图像生成彩色图像

图 11-1　图像处理、计算机图形学和计算机视觉中的图像转换问题[39]（续）

在文献[38]中，Isola 等人提出了一种通用的基于 SRGAN 的图像到图像的转换方法。该方法中的网络不仅学习从输入图像到输出图像的映射，而且学习一个损失函数来训练这种映射。Isola 等人证明了这种方法在从标签图合成照片、从边缘图重建对象及给图像上色等任务中是有效的。事实上，自从与该方法相关的 pix2pix 模型发布以来，大量互联网用户（其中许多是艺术家）已经发布了他们自己的实验，进一步证明了该方法广泛的适用性，且无须进行参数调整。

1. 实验目的

（1）了解 PyTorch 的基本操作环境和操作基本流程。

（2）了解 PyTorch 中使用 pix2pix 实现图像转换的操作。

（3）对 PyTorch 如何实现一个深度学习任务有整体感知。

（4）运行程序，观察并分析实验结果。

2. 实验要求

（1）了解 PyTorch 的工作原理。

（2）了解 SRGAN（pix2pix）的原理与结构。

（3）了解 Facades 数据集的组成。

（4）理解 PyTorch 中 pix2pix 相关的源码。

（5）用代码实现图像转换功能。

3. 实验原理

（1）pix2pix 模型的网络结构图如图 11-2 所示。

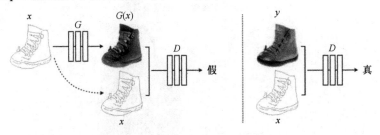

图 11-2　pix2pix 模型的网络结构图[39]

在训练过程中，图像 x 作为此 GAN 的条件，需要输入 G 和 D 中。G 的输入是 $\{x, z\}$

（其中，x 是需要转换的图像，z 是随机噪声），输出是生成的图像 $G(x,z)$。D 则需要分辨 $\{x,G(x,z)\}$ 和 $\{x,y\}$。

（2）生成器模型使用 U-Net，如图 11-3 所示。

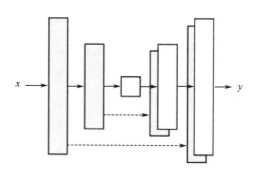

图 11-3　生成器模型使用 U-Net[39]

（3）Facades 数据集包括各种来源的 606 幅经过校正的图像，这些图像已经被手动注释。图 11-4 所示为 Facades 数据集可视化示意图。

图 11-4　Facades 数据集可视化示意图[38]

4. 实验步骤

本实验的环境为 PyTorch 1.0+Python 3.5，实验步骤如下。

（1）准备数据集。下载 Facades，解压到 data/facades 下，创建数据导入函数（datasets.py），代码如下。

```
import glob
import random
import os
import numpy as np
from torch.utils.data import Dataset
from PIL import Image
```

```python
import torchvision.transforms as transforms
class ImageDataset(Dataset):
    def __init__(self, root, transforms_=None, mode='train'):
        self.transform = transforms.Compose(transforms_)
        self.files = sorted(glob.glob(os.path.join(root, mode) + '/*.*'))
        if mode == 'train':
            self.files.extend(sorted(glob.glob(os.path.join(root, 'test') + '/*.*')))

    def __getitem__(self, index):
        img = Image.open(self.files[index % len(self.files)])
        w, h = img.size
        img_A = img.crop((0, 0, w/2, h))
        img_B = img.crop((w/2, 0, w, h))
        if np.random.random() < 0.5:
            img_A = Image.fromarray(np.array(img_A)[:, ::-1, :], 'RGB')
            img_B = Image.fromarray(np.array(img_B)[:, ::-1, :], 'RGB')
        img_A = self.transform(img_A)
        img_B = self.transform(img_B)
        return {'A': img_A, 'B': img_B}
    def __len__(self):
        return len(self.files)
```

（2）定义生成器和判别器（model.py），代码如下。

```python
import torch.nn as nn
import torch.nn.functional as F
import torch
def weights_init_normal(m):
    classname = m.__class__.__name__
    if classname.find('Conv') != -1:
        torch.nn.init.normal_(m.weight.data, 0.0, 0.02)
    elif classname.find('BatchNorm2d') != -1:
        torch.nn.init.normal_(m.weight.data, 1.0, 0.02)
        torch.nn.init.constant_(m.bias.data, 0.0)


class UNetDown(nn.Module):
    def __init__(self, in_size, out_size, normalize=True, dropout=0.0):
        super(UNetDown, self).__init__()
        layers = [nn.Conv2d(in_size, out_size, 4, 2, 1, bias=False)]
        if normalize:
            layers.append(nn.InstanceNorm2d(out_size))
        layers.append(nn.LeakyReLU(0.2))
        if dropout:
            layers.append(nn.Dropout(dropout))
        self.model = nn.Sequential(*layers)
```

```python
        def forward(self, x):
            return self.model(x)


class UNetUp(nn.Module):
    def __init__(self, in_size, out_size, dropout=0.0):
        super(UNetUp, self).__init__()
        layers = [  nn.ConvTranspose2d(in_size, out_size, 4, 2, 1, bias=False),
                    nn.InstanceNorm2d(out_size),
                    nn.ReLU(inplace=True)]
        if dropout:
            layers.append(nn.Dropout(dropout))

        self.model = nn.Sequential(*layers)

def forward(self, x, skip_input):
        x = self.model(x)
        x = torch.cat((x, skip_input), 1)
        return x


class GeneratorUNet(nn.Module):
    def __init__(self, in_channels=3, out_channels=3):
        super(GeneratorUNet, self).__init__()
        self.down1 = UNetDown(in_channels, 64, normalize=False)
        self.down2 = UNetDown(64, 128)
        self.down3 = UNetDown(128, 256)
        self.down4 = UNetDown(256, 512, dropout=0.5)
        self.down5 = UNetDown(512, 512, dropout=0.5)
        self.down6 = UNetDown(512, 512, dropout=0.5)
        self.down7 = UNetDown(512, 512, dropout=0.5)
        self.down8 = UNetDown(512, 512, normalize=False, dropout=0.5)
        self.up1 = UNetUp(512, 512, dropout=0.5)
        self.up2 = UNetUp(1024, 512, dropout=0.5)
        self.up3 = UNetUp(1024, 512, dropout=0.5)
        self.up4 = UNetUp(1024, 512, dropout=0.5)
        self.up5 = UNetUp(1024, 256)
        self.up6 = UNetUp(512, 128)
        self.up7 = UNetUp(256, 64)
        self.final = nn.Sequential(
            nn.Upsample(scale_factor=2),
            nn.ZeroPad2d((1, 0, 1, 0)),
            nn.Conv2d(128, out_channels, 4, padding=1),
            nn.Tanh()
        )
```

```python
    def forward(self, x):
        # U-Net generator with skip connections from encoder to decoder
        d1 = self.down1(x)
        d2 = self.down2(d1)
        d3 = self.down3(d2)
        d4 = self.down4(d3)
        d5 = self.down5(d4)
        d6 = self.down6(d5)
        d7 = self.down7(d6)
        d8 = self.down8(d7)
        u1 = self.up1(d8, d7)
        u2 = self.up2(u1, d6)
        u3 = self.up3(u2, d5)
        u4 = self.up4(u3, d4)
        u5 = self.up5(u4, d3)
        u6 = self.up6(u5, d2)
        u7 = self.up7(u6, d1)

        return self.final(u7)


class Discriminator(nn.Module):
    def __init__(self, in_channels=3):
        super(Discriminator, self).__init__()

        def discriminator_block(in_filters, out_filters, normalization=True):
            """Returns downsampling layers of each discriminator block"""
            layers = [nn.Conv2d(in_filters, out_filters, 4, stride=2, padding=1)]
            if normalization:
                layers.append(nn.InstanceNorm2d(out_filters))
            layers.append(nn.LeakyReLU(0.2, inplace=True))
            return layers

        self.model = nn.Sequential(
            *discriminator_block(in_channels*2, 64, normalization=False),
            *discriminator_block(64, 128),
            *discriminator_block(128, 256),
            *discriminator_block(256, 512),
            nn.ZeroPad2d((1, 0, 1, 0)),
            nn.Conv2d(512, 1, 4, padding=1, bias=False)
        )

    def forward(self, img_A, img_B):
        img_input = torch.cat((img_A, img_B), 1)
        return self.model(img_input)
```

（3）训练和结果生成（pix2pix.py），代码如下。

```python
import argparse
import os
import numpy as np
import math
import itertools
import time
import datetime
import sys
import torchvision.transforms as transforms
from torchvision.utils import save_image
from torch.utils.data import DataLoader
from torchvision import datasets
from torch.autograd import Variable
from models import *
from datasets import *
import torch.nn as nn
import torch.nn.functional as F
import torch


parser = argparse.ArgumentParser()
parser.add_argument('--epoch', type=int, default=0, help='epoch to start training from')
parser.add_argument('--n_epochs', type=int, default=200, help='number of epochs of training')
parser.add_argument('--dataset_name', type=str, default="facades", help='name of the dataset')
parser.add_argument('--batch_size', type=int, default=1, help='size of the batches')
parser.add_argument('--lr', type=float, default=0.0002, help='adam: learning rate')
parser.add_argument('--b1', type=float, default=0.5, help='adam: decay of first order momentum of gradient')
parser.add_argument('--b2', type=float, default=0.999, help='adam: decay of first order momentum of gradient')
parser.add_argument('--decay_epoch', type=int, default=100, help='epoch from which to start lr decay')
parser.add_argument('--n_cpu', type=int, default=8, help='number of cpu threads to use during batch generation')
parser.add_argument('--img_height', type=int, default=256, help='size of image height')
parser.add_argument('--img_width', type=int, default=256, help='size of image width')
parser.add_argument('--channels', type=int, default=3, help='number of image channels')
parser.add_argument('--sample_interval', type=int, default=500, help='interval between sampling of images from generators')
parser.add_argument('--checkpoint_interval', type=int, default=-1, help='interval between model checkpoints')
opt = parser.parse_args()
print(opt)

os.makedirs('images/%s' % opt.dataset_name, exist_ok=True)
```

```
os.makedirs('saved_models/%s' % opt.dataset_name, exist_ok=True)

cuda = True if torch.cuda.is_available() else False
criterion_GAN = torch.nn.MSELoss()
criterion_pixelwise = torch.nn.L1Loss()
lambda_pixel = 100
patch = (1, opt.img_height//2**4, opt.img_width//2**4)
generator = GeneratorUNet()
discriminator = Discriminator()

if cuda:
    generator = generator.cuda()
    discriminator = discriminator.cuda()
    criterion_GAN.cuda()
    criterion_pixelwise.cuda()

if opt.epoch != 0:
    generator.load_state_dict(torch.load('saved_models/%s/generator_%d.pth'%(opt.dataset_name,
opt.epoch)))
    discriminator.load_state_dict(torch.load('saved_models/%s/discriminator_%d.pth'% (opt.dataset_na
me, opt.epoch)))
else:
    generator.apply(weights_init_normal)
    discriminator.apply(weights_init_normal)
optimizer_G = torch.optim.Adam(generator.parameters(), lr=opt.lr, betas=(opt.b1, opt.b2))
optimizer_D = torch.optim.Adam(discriminator.parameters(), lr=opt.lr, betas=(opt.b1, opt.b2))
transforms_ = [ transforms.Resize((opt.img_height, opt.img_width), Image.BICUBIC),
                transforms.ToTensor(),
                transforms.Normalize((0.5,0.5,0.5), (0.5,0.5,0.5)) ]
dataloader = DataLoader(ImageDataset("../../data/%s" % opt.dataset_name, transforms_=transforms_),
                        batch_size=opt.batch_size, shuffle=True, num_workers=opt.n_cpu)
val_dataloader = DataLoader(ImageDataset("../../data/%s" % opt.dataset_name, transforms_=transforms_,
mode='val'),
                            batch_size=10, shuffle=True, num_workers=1)
Tensor = torch.cuda.FloatTensor if cuda else torch.FloatTensor

def sample_images(batches_done):
    imgs = next(iter(val_dataloader))
    real_A = Variable(imgs['B'].type(Tensor))
    real_B = Variable(imgs['A'].type(Tensor))
    fake_B = generator(real_A)
    img_sample = torch.cat((real_A.data, fake_B.data, real_B.data), -2)
    save_image(img_sample, 'images/%s/%s.png' % (opt.dataset_name, batches_done), nrow=5,
normalize=True)
```

```
prev_time = time.time()
for epoch in range(opt.epoch, opt.n_epochs):
    for i, batch in enumerate(dataloader):
        real_A = Variable(batch['B'].type(Tensor))
        real_B = Variable(batch['A'].type(Tensor))
        valid = Variable(Tensor(np.ones((real_A.size(0), *patch))), requires_grad=False)
        fake = Variable(Tensor(np.zeros((real_A.size(0), *patch))), requires_grad=False)


optimizer_G.zero_grad()
        fake_B = generator(real_A)
        pred_fake = discriminator(fake_B, real_A)
        loss_GAN = criterion_GAN(pred_fake, valid)
        loss_pixel = criterion_pixelwise(fake_B, real_B)
        loss_G = loss_GAN + lambda_pixel * loss_pixel
        loss_G.backward()
        optimizer_G.step()


optimizer_D.zero_grad()
        pred_real = discriminator(real_B, real_A)
        loss_real = criterion_GAN(pred_real, valid)
        pred_fake = discriminator(fake_B.detach(), real_A)
        loss_fake = criterion_GAN(pred_fake, fake)
        loss_D = 0.5 * (loss_real + loss_fake)
        loss_D.backward()
        optimizer_D.step()
        batches_done = epoch * len(dataloader) + i
        batches_left = opt.n_epochs * len(dataloader) - batches_done
        time_left = datetime.timedelta(seconds=batches_left * (time.time() - prev_time))
        prev_time = time.time()
        sys.stdout.write("\r[Epoch %d/%d] [Batch %d/%d] [D loss: %f] [G loss: %f, pixel: %f, adv: %f]
ETA: %s" %

                        (epoch, opt.n_epochs,
                        i, len(dataloader),
                        loss_D.item(), loss_G.item(),
                        loss_pixel.item(), loss_GAN.item(),
                        time_left))
        if batches_done % opt.sample_interval == 0:
            sample_images(batches_done)
    if opt.checkpoint_interval != -1 and epoch % opt.checkpoint_interval == 0:
        torch.save(generator.state_dict(), 'saved_models/%s/generator_%d.pth' % (opt.dataset_name,
epoch))
        torch.save(discriminator.state_dict(),          'saved_models/%s/discriminator_%d.pth'          %
(opt.dataset_name, epoch))
```

（4）运行程序，代码如下。

```
python pix2pix.py
```

习题

1．试说明什么是博弈，什么是对抗。
2．查阅相关资料，了解博弈思想在人机大战中的应用原理。
3．简述什么是生成对抗网络。
4．试结合实例，分析基本生成对抗网络的优点及缺点。
5．请结合 MD-GAN，简述并分析分布式生成对抗网络的现实意义。
6．简述生成对抗网络的常见变种网络。
7．认真阅读相关参考文献和实验部分，完成基于生成对抗网络的图像超分辨率实验。
8．认真阅读相关参考文献和实验部分，完成基于生成对抗网络的图像转换实验。

参考文献

[1]　SCHMIDHUBER J. Learning factorial codes by predictability minimization[J]. Neural Computation, 1992, 4(6): 863-879.

[2]　刘铁岩：博弈机器学习是什么？[EB/OL]. [2021-08-10]. https://www.itdaan.com/blog/2017/09/04/d2e306e2ddcbb73487068ceee8ad9557.html.

[3]　CHEN W Z, WANG H, LI Y Y, et al. Synthesizing training images for boosting human 3D pose estimation[C]. Proceedings of the 2016 Fourth International Conference on 3D Vision, 2016: 479-488.

[4]　GANIN Y, USTINOVA E, AJAKAN H, et al. Domain-adversarial training of neural networks[J]. Journal of Machine Learning Research, 2015, 17(1): 2096-2030.

[5]　机器学习-生成学习算法[EB/OL]. [2021-08-10]. https://www.cnblogs.com/sirius-swu/p/7233023.html.

[6]　机器学习-判别式模型与生成式模型[EB/OL]. [2021-08-10]. https://www.cnblogs.com/fanyabo/p/4067295.html.

[7]　王坤峰，苟超，段艳杰，等. 生成对抗网络 GAN 的研究进展与展望[J]. 自动化学报，2017，43(3): 32-332.

[8]　GOODFELLOW I J, POUGET-ABADIE J, MIRZA M, et al. Generative adversarial nets[C]. Proceedings of the International Conference on Neural Information Processing Systems, 2014: 350-358.

[9]　KARRAS T, LAINE S, AILA T, et al. A style-based generator architecture for generative adversarial networks[C]. Proceedings of the IEEE International Conference on Computer Vision and Pattern Recognition, 2019: 4401-4410.

[10]　A masterpiece of deep learning: GTC provides canvas for a revolutionary style of artificial

intelligence[EB/OL]. [2020-07-01]. https://blogs.nvidia.com/blog/2016/04/05/artificial-intelligence.

[11] GAN(生成生成对抗网络)原理解析[EB/OL]. [2020-07-01]. https://blog.csdn.net/Sakura55/article/details/81512600.

[12] OpenAI Ian Goodfellow 的 Quora 问答：高歌猛进的机器学习人生[EB/OL]. [2020-07-01]. http://www.sohu.com/a/110342183_465975.

[13] QI G. Loss-sensitive generative adversarial networks on lipschitz densities[J]. International Journal of Computer Vision, 2017, 126(5): 1586-1591.

[14] ARJOVSKY M. Wasserstein GAN[EB/OL]. [2017-11-06]. https://arxiv.org/abs/1701.07875.

[15] ODENA A. Semi-supervised learning with generative adversarial networks[EB/OL]. [2020-07-01]. https://arxiv.org/abs/1606.01583.

[16] MIRZA M, OSINDERO S. Conditional generative adversarial nets[EB/OL]. [2020-07-01]. https://arxiv.org/pdf/1411.1784.pdf.

[17] DONAHUE J, KRÄHENBÜHL P, DARRELL T. Adversarial feature learning[EB/OL]. [2020-07-01]. https://arxiv.org/abs/1605.09782.

[18] CHEN X, DUAN Y, HOUTHOOFT R, et al. InfoGAN: interpretable representation learning by information maximizing generative adversarial nets[C]. Proceedings of the 29th Neural Information Processing Systems, 2016: 2172-2180.

[19] ODENA A, OLAH C, SHLENS J, et al. Conditional image synthesis with auxiliary classifier GANs[C]. Proceedings of International Conference on Machine Learning, 2017: 2642-2651.

[20] YU L, ZHANG W, WANG J, et al. SeqGAN: sequence generative adversarial nets with policy gradient[EB/OL]. [2020-07-01]. https://arxiv.org/abs/1609.05473.pdf.

[21] HWANG U, JUNG D, YOON S. HexaGAN: generative adversarial nets for real world classification[EB/OL]. [2020-07-01]. https://arxiv.org/abs/1902.09913?context=stat.ML.

[22] WANG H, WANG J, WANG J, et al. GraphGAN: graph representation learning with generative adversarial nets[EB/OL]. [2020-07-01]. https://arxiv.org/abs/1711.08267v1.

[23] PU Y, DAI S, GAN Z, et al. JointGAN: multi-domain joint distribution learning with generative adversarial nets[EB/OL]. [2020-07-01]. https://arxiv.org/abs/1806.02978.pdf.

[24] HARDY C, MERRER E L, SERICOLA B. MD-GAN: multi-discriminator generative adversarial networks for distributed datasets[EB/OL]. [2020-07-01]. https://arxiv.org/abs/1811.03850.

[25] TANG W, LI T, NIAN F, et al. MsCGAN: multi-scale conditional generative adversarial networks for person image generation[C]. Proceedings of the IEEE International Conference on Computer Vision and Pattern Recognition, 2018: 3635-3648.

[26] Ding Z, Liu X Y, Yin M, et al. TGAN: deep tensor generative adversarial nets for large image generation[C]. Proceedings of the IEEE International Conference on Computer Vision and Pattern Recognition, 2019: 2326-2332.

[27] LEDIG C, THEIS L, HUSZAR F, et al. Photo-realistic single image super-resolution using

a generative adversarial network[C]. Proceedings of the IEEE International Conference on Computer Vision and Pattern Recognition, 2016: 4681-4690.

[28] MIRZA M, OSINDERO S. Conditional generative adversarial nets[EB/OL]. [2014-11-06]. https://arxiv.org/abs/1411.1784.

[29] LARSEN A B, SONDERBY S K, LAROCHELLE H, et al. Autoencoding beyond pixels using a learned similarity metric[EB/OL]. [2020-07-01]. https://arxiv.org/abs/1512. 09300.pdf.

[30] LIU M, TUZEL O. Coupled generative adversarial networks[C]. Proceedings of the IEEE International Conference on Neural Information Processing Systems, 2016: 469-477.

[31] ZHAO J, MATHIEU M, LECUN Y, et al. Energy-based generative adversarial network[EB/OL]. [2020-07-01]. https://arxiv.org/abs/1609.03126.pdf.

[32] GHOSH A, BHATTACHARYA B, CHOWDHURY S B R. SAD-GAN: synthetic autonomous driving using generative adversarial networks[C]. Proceedings of the IEEE Conference on Computer Vision and Pattern Recognition, 2016: 1-5.

[33] NGUYEN A, CLUNE J, BENGIO Y, et al. Plug & play generative networks: conditional iterative generation of images in latent space[J]. Retina-Vitreus, 2016, 21(3): 166-177.

[34] BROCK A, DONAHUE J, SIMONYAN K, et al. Large scale GAN training for high fidelity natural image synthesis[EB/OL]. [2020-07-01]. https://arxiv.org/abs/1809.11096.pdf.

[35] MESCHEDER L, GEIGER A, NOWOZIN S. Which training methods for GANs do actually converge?[C]. Proceedings of the 35th International Conference on Machine Learning, 2018: 3481-3490.

[36] HUANG H, LI Z, HE R, et al. IntroVAE: introspective variational autoencoders for photographic image synthesis[EB/OL]. [2020-07-01]. https://arxiv.org/abs/1807.06358.pdf.

[37] PENG X B, KANAZAWA A, TOYER S, et al. Variational discriminator bottleneck: improving imitation learning, inverse RL, and GANs by constraining information flow[EB/OL]. [2020-07-01]. https://arxiv.org/abs/1810.00821.pdf.

[38] ISOLA P, ZHU J Y, ZHOU T, et al. Image-to-image translation with conditional adversarial networks[C]. Proceedings of the IEEE Conference on Computer Vision and Pattern Recognition, 2017: 684-693.

[39] RADFORD A, METZ L, CHINTALA S. Unsupervised representation learning with deep convolutional generative adversarial networks[EB/OL]. [2020-07-01]. https://arxiv.org/ abs/1511.06434.

[40] QIAO J J, SONG H H, ZHANG K H. Image super-resolution using conditional generative adversarial network[J]. IET Image Processing, 2019, 13(7): 2673-2679.

[41] LUO F L, LI S Y, YANG P C. Pun-GAN: generative adversarial network for pun generation[C]. Proceedings of the Conference on Empirical Methods in Natural Language Processing and the 9th International Joint Conference on Natural Language Processing, 2019: 576-582.

[42] ZHANG S, LIANG R, WANG M. ShadowGAN: shadow synthesis for virtual objects with conditional adversarial networks[J]. Computational Visual Media, 2019, 5(1): 106-116.

[43] 王娟，徐志京. HR-DCGAN 方法的帕金森声纹样本扩充及识别研究[J]. 小型微型计算机系统，2019，40(9): 2026-2032.

[44] LI F Z, ZHU Z F, ZHANG X X. Diffusion induced graph representation learning[J]. Neurocomputing, 2019, 360: 220-229.

[45] OSMAN T, RUI Z, SIMON D. MTRNet: a generic scene text Eraser[EB/OL]. [2018-08-08]. https://arxiv.org/abs/1903.04092.

第 12 章　强化学习

强化学习（Reinforcement Learning）是从动物学习过程抽象出来的一种重要的机器学习方法。我们刚出生时，对周边环境不甚了解，在成长过程中，通过与周边环境（人和事物）的一系列互动，才逐渐弄清事物的因果关系，了解世界的运行规律，进而将这些认知转化为经验和规律，指导我们的行动。强化学习过程与人类认知世界的过程极为相似。强化学习以"试错"的方式进行学习，通过与环境进行多次交互所获得的正反馈或负反馈，不断调整行为方式，直至获得环境感知能力和正确的行为模式。

本章将介绍几种经典的强化学习算法，包括马尔可夫决策过程、动态规划、蒙特卡罗方法，最后通过"方块走迷宫"和"打砖块"游戏实例，使读者加深对强化学习的理解。

12.1　强化学习的引入

12.1.1　强化学习的概念

强化学习在生活中有广泛的应用，如在无人驾驶、棋类游戏、视频游戏、机器人行走等方面都展现了机器强大的自学功能，甚至在财经、生物学、电信等领域也有所应用。

下面先通过例子介绍交互学习。现有一只刚出生不久的小狗，它对世界的认知几乎为零，需要和主人互动，形成自己的经验规律。假设主人向这只小狗发出"坐下"指令，但它并不知道应该做出什么动作才是正确的，只是随机地尝试各种动作并观察主人的回应。如果小狗选择"坐下"的动作后，主人给了它一块肉作为行动正确的奖赏，它会很开心并希望在后续互动中获得更多奖励。于是当下次主人发出其他指令时，它依然重复上述过程做出动作，并等待主人的回应。如果这次主人给了它一个负面反馈，小狗会随机尝试其他动作并测试反馈。随着这个过程的持续，小狗不断重复获得指令—选择动作—获得反馈这个过程，努力做出正确的动作令主人开心并获得最大化的奖励。在这个假设中，有以下几个关键要素。

（1）小狗：实验的主体。

（2）主人：实验者，负责给小狗指令。

（3）手势（指令）：给狗的指令或刺激。

（4）坐下：小狗对手势（指令）的反应。

（5）肉：作为给小狗的奖励，也是改变小狗行为的关键所在。

从上面的例子中抽象出来的各要素所对应的强化学习抽象术语如下。

（1）实验的主体：智能体（Agent）。

（2）实验者：环境（Environment）。

（3）给智能体的刺激（手势）：观察值（Observation）/状态（State）。

（4）智能体的反应（坐下）：行动（Action）。

（5）智能体的奖励（肉）：回报/反馈（Reward）。

在强化学习的过程中，智能体和环境通过不断交互来学习。

如图 12-1 所示，在强化学习的学习过程中，数据流的传播方向可以简化为以下步骤。

（1）在每个时间点，环境都将处于一个状态。

（2）智能体会得到当前环境下的观察值。

（3）智能体根据观察值，结合自己学得的历史经验"策略"（Policy），决定下一步采取的行动。

（4）采取行动后，环境的状态会受到影响而发生改变。此时，智能体可以得到改变后的新环境反馈的两部分信息：新的观察值和该行动的回报。这个回报既可以是正向反馈，也可以是负向反馈，接下来智能体就可以根据这些信息采取新的行动。

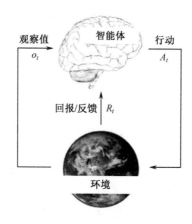

图 12-1　强化学习数据流的传播方向

综上可知，强化学习是一个基于观察、奖励、行为措施的时间序列，这个时间序列代表着智能体的经验。由这些历史经验就可以得到强化学习的数据。

12.1.2　强化学习的特点

从上述交互学习的例子可知，从智能体的角度出发，如果智能体尽可能配合实验者通过行动达到实验者想要的结果，那么智能体将获得最多的回报。智能体行动的目标是最大化所获得的回报，这里的回报是指智能体与环境交互所产生的所有回报。强化学习具有以下几个特点。

1. 不断试错

刚开始实验时，智能体并不知道自己所选择的行动会得到怎样的回报，它需要根据回报的情况一直调整自己的策略，以尽可能多地获得回报。所以，在这个过程中，智能体要对每种状态所有可能的动作加以尝试，根据环境给出的回报信息调整自己的策略。

因此，这个过程可以说是在不断试错的过程中获得经验学习的最优策略。

2. 看重长期回报

强化学习的过程是一个智能体和环境进行长时间交互学习的过程。在一个很长的学习过程中，短时间内一两个行动所得到的回报不是最重要的。智能体更看重环境的设置，使得短时间内回报不高但长期回报很可观的情况成为主导。例如，在俄罗斯方块游戏中，玩家不应该只贪婪地追逐短期内的一行得分，而应该设法一次消除多行来获取更高的奖励。这就需要智能体在实验过程中不断尝试探索，这也符合强化学习不断试错的特点。

3. 错误被延迟

从第 2 个特点可以引申一种情况：在不断尝试的过程中，短时间的决定不会立即产生灾难性的后果，需要经历几个阶段的验证后，才可能使回报呈现灾难性的趋势。可以看出，在强化学习不断尝试的过程中，存在错误决定被延迟的风险。

因为强化学习具有以上几个特点，所以，评价强化学习优劣的指标与其他算法的不尽相同。不仅要考虑一些常见的评价指标，如算法效果、计算时间、稳定性和泛化性等，还要考虑智能体的学习时间。如果一个算法尝试很多次才能找到较优的策略，则花费的学习时间就会很长。所以，需要明确强化学习的两个目标：提高学习效果和减少学习时间。

12.1.3　强化学习与监督学习

监督学习是一种经典的机器学习方法，它的目标是训练一个可以根据确定的输入映射得到对应的输出的模型。这个方法需要利用一定数量的有确定输入/输出的训练样本进行训练，根据输入和输出数据不断调整模型的参数，逐步完成模型的构建。强化学习和监督学习既有相同点，又有不同之处。

从本质来看，两种学习方法是很相似的。监督学习希望模型根据输入得到相对应的输出；强化学习希望智能体根据指定的状态得到使回报最大化的行动和策略。从宏观来看，两种方法都完成从一个事物到另一个事物的映射。

从目标来看，二者对目标的明确性不同。监督学习的目标更加明确，要求输入对应确定的输出；而强化学习的目标不是非常明确，能够让当前状态得到最大回报的策略或者行动可能有多个。

从最后结果来看，监督学习更看重输入与输出是否匹配，如果输入和输出的匹配度高，那么就可以认为这个学习方法效果很好；对于强化学习来说，学习的目的是找到回报最大化的策略，但在与外界环境交互学习的过程中，并不是每个行动都会获得回报。一次完整的交互过程结束后，会得到一个按时间先后顺序产生的行动序列，但有时不能确定哪些行动产生了正向的贡献，哪些产生了负向的贡献。

总的来说，与监督学习相比，强化学习有如下两个优点：

（1）强化学习定义模型需要的约束更少，行动的反馈不及监督学习直接，但这直接降低了定义问题的难度。

（2）强化学习更看重行动序列带来的整体回报。

12.2 马尔可夫决策过程

12.2.1 策略与环境模型

马尔可夫决策过程（Markov Decision Process，MDP）通常用于形式化强化学习的过程。马尔可夫决策过程是当前强化学习理论推导的基础，以概率方式描述强化学习通过交互来学习的过程，并引出强化学习的关键定理。下面将重点介绍马尔可夫决策过程的数学推理过程，以使读者深入理解强化学习的本质。

在智能体和环境交互的过程中，用 s_t 表示 t 时刻环境的观察值/状态值，用 a_t 表示 t 时刻智能体选择的行动，那么，强化学习学习策略的过程可以用一条状态—行动链表示出来：

$$\{s_0, a_0, s_1, a_1, \cdots, s_{t-1}, a_{t-1}, s_t\}$$

在这条链中，可以观察到两种状态的转换：一种是从状态到行动的转换，另一种是从行动到状态的转换。第一种转换是由智能体的策略来指导决定的，第二种转换是由环境决定的。

在第一种转换中，智能体的策略发挥了决定性的作用，智能体根据当前的状态值选择使奖励回报值最大的行动。从抽象的角度来分析，策略如同一种从环境的状态值 s_t 到一个行动集合的概率分布或概率密度函数上的映射。智能体对于每种行动都有一定的概率去执行，并且行动的回报值越大，行动发生的概率就越大，所以，智能体就会倾向于选择概率最高的一种行动，用公式表达为

$$a_t^* = \arg\max_{a_{t,i}} p(a_{t,i} \mid \{s_0, a_0, \cdots, s_t\}) \tag{12-1}$$

可见，这个条件概率中行动依赖的信息很多，可对其进行一些简化。假设当前时刻选择什么行动只与当前的状态有关系，而与之前的状态无关，则可将式（12-1）简化为

$$\arg\max_{a_i} p(a_i \mid S_t) \tag{12-2}$$

实际上，这个简化的步骤用到了序列的马尔可夫性，即下一时刻的行动只和当前时刻的状态有关，与之前的状态无关。

在第二种转换中，当智能体执行所选择的行动后，环境会受到一定的影响并完成状态的转换。同理，这里状态的转换只与前一步的状态有关，所以式（12-2）也可以写成如下形式：

$$p(S_{t+1} \mid S_t, a_t) \tag{12-3}$$

这部分信息属于环境内部的信息，在某些问题中属于已知的，但在一些问题中属于不可见的。

12.2.2 值函数与 Bellman 公式

在理想状态下，智能体选择每个行动都要为实现最大化长期目标而努力。通过环境的反馈，可以知道某个行动在此时获得的回报值 r，通过这种局部的回报进行扩展，最

大化回报的和:

$$\max \sum_t r_t \qquad (12\text{-}4)$$

强化学习的时间可能是有限的,也可能是无限的。当时间有限时,式(12-4)至少是可以计算的;当时间无限时,式(12-4)就失去了意义。所以,为了使这个无穷数列的和收敛,要降低未来的回报对当下的影响,也就是将未来的回报乘以一个打折率,修正后的式子为

$$\sum_t \gamma^t r_t \qquad (12\text{-}5)$$

打折率 $\gamma \in [0,1]$,用于指定未来回报对当前回报的重要程度。在特殊情况下,$\gamma = 0$ 表明只考虑当前回报,不考虑长期回报;$\gamma = 1$ 表明长期回报和当前回报同等重要。那么,长期回报可以定义为当前状态之后的所有 k 步的回报乘以对应的打折率再相加,即

$$\mathrm{Re}t_t = \sum_{k=0}^{\infty} \gamma^k r_{t+1+k} \qquad (12\text{-}6)$$

前面分析了状态—行动链,其中,从状态到行动的转换是通过智能体的策略决定的,而从行动到状态的转换是由环境决定的。此外,还需要基于状态转换求长期回报的期望。当用求和的方式来表示长期回报时,往往不清楚未来的行动情况和回报情况,所以,引入一个价值函数来估计长期回报的值。该函数被定义为当前状态 s_t 在策略 π 下的长期回报期望值:

$$v_\pi(s_t) = E_{s,a\sim\tau}\left[\sum_{k=0}^{\infty} \gamma^k r_{t+1+k}\right] \qquad (12\text{-}7)$$

式中,τ 表示智能体根据策略 π 和状态 s 采样得到的一个"状态—行动"序列,如图 12-2 所示。

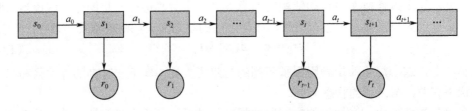

图 12-2 "状态—行动"序列

在马尔可夫决策过程模型中,价值函数可以分为两种类型:状态值函数和行动值函数。

(1)状态值函数 $v_\pi(s)$:在当前状态 s 下,使用策略 π 的长期回报期望值。

(2)行动值函数 $q_\pi(s,a)$:在当前状态 s 下,使用策略 π 并采取行动 a 的长期回报期望值。

如果要计算从某个状态 s_t 出发的价值函数,需要依从某个策略 π,把从该状态开始的所有可能路径遍历一遍,计算对应的长期回报期望值:

$$v_\pi(s_t) = E_\tau[\sum_{k=0}^{\infty}\gamma^k r_{t+1+k}]$$

$$= \sum_\tau p(\tau)\sum_{k=0}^{\infty}\gamma^k r_{t+1+k} \tag{12-8}$$

式中，τ 表示从状态 s_t 出发的一条"状态—行动"序列路径；$p(\tau)$ 表示在路径 τ 上，智能体在状态 s_t 下执行行动 a 转移到下一个状态 s_{t+1} 的概率，即 $p(\tau) = p(s_{t+1}|s_t,a)$。

将价值函数进一步展开：

$$v_\pi(s_t) = E_\tau[\sum_{k=0}^{\infty}\gamma^k r_{t+1+k}]$$

$$= E_\tau[r_{t+1} + \gamma r_{t+2} + \gamma^2 r_{t+3} + \gamma^3 r_{t+4} + \cdots] \tag{12-9}$$

$$= E_\tau[r_{t+1} + \gamma E_\tau(r_{t+2} + \gamma r_{t+3} + \gamma^2 r_{t+4} + \cdots)]$$

$$= E_\tau[r_{t+1} + \gamma v_\pi(s_{t+1})]$$

在当前状态 s_t 和给定策略 π 的情况下，选择行动 $a_t = \pi(s_t)$，其概率为 $\pi(a_t|s_t)$。根据马尔可夫决策过程性质可知，某时刻的状态只与前一时刻的状态和所选择的行动有关，则价值函数可拆分成

$$v_\pi(s_t) = \sum_{a_t}\pi(a_t|s_t)\sum_{s_{t+1}}p(s_{t+1}|s_t,a_t)[r_{t+1} + \gamma v_\pi(s_{t+1})] \tag{12-10}$$

由此可见，状态值函数具有递归性质。假设价值函数已经稳定，任意一个状态的价值都可以由其他后续状态的价值函数得到，这就是贝尔曼公式（Bellman Equation，简称 Bellman 公式）。同样，行动值函数也有类似的表达：

$$q_\pi(s_t,a_t) = \sum_{s_{t+1}}p(s_{t+1}|s_t,a_t)\sum_{a_{t+1}}p(a_{t+1}|s_{t+1})[r_{t+1} + \gamma q_\pi(s_{t+1},a_{t+1})] \tag{12-11}$$

12.3　有模型学习——动态规划

在多步强化学习任务中，为了理解简单，先假设任务对应的马尔可夫决策过程四元组 $E = <S,A,P,R>$ 都是已知的，这种情况就称为"模型已知"，也就是智能体已经对环境了解且可以建模。智能体在已知环境中学习就称为"有模型学习"（Model-Based Learning）。在有模型学习中，所有环境的状态和智能体的行动都是已知的，即智能体在某一种状态环境中采取某个行动后，转移到另一种状态的概率 $p(s_{t+1}|s_t,a_t)$ 是已知的，环境对某个行动的回报 r_{t+1} 也是已知的（这里假设状态集和行动集都是有限的）。

上一节介绍了两种重要的值函数——"状态值函数"和"行动值函数"。如果从状态值函数的角度来定义强化学习的目标，则强化学习就是要找到最优的策略，使得每个状态的价值最大化，这相当于求解

$$\pi^* = \arg\max_\pi v_\pi(s), \forall s \tag{12-12}$$

同理，对每个状态对应的行动而言，要找到能使行动值函数最大化的行动所对应的策略：

$$\pi^* = \arg\max_a q_\pi(s,a) \tag{12-13}$$

可见，为了得到最优策略，需要不断更新策略和价值函数。接下来介绍策略迭代、值迭代、广义策略迭代这 3 种算法。

12.3.1　策略迭代

从 Bellman 公式中可知值函数具有递归性质，值函数利用递归等式来计算，实际上是一个动态规划过程。首先，随机选取某个策略 π，并计算当前策略下的状态值函数 $v_\pi(s)$（状态值的大小代表当前状态的长期回报大小）；然后，根据这个值函数动态调整策略，对新的策略重新计算值函数 $v'_\pi(s)$，如此不断迭代训练，直至找到一个能获得最大长期回报的最优策略 π^*。在这个过程中，可抽象出两个主要过程：一个是策略评估，另一个是策略改进。

（1）策略评估（Policy Evaluation）：根据状态值函数的定义，对每个状态建立一个方程，并通过某种方式计算状态空间中每个状态的值函数。但状态空间通常很大，难以直接求解方程组，一般采用迭代法计算值函数并使之逐渐收敛。

（2）策略改进（Policy Improvement）：根据策略评估过程计算稳定的值函数，对当前策略进行优化，让每个状态在选择下一步行动时，选择最大化行动值的行动，最终逐步找到最优策略。

先介绍策略评估部分。刚开始学习时，由于不能准确知道每个状态的值，只能猜测每个状态的值。一般情况下，可以先把每个状态的值设为 0，然后通过 Bellman 公式使用迭代的性质依次计算状态值。根据 Bellman 公式，利用后续状态猜测的值函数，更新当前状态的猜测值。不断循环这个过程，使估值越来越接近真实的数值，这就是策略迭代算法的原理，过程如算法 12-1 所示。

算法 12-1　策略迭代算法

输入：MDP，策略 π。

$\quad\forall s_t \in S^+ : v_\pi(s_t) = 0$；

$\quad$Repeat：

$\quad\quad$for $\ s_t \in S$

$$v_\pi(s_t) = \sum_{a_t} \pi(a_t \,|\, s_t) \sum_{s_{t+1}} p(s_{t+1} \,|\, s_t, a_t)[r_{t+1} + \gamma v_\pi(s_{t+1})]；$$

输出：估计的状态值函数。

理论上，若所有状态的初始值为 0，通过无限次运行以上算法，可保证所有值函数的收敛性。但这在现实中是不可行的，故需要设计一个停止条件，当值函数达到收敛之后就停止策略迭代算法。通过观察真实实验可知，在前几次迭代中应用更新算法时，值函数的变化非常大，但在后续循环阶段，值函数几乎没有变化，这就说明算法此时已经收敛于真正的值函数。由此可以设计一个停止条件：当遍历完所有状态后，若值函数没有发生很大的变化，便停止。

通常设置一个很小的正数 θ 作为停止条件，计算检查每个状态值的变化幅度，若所有状态的最大变化小于所设置的这个很小的正数阈值，算法就停止。上述过程如算法 12-2 所示，其中状态的集合为 S^+。

算法 12-2　包含停止条件的策略迭代算法

输入：MDP，策略 π，小正数 θ。

$\forall s_t \in S^+ : v_\pi(s_t) = 0$

Repeat until $\Delta < \theta$：

　　$\Delta \leftarrow 0$

　　for $s_t \in S$

　　　　$v = v_\pi(s_t)$；

　　　　$v_\pi(s_t) = \sum_{a_t} \pi(a_t \mid s_t) \sum_{s_{t+1}} p(s_{t+1} \mid s_t, a_t)[r_{t+1} + \gamma v_\pi(s_{t+1})]$；

　　　　$\Delta = \max(\Delta, |v - v_\pi(s_t)|)$；

　　Return v

输出：状态值函数。

有了状态值函数，就可以计算行动值函数：

$$q_\pi(s_t, a_t) = \sum_{s_{t+1}} p(s_{t+1} \mid s_t, a_t)[r_{t+1} + \gamma v_\pi(s_{t+1})] \tag{12-14}$$

在以上策略评估阶段，采取某种策略计算状态值，若对这种策略累积的回报进行评估后，发现它并不是最优策略，则需要对这个策略进行改进。

接下来介绍策略改进。已知每个状态对应的行动，要找出使行动值函数最大化的那个行动对应的策略，即

$$\pi^* = \arg\max_a q_\pi(s, a) \tag{12-15}$$

如果在某个状态下有多个行动都能最大化行动值函数，则随机选择一个行动或者构建一个随机性策略，为所有这些行动分配非零概率。策略改进算法如算法 12-3 所示。

算法 12-3　策略改进算法

输入：MDP，状态值函数 v。

　　for $s_t \in S$

　　　　for $a \in A(s_t)$

　　　　　　$q_\pi(s_t, a_t) = \sum_{s_{t+1}} p(s_{t+1} \mid s_t, a_t)[r_{t+1} + \gamma v_\pi(s_{t+1})]$；

　　　　$\pi^* = \arg\max_a q_\pi(s_t, a_t)$

　　Return π^*

输出：策略 π^*。

可见，最优策略是"策略评估"和"策略改进"共同作用的结果。具体地，算法先对策略进行初始猜测，从对等随机概率的策略开始（在刚开始时选择每个状态、每个行动的概率都是一样的），先通过策略评估来获得相应的状态值函数，接着通过策略改进

获得更优的策略；不断循环策略评估和策略改进的过程，直到最终策略收敛至不发生任何变化。这个完整的算法流程称为策略迭代算法。对于有限的马尔可夫决策过程，策略迭代算法的步骤如算法 12-4 所示，其中，S 是该阶段的状态集合，$A(s_t)$ 是在状态 s_t 下可以采取的行动集合，而 $|A(s_t)|$ 表示在状态 s_t 下可以采取的行动总数。

算法 12-4　策略迭代算法

输入：MDP，小正数 θ。

对所有的 $s_t \in S$ 和 $a \in A(s_t)$，设 $\pi(a_t \mid s_t) = \dfrac{1}{|A(s_t)|}$；

Repeat：

　　$v = \text{Policy\_Evaluation}(\text{MDP}, \pi, \theta)$；

　　$\pi' = \text{Policy\_Improvement}(\text{MDP}, v)$；

　　if $\pi = \pi'$ then break

　　$\pi \leftarrow \pi'$；

Return π

输出：策略 $\pi \approx \pi^*$。

12.3.2　值迭代

分析策略迭代算法可知，算法的时间主要花费在策略评估上。其设置了一个小正数 θ 作为判断状态值函数收敛的阈值，使得算法的步骤更为清晰，但增加了算法的冗余度。其实不需要精确地计算每个状态的值函数，只需使其在迭代的过程中逐步收敛到最优的策略即可。针对这个问题，本节提出的值迭代算法可看作策略评估轮数为 1 时的策略迭代算法。

首先观察冗余的情况：在策略改进算法中，先得到每个行动值函数；然后根据最大化行动值函数的原则选出最优策略，即

$$\text{for} \quad a \in A(s_t)$$
$$q_\pi(s_t, a_t) = \sum_{s_{t+1}} p(s_{t+1} \mid s_t, a_t)[r_{t+1} + \gamma v_\pi(s_{t+1})]$$
$$\pi^* = \arg\max_a q_\pi(s_t, a_t)$$

在接下来的策略评估算法中，需要把上一轮循环得出的最优策略当作本次的策略来进行新一轮的状态值计算，即

$$\text{for} \quad s \in S$$
$$\pi' = \arg\max_a q_\pi(s_t, a_t)$$
$$= \arg\max_a \sum_{s_{t+1}} p(s_{t+1} \mid s_t, a_t)[r_{t+1} + \gamma v_\pi(s_{t+1})]$$
$$\pi \leftarrow \pi'$$

接下来进行下一轮迭代，计算每个状态值函数，即

$$\text{for } s \in S$$
$$v_\pi(s_t) = \sum_{s_{t+1}} p(s_{t+1} \mid s_t, \pi')[r_{t+1} + \gamma v_\pi(s_{t+1})]$$

对比两个式子可以发现，式子形式相似，可以抽象成一种函数来理解，即

$$\text{for } s \in S$$
$$\pi' = \arg\max_a \boxed{\sum_{s_{t+1}} p(s_{t+1} \mid s_t, a_t)[r_{t+1} + \gamma v_\pi(s_{t+1})]} \longrightarrow f(a)$$

$$\text{for } s \in S$$
$$v_\pi(s_t) = \boxed{\sum_{s_{t+1}} p(s_{t+1} \mid s_t, \pi')[r_{t+1} + \gamma v_\pi(s_{t+1})]} \longrightarrow f(\pi')$$

$$v_\pi(s_t) = \max_a \sum_{s_{t+1}} p(s_{t+1} \mid s_t, a_t)[r_{t+1} + \gamma v_\pi(s_{t+1})] \tag{12-16}$$

也就是在每个当前状态 s_t 下，对每个可能的行动 a_t 都计算采取这个行动后到达下一个状态的值，然后将得到的最大值作为该状态的值函数。

值迭代算法首先对值函数进行初始猜测；然后对状态值进行循环访问计算，应用更新公式逐步推算各状态的值函数，并在每次更新后检测值函数是否收敛，若收敛，则停止循环；最后根据最大化回报的原则，找出最优策略，具体如算法 12-5 所示。

算法 12-5　值迭代算法

输入：MDP，小正数 θ。

$\forall s \in S^+ : v_\pi(s_t) = 0$；

Repeat until $\Delta < \theta$：

　　$\Delta \leftarrow 0$；

　　for $s_t \in S$

　　　　$v = v_\pi(s_t)$；

　　　　$v_\pi(s_t) = \max_a \sum_{s_{t+1}} p(s_{t+1}|s_t, a_t)[r_{t+1} + \gamma v_\pi(s_{t+1})]$；

　　　　$\Delta = \max(\Delta, |v - v_\pi(s_t)|)$；

　　for $s \in S$

　　　　$\pi = \arg\max_a \sum_{s_{t+1}} p(s_{t+1}|s_t, a_t)[r_{t+1} + \gamma v_\pi(s_{t+1})]$；

Return π

输出：策略 $\pi \approx \pi^*$。

综上，值迭代算法的核心是价值，算法的核心部分完全不涉及策略 π，只在最后才通过值函数求出最优策略。而在策略迭代算法中，每次迭代都需要更新策略。在更新值函数时，值迭代算法需要计算当前状态下可能执行的每个行动的期望值，而策略迭代算法只需要计算当前状态下已确定的策略 π 所选择的执行行动的期望值。这两个算法都将

自己关注的部分作为重点，而忽略其他部分，故都比较极端。下面介绍的广义策略迭代算法是对这两种算法的一种折中。

12.3.3 广义策略迭代

广义策略迭代算法定义的是一个由策略迭代算法和值迭代算法组合而成的迭代算法族，不限制策略评估迭代次数，也不限定收敛程度。这两种算法的组合方式很多，因此可形成多种算法，策略迭代算法和值迭代算法都是广义策略迭代算法的一种特例。可以将策略迭代算法和值迭代算法结合起来，也可以在策略优化的前几次迭代中进行值迭代，然后进行策略迭代，还可反之。

例如，由于策略空间是离散的，而值函数空间是连续的，相同的策略可能对应一定范围内的值函数，因此，最优策略也一定对应一定范围的值函数。在使用值迭代算法时，需要将值函数更新到最优。所以，为了使值函数收敛，算法会浪费一定的时间；如果不追求值函数的最优，当值函数接近最优时，使用它进行策略改进，也许就可以得到最优策略了，这样实际上可以节省一些时间。

12.4 免模型学习——蒙特卡罗方法

在现实强化学习任务中，环境状态的转移概率 $p(s_{t+1}|s_t,a_t)$ 和回报 r_{t+1} 一般不能直接得到，甚至有时不能确切知道环境中一共有多少状态。此时算法不能直接根据环境进行建模，因此称作"免模型学习"，这比有模型学习更加困难。由于不知道状态转移概率，无法直接执行策略评估，即不能用 Bellman 公式更新值函数，因此，需要使用其他方法完成策略评估。这时可充分运用强化学习自身的特点，即不断试错，在实验的过程中，尝试与环境交互来完成策略评估。免模型学习算法的大体思路如下：

（1）确定一个初始策略。

（2）使用初始策略进行实验，得到一些"行动—状态"序列；当实验的轮数达到一定数目时，可认定这些"行动—状态"序列代表了当前策略与环境交互的表现，将这些序列聚合起来，计算状态对应的值函数。

（3）得到值函数相当于完成了策略评估过程，接下来继续按照策略迭代算法进行策略改进，得到更新后的策略。如果策略更新完成，则过程结束，否则回到步骤（2）。

分析以上思路可知，问题的关键在于得到这些"行动—状态"序列，以及利用这些序列进行评估。接下来介绍几种免模型学习算法。

12.4.1 蒙特卡罗方法

在免模型学习的情况下，由于智能体所处的状态及状态之间的转移概率是未知的，无法使用策略迭代算法对策略进行评估，只能在实验过程中逐渐发现各状态并估计对应的值函数。此时，智能体只能从一个起始状态或起始状态集开始探索环境，通过在环境中选择行动并与环境互动、观察状态转移和回报情况来学习。

蒙特卡罗方法是一种直接替代策略评估的方法，它通过多次"采样"，并对累计的回报求平均值，以此作为累计回报期望的近似。

总体来看，在模型未知的情况下，从起始状态开始，使用某种初始策略采样，可以得到一个"行动—状态"序列，求轨迹中出现的每对"行动—状态"的回报之和，作为这个"行动—状态"序列的累计回报采样值。多次采样后便可得到多个轨迹序列，则对每个"行动—状态"轨迹序列的累计回报采样值求平均值，可以得到"行动—状态"值函数的估计。

从以上步骤可见，如果想获得更好的值函数估计，需要尽可能多地获得不同的采样轨迹。但智能体在行动时如果始终遵循选择最优策略的原则，而策略很有可能是确定性的，则在某个状态下可能一直选择相同的行动。如果在整个实验中一直采取这种策略去采样，则很有可能总是得到相同的"行动—状态"序列，这就失去了多次采样的意义。

针对这个问题，可以采用探索与经验折中的办法，如使用 ε-贪心法。设置一个小正数 ε，代表在某个状态下随机选择任意行动的概率是 ε，而选择策略决策出的最优行动的概率是 $1-\varepsilon$。通过使用 ε-贪心法，所有行动，不论是否为最优行动，都有一定的可能性被选取，从而打破某个状态下只选择某单一最优行动的僵局，进而可以在多次采样的过程中产生多条"行动—状态"轨迹序列。

与策略迭代算法类似，用蒙特卡罗方法进行策略评估，同样需要进行策略改进。这里策略改进的思想仍然是最大化值函数，因此，可使用之前的方法进行策略改进。

12.4.2　时序差分方法与 SARSA 算法

蒙特卡罗方法通过采样获得"行动—状态"轨迹序列，解决了未知模型带来的值函数无法估计的问题。但该方法需要在完成一次采样后才能更新策略的值估计。而前面介绍的基于动态规划的策略迭代和值迭代都是在每次行动之后就进行一次值函数的更新。相比蒙特卡罗方法，策略迭代和值迭代的效率相对较低。

现实生活中需要解决的事情往往并不完全是阶段性任务，而需要智能体像我们一样可以每时每刻都做出决定。然而，蒙特卡罗方法需要在一个阶段结束以后才能计算回报，并利用回报来估算值函数。显然，需要设计不同的方法来处理这类更加符合实际情况的学习问题。

时序差分（Temporal Difference，TD）方法结合了动态规划和蒙特卡罗方法的思想，在每个时间步都修改预测值，而不是等互动结束之后才更新值函数。蒙特卡罗方法是在一个完整的多次采样结束后再对所有的"行动—状态"序列对求取更新的值函数，它的本质是在多次采样后求累计回报的平均值，以此作为累计回报期望的近似。时序差分方法是在蒙特卡罗方法的基础上，对其进行实时性方面的改进而得到的新算法。

对于"行动—状态"序列对 (s_t, a_t)，假设基于 k 个采样已经估计得到行动值函数 $q_\pi^k(s_t, a_t) = \dfrac{1}{k}\sum_{i=1}^{k} r_i$，第 $k+1$ 个采样的回报为 r_{k+1}，则在 $k+1$ 个采样时的行动值函数为

$$q_\pi^{k+1}(s_t,a_t) = \frac{1}{k+1}\sum_{i=1}^{k+1} r_i$$

$$= \frac{1}{k+1}(r_{k+1} + \sum_{i=1}^{k} r_i)$$

$$= \frac{1}{k+1}(r_{k+1} + kq_\pi^k(s_t,a_t)) \qquad (12\text{-}17)$$

$$= q_\pi^k(s_t,a_t) + \frac{1}{k+1}(r_{k+1} - q_\pi^k(s_t,a_t))$$

可见，在 $q_\pi^k(s_t,a_t)$ 后加上增量 $\frac{1}{k+1}(r_{k+1} - q_\pi^k(s_t,s_t))$ 就可以得到新的估算值。在更一般的情况下，若用常量步长 α_{k+1} 来替换 $\frac{1}{k+1}$，那么可将增量写成 $\alpha_{k+1}(r_{k+1} - q_\pi^k(s_t,a_t))$。通常在实践中，令 α_k 为一个较小的整数值 α。α 越大，则未来的累计回报越重要；α 越小，则更加依赖状态的现有估算值，在计算行动值函数估算值时要考虑更长的回报历史记录。

利用 Bellman 公式的迭代性质可将式（12-17）进一步写为

$$q_\pi^{k+1}(s_t,a_t) = q_\pi^k(s_t,a_t) + \alpha(r_{t+1} + \gamma q_\pi^k(s_{t+1},a_{t+1}) - q_\pi^k(s_t,a_t)) \qquad (12\text{-}18)$$

式中，s_{t+1} 是上一次状态 s_t 执行行动 a_t 后转移到的状态；a_{t+1} 是根据原有策略 π 在 s_{t+1} 上选择的行动。根据式（12-18），每执行一步策略就进行一次值函数的估计和更新，这就是 SARSA 算法。

在这个算法中，由于每次更新值函数都需要知道上一步的状态、上一次的行动、回报、当前状态和将要执行的行动。SARSA 算法伪代码如算法 12-6 所示。

算法 12-6　SARSA 算法伪代码

输入：策略 π，小正数 ε 和 α，正整数 num_episodes。

　　对所有的 q_π，初始化值为 0；

　　for $i \leftarrow 1$ to num_episodes do

　　　　给定起始状态 s_0，根据 ε- 贪心法选择状态 s_0 下的行动 a_0；

　　　　$t \leftarrow 0$；

　　　　Repeat

　　　　　　(a) 根据 ε- 贪心法在状态 s_t 下选择行动 a_t，得到回报 r_{t+1} 和下一个状态 s_{t+1}；

　　　　　　(b) 在状态 r_{t+1} 下依然根据 ε- 贪心法来选择行动 a_{t+1} 并更新值 q_π：

　　　　　　$$q_\pi^{k+1}(s_t,a_t) = q_\pi^k(s_t,a_t) + \alpha(r_{t+1} + \gamma q_\pi^k(s_{t+1},a_{t+1}) - q_\pi^k(s_t,a_t))$$

　　　　　　(c) $t \leftarrow t+1$；

　　　　until s_t is terminal；

　　end

　　Return q_π

输出：行动值函数 q_π。

当时间步 i 接近无限大的时候，ε 逐渐减小到 0。只要运行该算法的时间足够长，就肯定能产生一个很好的 q_π 估算值。接着对所有状态 s，选择能使值函数最大化的行动，就可以获得最优策略 $\pi*$，$\pi* = \arg\max_a q_{\pi*}(s, a)$。

从算法 12-6 可见，更新 q_π 值时使用的策略就是根据步骤 (a) 选择的行动，这就是所谓的"同策略"（On-Policy）。

蒙特卡罗方法和 SARSA 算法都属于同策略算法。这两种算法在策略评估和策略改进阶段都使用了相同的策略，这使得它们为了避免新状态可能带来的风险，而不敢尝试可能获得最大回报的最优行动。但最初引入 ε-贪心法的目的是以一定概率的随机探索来改进策略，以便更快地找到最优策略。这就要求在策略评估和策略改进阶段使用不同的策略，这就是下面要介绍的使用"异策略"（Off-Policy）的 Q-Learning 算法。

12.4.3　Q–Learning 算法

Q-Learning 算法首先初始化行动值和初始策略，根据初始策略选择第一个行动，但在接收回报和转向下一个状态后，就会执行与 SARSA 算法不同的操作：①在策略评估阶段，它将使用 ε-贪心法找到的最优行动（能最大化值函数的行动）来更新行动值函数，而不是采用之前在策略改进阶段根据 ε-贪心法选择的行动；②在策略改进阶段，它依然采用 ε-贪心法来选择下一步行动。这样，在选择下一个行动之前就可以更新策略。这就是采用"异策略"（Off-Policy）的 Q-Learning 算法。它的行动值函数更新公式为

$$q_\pi^{k+1}(s_t, a_t) = q_\pi^k(s_t, a_t) + \alpha(r_{t+1} + \gamma \max_{a \in A} q_\pi^k(s_{t+1}, a) - q_\pi^k(s_t, a_t)) \tag{12-19}$$

具体伪代码如算法 12-7 所示。

算法 12-7　Q-Learning 算法伪代码

输入： 策略 π，小正数 ε 和 α，正整数 num_episodes。

　　对所有的 q_π，初始化值为 0；

　　for $i \leftarrow 1$ to num_episodes do

　　　　给定起始状态 s_0，根据 ε- 贪心法在状态 s_0 选择行动 a_0；

　　　　$t \leftarrow 0$；

　　　　Repeat

　　　　　　(a) 根据 ε- 贪心法在状态 s_t 下选择行动 a_t，得到回报 r_{t+1} 和下一个状态 s_{t+1}；

　　　　　　(b) 使用贪心法更新值 q_π：

　　　　　　　　$q_\pi^{k+1}(s_t, a_t) = q_\pi^k(s_t, a_t) + \alpha(r_{t+1} + \gamma \max_{a \in A} q_\pi^k(s_{t+1}, a_t) - q_\pi^k(s_t, a_t))$

　　　　　　(c) $t \leftarrow t+1$；

　　　　Until s_t is terminal；

　　end

　　Return q_π

输出： 行动值函数 q_π。

12.4.4 DQN

本节介绍强化学习领域具有重大突破性意义的模型——Deep Q-Learning Network（DQN）。DQN 算法的演变如图 12-3 所示。

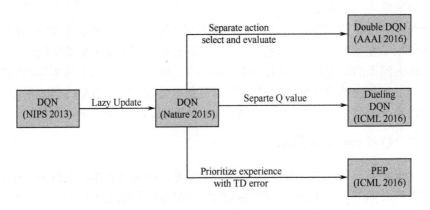

图 12-3　DQN 算法的演变

DQN 算法最初由 Google 在 NIPS 2013 会议上提出，并于 2015 年在 *Nature* 期刊上发表了一篇名为 *Human-Level Control Through Deep Reinforcement Learning* 的论文。该论文介绍了如何使用 DQN 算法训练智能体，以便在 Atari 游戏平台上尽可能获得更高的分数。它的整体算法思路是，在使用 Q-Learning 算法作为优化算法的前提下，使用深度神经网络来表示值函数，直接利用游戏图像和得分进行训练。DQN 网络结构如图 12-4 所示，左边输入的是游戏图像，右边输出的是智能体所有可能的动作。该网络结构包括 3 个卷积层和 2 个全连接层，各层之间使用 ReLU 激活函数。

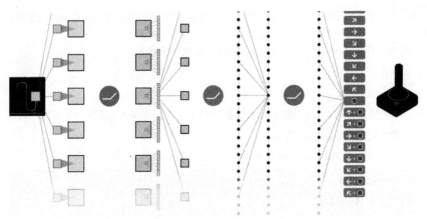

图 12-4　DQN 网络结构

Q-Learning 算法是用 Q（State, Action）来表示行动值函数，更新行动值函数的过程是用表格的形式来表示的。表格的每一行是一种状态，每一列是一种行动。因为行动值函数只表示成一个表格，所以，状态和状态之间是相互独立、不存在联系的。

在 Atari 游戏中，用表格形式表示行动值函数并不合适，Atari 的游戏画面是 210 像素×160 像素的 RGB 图像，如果用每一帧表示一个状态，每个像素位置只用 0 和 1 表示，也会产生高达（210×160）^{2} 种状态，这样对应的表格根本无法存储，也无法进行训练。

在 DQN 算法中，用一个深度卷积神经网络来表示 Q 函数就可以解决这个问题。这个算法的输入为状态 s，输出为每个行动对应的行动值函数，并且输入状态 s 一般不是单帧游戏画面，而是多帧游戏画面，这可以让算法得知游戏中小球的运动方向和速度，从而做出合理的决策。

（1）该智能体的核心是一个充当函数逼近器的深度卷积神经网络。当一次传入一个游戏图像时，它会生成一个行动值向量，最大值表示采取的行动。根据强化信号，它会在每个时间步将游戏得分的变化送至回馈。一开始，当神经网络初始化为随机值时，采取的行动很混乱，效果很差。但是，随着时间的推移，它开始将游戏中的情景和顺序与相应的行动关联起来，并且学会很好地玩游戏。

在输出端，与传统强化学习设置（一次仅生成一个行动值函数）不同，DQN 算法会为一个前向传递中所有可能的行动生成对应的行动值函数。如果不这么处理，需要单独为每个行动运行该 DQN。接下来智能体直接根据行动值向量采取行动，可以是随机形式，也可以选择值函数最大值对应的行动。

（2）在 DQN 算法中，利用经验回访机制（Experience Replay Mechanism）产生神经网络的训练样本。智能体首先会尝试玩游戏，在这个过程中积累经验，形成"经验池"。用 $D = \{e_1, e_2, \cdots, e_N\}$ 来表示经验池，其中 $e_t = (s_t, a_t, r_t, s_{t+1})$，$s_t$ 是在 t 时刻的状态（连续 4 帧画面），a_t 是在 t 时刻采取的行动，r_t 是获得的回报，s_{t+1} 是下一个时刻的状态。每一步训练都在经验池中选取 BatchSize 个 e_t 作为训练样本。每个样本对应的训练目标都是行动值函数。在训练若干步后，得到一个新的网络。利用它再来玩游戏，又会得到一系列 e_t。再将得到的 e_t 加入经验池中用于训练，以此类推对网络训练。

DQN 算法伪代码如算法 12-8 所示。

算法 12-8　DQN 算法伪代码

---

for episode=1 to M do

　　初始化状态 s_0；

　　for t=0 to T do

　　　　用 ε- 贪心法根据当前状态 s_t 选择行动 a_t；

　　　　执行 a_t，获得回报 r_t，并观察到新状态 s_{t+1}；

　　　　将 $e_t = (s_t, a_t, r_t, s_{t+1})$ 加入经验池 D；

　　　　在 D 中随机选取训练样本 $e_t = (s_t, a_t, r_t, s_{t+1})$；

　　　　设定 y_j：

　　　　　　若 s_{j+1} 不是终止状态，设定 $y_j = r_j + \gamma \max_{a'} Q(s_{j+1}, a')$；

　　　　　　若 s_{j+1} 是终止状态，设定 $y_j = r_j$；

　　　　损失为 $l_j = (y_j - Q(s_j, a_j))^2$，据此计算梯度并更新网络。

训练此类网络需要大量数据，但即使这样也不能保证其收敛于最优值函数。实际上，在某些情况下，网络权重会因行动和状态之间的关系非常紧密而振荡或发散，这样会导致非常不稳定且效率很低的策略。为了应对这些挑战，研究人员想出多个技巧，如经验回放和固定 Q 目标等，稍微修改了基础 Q-Learning 算法。

12.5 实验

12.5.1 实验 1：方块走迷宫

1. 实验目的

本节以"方块走迷宫"游戏代码为例[①]，分析强化学习的完整过程。

2. 实验要求

利用 Python 中的 Tkinter 来模拟 Gym 的环境构建。在算法探索最优解的过程中，了解强化学习在游戏进行过程中的迭代计算方法。

3. 实验原理

本游戏的环境是一个带"地狱"和"天堂"的迷宫，如图 12-5 所示。迷宫呈 5×5 方格分布，其中中间两个方块表示"地狱"，中心圆点表示"天堂"，游戏中，左上角的初始方块将不断试探走到"天堂"的路径，形成最优策略。

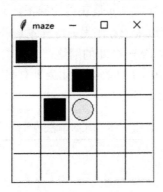

图 12-5 迷宫示例

本游戏利用 Q-Learning 算法寻找最优策略，目的是使方块更加快速准确地找到指定位置。在所设置的环境中，智能体（初始方块）在遇到"地狱"时得到-1 的回报，遇到"天堂"时得到+1 的回报，遇到其他方块则无回报。

4. 迷宫环境

使用 Tkinter 中的函数库来创建迷宫，核心实现代码（maze_env.py）如下。

---

① 部分参考代码来自 https://github.com/MorvanZhou/Reinforcement-learning-with-tensorflow/tree/master/contents/2_Q_Learning_maze。

```
UNIT = 40    # 每个方块的大小（像素值）
MAZE_H = 5  # 格子网高度
MAZE_W = 5  # 格子网宽度
#迷宫类定义迷宫和其中的行动
class Maze(tk.Tk, object):
    def __init__(self):
        super(Maze, self).__init__()
        self.action_space = ['u', 'd', 'l', 'r']   #上、下、左、右 4 个行动
        self.n_actions = len(self.action_space)      #行动的数目
        self.title('maze')
        self.geometry('{0}x{1}'.format(MAZE_H * UNIT, MAZE_H * UNIT))
        self._build_maze()
    #创建迷宫
    def _build_maze(self):
        #创建白色画布，定义宽和高
        self.canvas = tk.Canvas(self, bg='white',
            height=MAZE_H * UNIT,
            width=MAZE_W * UNIT)
        # 绘制横纵方格线
        for c in range(0, MAZE_W * UNIT, UNIT):
            x0, y0, x1, y1 = c, 0, c, MAZE_W * UNIT
            self.canvas.create_line(x0, y0, x1, y1)
        for r in range(0, MAZE_H * UNIT, UNIT):
            x0, y0, x1, y1 = 0, r, MAZE_H * UNIT, r
            self.canvas.create_line(x0, y0, x1, y1)
        # 零点（左上角）  往右是 x 增长的方向，往左是 y 增长的方向
        # 因为每个方格是 40 像素，[20, 20]是中心位置
        origin = np.array([20, 20])
```

在之前定义的画布上设置若干个"地狱"，代码如下。

```
#  "地狱 1" 的定义
hell1_center = origin + np.array([UNIT * 2, UNIT])
self.hell1 = self.canvas.create_rectangle(
    hell1_center[0] - 15, hell1_center[1] - 15,
    hell1_center[0] + 15, hell1_center[1] + 15,
    fill='black')
```

设置智能体需要达到的目的地"天堂"，代码如下。

```
#  "天堂" 的定义
oval_center = origin + UNIT * 2
self.oval = self.canvas.create_oval(
    oval_center[0] - 15, oval_center[1] - 15,
    oval_center[0] + 15, oval_center[1] + 15,
    fill='yellow')
```

创建执行算法的智能体模块，代码如下。

```
# 创建红色方块智能体
self.rect = self.canvas.create_rectangle(
    origin[0] - 15, origin[1] - 15,
    origin[0] + 15, origin[1] + 15,
    fill='red')
```

为智能体定义基准动作和相关回报，代码如下。

```
# 基准动作
base_action = np.array([0, 0])
if action == 0:    # 上
    if s[1] > UNIT:
        base_action[1] - = UNIT
elif action == 1:    # 下
    if s[1] < (MAZE_H - 1) * UNIT:
        base_action[1] += UNIT
elif action == 2:    # 右
    if s[0] < (MAZE_W - 1) * UNIT:
        base_action[0] += UNIT
elif action == 3:    # 左
    if s[0] > UNIT:
        base_action[0] - = UNIT
# 移动智能体，移动到 base_action 横向纵向坐标值
self.canvas.move(self.rect, base_action[0], base_action[1])
# 取得下一个 state
s_ = self.canvas.coords(self.rect)
# 回报函数
if s_ == self.canvas.coords(self.oval):
    reward = 1    #到达"天堂"，回报为 1
    done = True
    s_ = 'terminal'    #终止
elif s_ in [self.canvas.coords(self.hell1), self.canvas.coords(self.hell2)]:
    reward = -1    #进入"地狱"，回报为-1
    done = True
    s_ = 'terminal'    #终止
else:
    reward = 0    #其他格子，没有回报
    done = False
return s_, reward, done
```

5. 策略学习部分

Q-Learning 算法的目标是寻找一个策略来最大化未来获得的回报。它假设智能体和环境的交互是一个马尔可夫决策过程，即智能体当前所处的状态和所选择的行动，决定一个特定的状态转移概率分布、下一个状态，并得到一个即时回报。这里首先要了解 Q 表，这个游戏过程中的 Q 表如表 12-1 所示。

表 12-1　游戏过程中的 Q 表

状态（S）/行动（A）	上（0）	下（1）	右（2）	左（3）
S1	Q(S1,A1)	Q(S1,A2)	Q(S1,A3)	Q(S1,A4)
S2	Q(S2,A1)	Q(S2,A2)	Q(S2,A3)	Q(S2,A4)
S3	Q(S3,A1)	Q(S3,A2)	Q(S3,A3)	Q(S3,A4)
⋮	⋮	⋮	⋮	⋮
S25	Q(S25,A1)	Q(S25,A2)	Q(S25,A3)	Q(S25,A4)

本实验中有 25 个格子，对应 25 个状态，其中 Q 对应的是每个"状态—行动"对的行动值函数。Q-Learning 算法流程如图 12-6 所示。

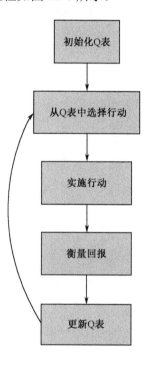

图 12-6　Q-Learning 算法流程

```
class QLearningTable:
def __init__(self, actions, learning_rate=0.01, reward_decay=0.9, e_greedy=0.9):
    self.actions = actions   # 行动列表
    self.lr = learning_rate    # 学习速率
    self.gamma = reward_decay   #折扣因子
    self.epsilon = e_greedy    #贪婪度
    self.q_table = pd.DataFrame(columns=self.actions, dtype=np.float64)

#根据状态来选择行动
def choose_action(self, observation):
    self.check_state_exist(observation) # 检测此状态是否在 Q 表中
```

```
        # 行动选择，用 ε - 贪心法
        if np.random.uniform() < self.epsilon:
            # 选择 Q 值最高的行动
            state_action = self.q_table.loc[observation, :]
            action = np.random.choice(state_action[state_action == np.max(state_action)].index)
        else:
            # 随机选择行动
            action = np.random.choice(self.actions)
        return action
        # 学习，更新 Q 表中的值
def learn(self, s, a, r, s_):
    self.check_state_exist(s_)      # 检测 Q 表中是否存在 s_
    q_predict = self.q_table.loc[s, a]    # 得到估计值
    if s_ != 'terminal':    # 下个状态不是终止符
        q_target = r + self.gamma * self.q_table.loc[s_, :].max()
    else:
        q_target = r    #下个状态是终止符
    # 更新 Q 表中的状态—行动对的值
    self.q_table.loc[s, a] += self.lr * (q_target – q_predict)
# 检测 Q 表中是否有这个状态
# 如果还没有当前的状态，那就插入一组全 0 数据作为这个状态的所有行动的初始值
def check_state_exist(self, state):
    if state not in self.q_table.index:
        # 插入一组全 0 数据
        self.q_table = self.q_table.append(
        pd.Series(
            [0]*len(self.actions),
            index=self.q_table.columns,
            name=state))
```

6. 编写游戏的主程序

在运行如下主程序时，最初智能体随机在迷宫中走动并建立 Q 表，随着游戏轮数的增加，智能体可以根据 Q 表逐渐摸索出最优策略，最终可以较快地直接到达"天堂"。

```
from maze_env import Maze
from RL_brain import QLearningTable
def update():
    for episode in range(100):
        # 初始化状态
        observation = env.reset()
        while True:
            # 更新可视化环境
            env.render()
            # 根据状态挑选行动
```

```
action = RL.choose_action(str(observation))
# 智能体在环境中实施这个行动，并得到环境返回的下一个
# observation,reward 和 done（是否到达"天堂""地狱"所在单元）
observation_, reward, done = env.step(action)
# 智能体从这个过渡中学习
RL.learn(str(observation), action, reward, str(observation_))
# 智能体移动到下一个 observation
observation = observation_
# 如果到达"天堂""地狱"，回合结束
if done:
    break
# 游戏结束
print('game over')
env.destroy()


if __name__ == "__main__":
    # 创建环境 env 和 RL
    env = Maze()
    RL = QLearningTable(actions=list(range(env.n_actions)))
    # 可视化环境
    env.after(100, update)
    env.mainloop()
```

12.5.2 实验 2：利用 DQN 实现"打砖块"游戏

1. 实验目的

本实验将介绍如何在 TensorFlow 上使用 DQN 算法实现"打砖块"游戏。"打砖块"游戏是由 Atari 公司推出的 Atari 2600 系列游戏中的一款，于 20 世纪 80 年代风靡美国。通过该实验可学习 DQN 算法的策略探究方法。

2. 实验要求

按照环境配置说明构建 DQN 实验环境，掌握 TensorFlow 的函数使用方法和 DQN 的网络结构。

3. 实验原理

2013 年，Mnih 等人在 NIPS 上提出了 DQN 算法，该算法经过训练后，可在无人为干预的情况下，让计算机学会游戏的玩法。DQN 算法是经典 Q-Learning 算法的变体，主要有如下 3 个特点：①使用深度卷积神经网络架构来近似 Q 函数；②使用小批量随机训练数据而非基于上一次经验进行更新；③使用现有网络参数评估下一个状态的 Q 值。Mnih 等人又于 2015 年在 *Nature* 上发表了名为 *Human-Level Control through Deep Reinforcement Learning* 的论文，其中的网络结构与在 NIPS 上提出的网络结构只有细微的不同。本节

使用发表在 *Nature* 上的 DQN 网络结构[①]。

4. 环境配置

程序使用的语言为 Python 2.7，配置环境为 OpenCV2 及 TensorFlow（0.12.1），此外还需要 3 个外部依赖包：gym、SciPy 和 tqdm。在创建 Python 2.7 的环境后，安装步骤如下[②]。

（1）安装 NumPy 和 SciPy。

```
pip install numpy scipy
```

（2）安装 tqdm。

```
pip install tqdm==4.30
```

（3）安装 gym。

可选安装：

```
pip install gym==0.1.0
```

必选安装：

```
pip install gym[Atari]==0.1.0
```

gym 是 OpenAI 公司提供的一个强化学习算法工具库，提供了强化学习所需的环境；NumPy 是 Python 语言的一个扩展程序库；SciPy 是一个常用的科学计算库；tqdm 用于显示进度条。

gym 可自动生成多种游戏环境信息，方便智能体和环境的互动，开发者无须另行实现游戏环境。该库提供统一的 Python 接口，可与 TensorFlow 框架兼容，支持多种游戏，如 Atari 系列游戏，以及棋盘游戏、控制类游戏、文字游戏、Minecraft、Doom 等。

（4）若使用 GPU 训练，需要安装 GPU 计算环境 cudatoolkit 和 cudnn。由于安装的 tensorflow-gpu 是 0.12.1 版本，根据其依赖的环境选择 cudatoolkit 8.0 和 cudnn 5.1。

```
pip install cudatoolkit=8.0=3
pip install cudnn=5.1.10=cuda8.0_0
```

（5）安装深度学习框架 tensorflow-gpu，选择 Python 2.7 下的 0.12.1 版本[③]。

```
pip install tensorflow_gpu-0.12.1-cp27-none-linux_x86_64.whl
```

（6）为了让程序知道安装的 cudatoolkit 和 cudnn 的 lib 位置，需要为运行环境设置动态库地址。

```
export LD_LIBRARY_PATH=$LD_LIBRARY_PATH:配置环境的 lib 文件夹路径
```

本实验主要以 Breakout-v0 环境为例，介绍使用 DQN 算法实现"打砖块"游戏的过程。

5. 训练模型

将从 GitHub 上下载的压缩包解压，在其路径下进行训练。训练阶段可根据实际情况指定训练 DQN 时是否使用 GPU，如果使用 GPU，则使用以下命令：

---

① 项目源码来自 https://github.com/devsisters/DQN-tensorflow#human-level-control-through-deep-reinforcement-learning。

② 教程网址为 https://www.cnblogs.com/devilmaycry812839668/p/10436416.html。

③ 下载地址为 https://storage.googleapis.com/tensorflow/linux/gpu/tensorflow_gpu-0.12.1-cp27-none-linux_x86_64.whl。

```
python main.py --network_header_type=nature --env_name=Breakout-v0
--use_gpu=True
```

若不用 GPU，直接在 CPU 上运行，则使用如下命令：

```
python main.py --network_header_type=nature --env_name=Breakout-v0
--use_gpu=False
```

只需设定--use_gpu 的值为"True"或"False"，即可选择是否使用 GPU 进行训练。--network_header_type=nature 表明使用的是发表在 *Nature* 上的 DQN；另外，也可以设定--network_header_type=nips，二者网络结构基本一致。--env_name=Breakout-v0 用于从 gym 中指定游戏环境为 Atari 系列的"打砖块"游戏，Atari 系列的其他 gym 游戏环境可在 http://gym.openai.com/envs#Atari 中查看。

运行训练程序后，训练进度条、训练时间、训练速度等信息会实时显示在屏幕上，如图 12-7 所示。

图 12-7　训练信息

程序得到的中间模型会自动保存在 checkpoints 文件夹下；evenets 文件保存在 logs 文件夹中。这两个文件夹的保存路径将由程序根据当前参数自动生成，当用户选择不同参数时，将生成不同路径的文件夹，便于查看。如果需要打开 TensorBoard 查看网络结构信息，只需要指定 logs 文件夹：

```
tensorboard --logdir logs/
```

6. 游戏测试

测试可以使用训练全部结束后确定的模型，也可以使用训练过程中保存的中间模型，命令如下：

```
python main.py --network_header_type=nature --env_name=Breakout-v0 --use_gpu=True --is_train=False
```

需要注意的是，测试使用的参数必须和训练时使用的参数一样。例如，GPU 使用与否需要一致，便于程序从自动保存的 checkpoints 文件夹中查找并调用对应的模型。

运行以上命令后，程序将使用 checkpoints 中的最新训练模型玩游戏，并在屏幕上显示如图 12-8 所示的信息。

图 12-8　包含最佳回报、最大步数、测试速度等的屏幕信息

其中，Best reward 是当前的最佳回报，10000 是测试的最大步数（可根据实际需要在 main.py 中调整）。

若要在屏幕上实时显示游戏的过程和界面，只需要在上述命令中加入参数--display=True 即可。

```
python main.py --network_header_type=nature --env_name=Breakout-v0 --use_gpu=True --is_train=False --
display=True
```

程序根据学习到的行动值函数来玩游戏，实时显示的画面如图 12-9 所示。

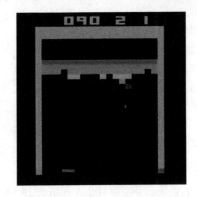

图 12-9　实时显示的画面

注意，如果通过 SSH 远程连接服务器，无法使用--display=True 实时显示游戏界面。该命令只能在可正常弹出 GUI 窗口的环境中使用。

7．解析代码

下面介绍程序中几个比较重要的类（History 类、Environment 类、Experience 类和Agent 类）的功能和结构。

1）History 类

History 类用于记录游戏的历史画面，在文件 deep-rl-tensorflow-master\agents\history.py中定义，代码如下。

```
class History:
    def __init__(self, data_format, batch_size, history_length, screen_dims):
        self.data_format = data_format
        self.history = np.zeros([history_length] + screen_dims, dtype=np.float32)

    def add(self, screen):
        self.history[:-1] = self.history[1:]
        self.history[-1] = screen

    def reset(self):
        self.history *= 0
    def get(self):
        if self.data_format == 'NHWC' and len(self.history.shape) == 3:
            return np.transpose(self.history, (1, 2, 0))
        else:
            return self.history
```

self.history 中的一张图片代表一个游戏历史画面，共保存 history_length 张游戏画面。History 类中定义的 add 方法，用于向 self.history 添加一张游戏画面图片，并删除最早存储的那张游戏画面图片。get 方法用于获取所有存储在 self.history 中的游戏历史图片。调用 History 类可获取连续的几帧游戏图片，作为当前的状态 s_t。

2）Environment 类

Environment类用于使用gym获取游戏画面并与游戏进行交互，在deep-rl-tensorflow-master\environments\environment.py 中定义。Environment 类的子类 AtariEnvironment 用于刻画 Atari 游戏的环境。

Environment 类的构造函数通过调用 gym 生成一个指定的游戏环境：self.env = gym.make(env_name)，前面已经通过参数指定--env_name =Breakout-v0 为"打砖块"的游戏环境。通过调用 Environment 类的 step 方法，输入要执行的行动，可输出执行行动后得到的回报及相应的游戏画面，代码如下。

```
def step(self, action, is_training=False):
    observation, reward, terminal, info = self.env.step(action)
    if self.display: self.env.render()
    return self.preprocess(observation), reward, terminal, info
```

3）Experience 类

Experience 类用于实现"经验池"机制，在 deep-rl-tensorflow-master\agents\experience.py 中定义。调用 Experience 类的 add 方法，可向经验池中添加一个样本，代码如下。

```
def add(self, observation, reward, action, terminal):
    self.actions[self.current] = action
    self.rewards[self.current] = reward
    self.observations[self.current, ...] = observation
    self.terminals[self.current] = terminal
    self.count = max(self.count, self.current + 1)
    self.current = (self.current + 1) % self.memory_size
```

经验池中的每个样本包含4个属性：action、reward、observation 和 terminal。其中，action、reward、observation 分别表示行动 a_t、回报 r_t 和状态 s_t，terminal 表示游戏是否终止。调用 Experience 类中的 retreive 方法，可提取 index 状态信息，代码如下。

```
def retreive(self, index):
    index = index % self.count
    if index >= self.history_length - 1:
        return self.observations[(index - (self.history_length - 1)):(index + 1), ...]
    else:
        indexes = [(index - i) % self.count for i in reversed(range(self.history_length))]
        return self.observations[indexes, ...]
```

由于 Experience 类是按顺序保存游戏画面的，所以，下一个状态 s_{t+1} 可以通过当前样本的 index+1 得到。Experience 类中的 sample 方法用于生成 self.batch_size 个样本，记录它们在不同时刻的状态、采取的行动、获得的回报、下一个状态及是否终止等信息，代码如下。

```
def sample(self):
    indexes = []
    while len(indexes) < self.batch_size:
        while True:
```

```
            index = random.randint(self.history_length, self.count - 1)
            if index >= self.current and index - self.history_length < self.current:
                continue
            if self.terminals[(index - self.history_length):index].any():
                continue
            break

        self.prestates[len(indexes), ...] = self.retreive(index - 1)
        self.poststates[len(indexes), ...] = self.retreive(index)
        indexes.append(index)

    actions = self.actions[indexes]
    rewards = self.rewards[indexes]
    terminals = self.terminals[indexes]

    if self.data_format == 'NHWC' and len(self.prestates.shape) == 4:
        return np.transpose(self.prestates, (0, 2, 3, 1)), actions, \
        rewards, np.transpose(self.poststates, (0, 2, 3, 1)), terminals
    else:
        return self.prestates, actions, rewards, self.poststates, terminals
```

4）Agent 类

Agent 类在文件 deep-rl-tensorflow-master\agents\agent.py 中定义。该类定义了 train 方法、play 方法、predict 方法、q_learning_minibatch_test 方法、update_target_q_network 方法。其中，train 方法用于实现训练过程，代码如下。

```
def train(self, t_max):
    tf.global_variables_initializer().run()

    self.stat.load_model()
    self.target_network.run_copy()

    start_t = self.stat.get_t()
    observation, reward, terminal = self.new_game()

    for _ in range(self.history_length):
        self.history.add(observation)

    # 用 ep 表示 ε- 贪心法中的 ε
    # self.ep_start 表示开始时的 ε 值, self.ep_end 表示结束时的 ε 值
    # 一般 self.ep_start 大于 self.ep_end, 随着训练的进行 ε 逐渐减小
    for self.t in tqdm(range(start_t, t_max), ncols=70, initial=start_t):
        ep = (self.ep_end +
            max(0., (self.ep_start - self.ep_end)
            * (self.t_ep_end - max(0., self.t - self.t_learn_start)) / self.t_ep_end))
```

```
# 1. Predict
# 通过 self.history.get()得到当前游戏画面，根据 ε- 贪心法选择行为
# predict()用于实现 ε- 贪心法，返回一个将要采取的行动
action = self.predict(self.history.get(), ep)

# 2. Act
# 执行行动后，得到新的游戏画面和回报
# terminal 是布尔类型量，用于指示游戏是否结束
observation, reward, terminal, info = self.env.step(action, is_training=True)

# 3. Observe
# observe 函数有两个功能：①根据损失函数训练模型；②将观察到的游戏画面加入 history,
# 并存储"经验池"
q, loss, is_update = self.observe(observation, reward, action, terminal)

# 显示 debug 信息
logger.debug("a: %d, r: %d, t: %d, q: %.4f, l: %.2f" % \
    (action, reward, terminal, np.mean(q), loss))
if self.stat:
    self.stat.on_step(self.t, action, reward, terminal,
        ep, q, loss, is_update, self.learning_rate_op)
if terminal:
    observation, reward, terminal = self.new_game()
```

习题

1. 如果有一个智能体想要玩棋类游戏，在以下选项中选择哪种回报信息可以鼓励智能体在游戏中获胜并学习到经验？

（1）智能体只是在结束时得到回报，如果胜利，则得到回报-10；如果失败，则得到回报+10；如果持平，则得到回报 0。

（2）智能体只是在结束时得到回报，如果胜利，则得到回报+10；如果失败，则得到回报-10；如果持平，则得到回报 0。

（3）在游戏的每个时间步智能体都可以获得回报-1，游戏结束后这一阶段结束。

2. 如表 12-2 所示，在为虚拟的马尔可夫决策过程填充一些最优行动值函数 $q*$ 后，可以判断智能体处于所有的 $s \in S$ 时应该采取什么行动并快速获得最优策略。请使用该最优行动值函数判断智能体在表中 3 种状态下使用最优策略时应该选择哪种行动。

表 12-2　最优行动值函数

s	a_1	a_2	a_3
s_1	2	3	5
s_2	3	3	2
s_3	4	1	1

3. 对策略迭代、策略改进、值迭代算法进行简要描述并阐述这 3 种算法之间的联系。

4. 分析 Q-Learning 算法中各参数的作用。

参考文献

[1]　SUTTON R S, BA R A G. Reinforcement learning: an introduction[J]. IEEE Transactions on Neural Networks, 1998, 9(5): 1054.

[2]　VOLODYMYR M, KORAY K, DAVID S, et al. Human-level control through deep reinforcement learning[J]. Nature, 2015, 518(7540): 529-33.

[3]　ARGALL B D, CHERNOVA S, VELOSO M, et al. A survey of robot learning from demonstration[J]. Robotics and Autonomous Systems, 2009, 57(5): 469-483.

[4]　BUSONIU L R, BABUSKA R, SCHUTTER B D, et al. Reinforcement learning and dynamic programming using function approximators[M]. New York: CRC Press Inc. 2010.

[5]　DANN C, NEUMANN G, PETERS J. Policy evaluation with temporal differences: a survey and comparison[J]. Journal of Machine Learning Research, 2014, 15(3): 809-883.

[6]　DEISENROTH M P. A survey on policy search for robotics[J]. Foundations & Trends in Robotics, 2013, 2(1-2): 1-142.

[7]　GEIST M, SCHERRER B. Off-policy learning with eligibility traces: a survey[J]. Journal of Machine Learning Research, 2013, 15(1): 289-333.

[8]　何之源. 21 个项目玩转深度学习：基于 TensorFlow 的实践详解[M]. 北京：电子工业出版社, 2018.

[9]　冯超. 强化学习精要：核心算法与 TensorFlow 实现[M]. 北京：电子工业出版社, 2018.

[10]　周志华. 机器学习[M]. 北京：清华大学出版社, 2016.

[11]　MNIH V, KAVUKCUOGLU K, SILVER D, et al. Playing atari with deep reinforcement learning[EB/OL]. [2013-12-19]. https://arxiv.org/abs/1312.5602.

附录 A 人工智能实验环境

在国家政策支持及人工智能发展新环境下，全国各大高校纷纷发力，设立人工智能专业，成立人工智能学院。然而，大部分院校仍处于起步阶段，需要探索的问题还有很多。例如，实验教学未成体系，实验环境难以让学生开展并行实验，同时存在实验内容仍待充实，以及实验数据缺乏等难题。在此背景下，"云创大数据"研发了 AIRack 人工智能实验平台（以下简称平台），提供了基于 KVM 虚拟化技术的多人在线实验环境。该平台支持主流深度学习框架，可快速部署训练环境，支持多人同时在线实验，并配套实验手册、实验代码、实验数据，同步解决人工智能实验配置难度大、实验入门难、缺乏实验数据等难题，可用于深度学习模型训练等教学、实践应用。

1. 平台简介

AIRack 人工智能实验平台采用 KVM 虚拟化技术，可以合理地分配 CPU 的资源。不仅每个学生的实验环境相互隔离，使其可以高效地完成实验，而且实验彼此不干扰，即使某个学生的实验环境出现问题，对其他人也没有影响，只需要重启就可以重新拥有一个新的环境，从而大幅度节省了硬件和人员管理成本。

平台提供了目前最主流的 4 种深度学习框架——Caffe、TensorFlow、Keras 和 PyTorch 的镜像，镜像中安装了使用 GPU 版本框架必要的依赖，包括 GPU 开发的底层驱动、加速库和深度学习框架本身，可以通过平台一键创建环境。若用户想要使用平台提供的这 4 种框架以外的深度学习框架，可在已生成环境的基础上自行安装使用。

2. 平台实验环境可靠

（1）平台采用 CPU+GPU 的混合架构，基于 KVM 虚拟化技术，用户可一键创建运行的实验环境，仅需几秒。

（2）平台同时支持多个人工智能实验在线训练，满足实验室规模的使用需求。

（3）平台为每个账户默认分配 1 个 VGPU，可以配置不同数量的 CPU 和不同大小的内存，满足人工智能算法模型在训练时对高性能计算的需求。另外，VGPU 技术支持"一卡多人"使用，更经济。

（4）用户实验集群隔离、互不干扰，且十分稳定，在停电等突发情况下，仅虚拟机关机，环境内资料不会被销毁。

3. 平台实验内容丰富

当前大多数高校对人工智能实验的实验内容、实验流程等并不熟悉，实验经验不足。因此，高校需要一整套的软硬件一体化方案，集实验机器、实验手册、实验数据及实验培训于一体，解决怎么开设人工智能实验课程、需要做什么实验、怎么完成实验等一系列根本问题。针对上述问题，平台给出了完整的人工智能实验体系及配套资源。

目前，平台的实验内容主要涵盖基础实验、机器学习实验、深度学习基础实验、深度学习算法实验 4 个模块，每个模块的具体内容如下。

（1）基础实验：深度学习 Linux 基础实验、Python 基础实验、基本工具使用实验。

（2）机器学习实验： Python 库实验、机器学习算法实验。

（3）深度学习基础实验：图像处理实验、Caffe 框架实验、TensorFlow 框架实验、Keras 框架实验、PyTorch 框架实验。

（4）深度学习算法实验：基础实验、进阶实验。

目前，平台实验总数达到了 117 个，并且还在持续更新中。每个实验呈现了详细的实验目的、实验内容、实验原理和实验步骤。其中，原理部分涉及数据集、模型原理、代码参数等内容，可以帮助用户了解实验需要的基础知识；步骤部分包括详细的实验操作，用户参照手册，执行步骤中的命令，即可快速完成实验。实验所涉及的代码和数据集均可在平台上获取。AIRack 人工智能实验平台的实验列表如表 A-1 所示。

表 A-1　AIRack 人工智能实验平台的实验列表

板块分类	实验名称
基础实验/深度学习 Linux 基础	Linux 基础——基本命令
	Linux 基础——文件操作
	Linux 基础——压缩与解压
	Linux 基础——软件安装与环境变量设置
	Linux 基础——训练模型常用命令
	Linux 基础——sed 命令
基础实验/Python 基础	Python 基础——运算符
	Python 基础——Number
	Python 基础——字符串
	Python 基础——列表
	Python 基础——元组
	Python 基础——字典
	Python 基础——集合
	Python 基础——流程控制
	Python 基础——文件操作
	Python 基础——异常
	Python 基础——迭代器、生成器和装饰器
基础实验/基本工具使用	Jupyter 的基础使用
机器学习实验/Python 库	Python 库——OpenCV(Python)
	Python 库——Numpy(一)
	Python 库——Numpy(二)
	Python 库——Matplotlib(一)
	Python 库——Matplotlib(二)
	Python 库——Pandas(一)
	Python 库——Pandas(二)
	Python 库——Scipy

（续表）

板块分类	实验名称
机器学习实验/机器学习算法	人工智能——A*算法实验
	人工智能——家用洗衣机模糊推理系统实验
	机器学习——线性回归
	机器学习——决策树(一)
	机器学习——决策树(二)
	机器学习——梯度下降法求最小值实验
	机器学习——手工打造神经网络
	机器学习——神经网络调优(一)
	机器学习——神经网络调优(二)
	机器学习——支持向量机 SVM
	机器学习——基于 SVM 和鸢尾花数据集的分类
	机器学习——PCA 降维
	机器学习——朴素贝叶斯分类
	机器学习——随机森林分类
	机器学习——DBSCAN 聚类
	机器学习——K-means 聚类算法
	机器学习——KNN 分类算法
	机器学习——基于 KNN 算法的房价预测(TensorFlow)
	机器学习——Apriori 关联规则
	机器学习——基于强化学习的"走迷宫"游戏
深度学习基础实验/图像处理	图像处理——OCR 文字识别
	图像处理——人脸定位
	图像处理——人脸检测
	图像处理——数字化妆
	图像处理——人脸比对
	图像处理——人脸聚类
	图像处理——微信头像戴帽子
	图像处理——图像去噪
	图像处理——图像修复
深度学习基础实验/Caffe 框架	Caffe——基础介绍
	Caffe——基于 LeNet 模型和 MNIST 数据集的手写数字识别
	Caffe——Python 调用训练好的模型实现分类
	Caffe——基于 AlexNet 模型的图像分类
深度学习基础实验/ TensorFlow 框架	TensorFlow——基础介绍
	TensorFlow——基于 BP 模型和 MNIST 数据集的手写数字识别
	TensorFlow——单层感知机和多层感知机的实现
	TensorFlow——基于 CNN 模型和 MNIST 数据集的手写数字识别
	TensorFlow——基于 AlexNet 模型和 CIFAR-10 数据集的图像分类
	TensorFlow——基于 DNN 模型和 Iris 数据集的鸢尾花品种识别
	TensorFlow——基于 Time Series 的时间序列预测

（续表）

板块分类	实验名称
深度学习基础实验/Keras 框架	Keras——Dropout
	Keras——学习率衰减
	Keras——模型增量更新
	Keras——模型评估
	Keras——模型训练可视化
	Keras——图像增强
	Keras——基于 CNN 模型和 MNIST 数据集的手写数字识别
	Keras——基于 CNN 模型和 CIFAR-10 数据集的分类
	Keras——基于 CNN 模型和鸢尾花数据集的分类
	Keras——基于 JSON 和 YAML 的模型序列化
	Keras——基于多层感知器的印第安人糖尿病诊断
	Keras——基于多变量时间序列的 PM2.5 预测
深度学习基础实验/PyTorch 框架	PyTorch——基础介绍
	PyTorch——回归模型
	PyTorch——世界人口线性回归
	PyTorch——神经网络实现自动编码器
	PyTorch——基于 CNN 模型和 MNIST 数据集的手写数字识别
	PyTorch——基于 RNN 模型和 MNIST 数据集的手写数字识别
	PyTorch——基于 CNN 模型和 CIFAR-10 数据集的分类
深度学习算法实验/基础	基于 LeNet 模型的验证码识别
	基于 GoogLeNet 模型和 ImageNet 数据集的图像分类
	基于 VGGNet 模型和 CASIA WebFace 数据集的人脸识别
	基于 DeepID 模型和 CASIA WebFace 数据集的人脸验证
	基于 Faster R-CNN 模型和 Pascal VOC 数据集的目标检测
	基于 FCN 模型和 Sift Flow 数据集的图像语义分割
	基于 R-FCN 模型的物体检测
	基于 SSD 模型和 Pascal VOC 数据集的目标检测
	基于 YOLO2 模型和 Pascal VOC 数据集的目标检测
	基于 LSTM 模型的股票预测
	基于 Word2Vec 模型和 Text8 语料集的实现词的向量表示
	基于 RNN 模型和 sherlock 语料集的语言模型
	基于 GAN 的手写数字生成
深度学习算法实验/进阶	基于 RNN 模型和 MNIST 数据集的手写数字识别
	基于 CapsNet 模型和 Fashion-MNIST 数据集的图像分类
	基于 Bi-LSTM 和涂鸦数据集的图像分类
	基于 CNN 模型的绘画风格迁移

（续表）

板块分类	实验名称
深度学习算法实验/进阶	基于 Pix2Pix 模型和 Facades 数据集的图像翻译
	基于改进版 Encoder-Decode 结构的图像描述
	基于 CycleGAN 模型的风格变换
	基于 U-Net 模型的细胞图像分割
	基于 Pix2Pix 模型和 MS COCO 数据集实现图像超分辨率重建
	基于 SRGAN 模型和 RAISE 数据集实现图像超分辨率重建
	基于 ESPCN 模型实现图像超分辨率重建
	基于 FSRCNN 模型实现图像超分辨率重建
	基于 DCGAN 模型和 Celeb A 数据集的男女人脸转换
	基于 FaceNet 模型和 IMBD-WIKI 数据集的年龄性别识别
	基于自编码器模型的换脸
	基于 ResNet 模型和 CASIA WebFace 数据集的人脸识别
	基于玻尔兹曼机的编解码
	基于 C3D 模型和 UCF101 数据集的视频动作识别
	基于 CNN 模型和 TREC06C 邮件数据集的垃圾邮件识别
	基于 RNN 模型和康奈尔语料库的机器对话
	基于 LSTM 模型的相似文本生成
	基于 NMT 模型和 NiuTrans 语料库的中英文翻译

4．平台可促进教学相长

（1）平台可实时监控与掌握教师角色和学生角色对人工智能环境资源的使用情况及运行状态，帮助管理者实现信息管理和资源监控。

（2）学生在平台上实验并提交实验报告，教师可在线查看每个学生的实验进度，并对具体实验报告进行批阅。

（3）平台增加了试题库与试卷库，提供在线考试功能。学生可通过试题库自查与巩固所学知识；教师可通过平台在线试卷库考查学生对知识点的掌握情况（其中，客观题可实现机器评分），从而使教师实现备课+上课+自我学习，使学生实现上课+考试+自我学习。

5．平台提供一站式应用

（1）平台提供实验代码及 MNIST、CIFAR-10、ImageNet、CASIA WebFace、Pascal VOC、Sift Flow、COCO 等训练数据集，实验数据做打包处理，可为用户提供便捷、可靠的人工智能和深度学习应用。

（2）平台可以为《人工智能导论》《TensorFlow 程序设计》《机器学习与深度学习》《模式识别》《知识表示与处理》《自然语言处理》《智能系统》等教材提供实验环境，内容涉及人工智能主流模型、框架及其在图像、语音、文本中的应用等。

（3）平台提供 OpenVPN、Chrome、Xshell 5、WinSCP 等配套资源下载服务。

6．平台的软硬件规格

在硬件方面，平台采用了 GPU+CPU 的混合架构，可实现对数据的高性能并行处理，最大可提供每秒 176 万亿次的单精度计算能力。在软件方面，平台预装了 CentOS 操作系统，集成了 TensorFlow、Caffe、Keras、PyTorch 4 个行业主流的深度学习框架。AIRack 人工智能实验平台的配置参数如表 A-2~表 A-4 所示。

表 A-2　管理服务器配置参数

产品型号	详细配置	单　位	数　量
CPU	Intel Xeon Scalable Processor 4114 或以上处理器	颗	2
内存	32GB 内存	根	8
硬盘	240GB 固态硬盘	块	1
	480GB SSD 固态硬盘	块	2
	6TB 7.2K RPM 企业硬盘	块	2

表 A-3　处理服务器配置参数

产品型号	详细配置	单　位	数　量
CPU	Intel Xeon Scalable Processor 5120 或以上处理器	颗	2
内存	32GB 内存	根	8
硬盘	240GB 固态硬盘	块	1
	480GB SSD 固态硬盘	块	2
GPU	Tesla T4	块	8

表 A-4　支持同时上机人数与服务器数量

上机人数	服务器数量
16 人	1（管理服务器）+1（处理服务器）
32 人	1（管理服务器）+2（处理服务器）
48 人	1（管理服务器）+3（处理服务器）

附录 B 人工智能云平台

人工智能作为一个复合型、交叉型学科，内容涵盖广，学科跨度大，实战要求高，学习难度大。在学好理论知识的同时，如何将课堂所学知识应用于实践，对不少学生来说是个挑战。尤其是对一些还未完全入门或缺乏实战经验的学生，实践难度可想而知。例如，一些学生急需体验人脸识别、人体识别或图像识别等人工智能效果，或者想开发人工智能应用，但还没有能力设计相关模型。为了让学生体验和研发人工智能应用，云创人工智能云平台应运而生。

人工智能云平台（见图 B-1）是"云创大数据"自主研发的人工智能部署云平台，其依托人工智能服务器和 cVideo 视频监控平台，面向深度学习场景，整合计算资源及 AI 部署环境，可实现计算资源统一分配调度、模型流程化快速部署，从而为 AI 部署构建敏捷高效的一体化云平台。通过平台定义的标准化输入/输出接口，用户仅需几行代码就可以轻松完成 AI 模型部署，并通过标准化输入获取输出结果，从而大大减少因异构模型带来的部署和管理困难。

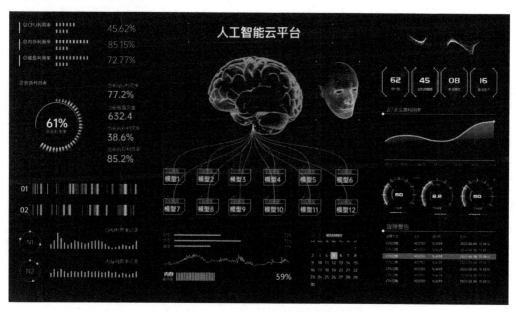

图 B-1 人工智能云平台示意

人工智能云平台支持 TensorFlow1.x 及 2.x、Caffe 1、PyTorch 等主流框架的模型推理，同时内嵌了多种已经训练好的模型以供调用。

人工智能云平台能够构建物理分散、逻辑集中的 GPU 资源池，实现资源池统一管理，通过自动化、可视化、动态化的方式，以资源即服务的交付模式向用户提供服务，并实现平台智能化运维。该平台采用分布式架构设计，部署在"云创大数据"自主研发的人工智能服务器上，形成一体机集群共同对外提供服务，每个节点都可以提供相应的管理服务，任何单一节点故障都不会引起整个平台的管理中断，平台具备开放性的标准化接口。

1. 总体架构

人工智能云平台主要包括统一接入服务、TensorFlow 推理服务、PyTorch 推理服务、Caffe 推理服务等模块（见图 B-2）。

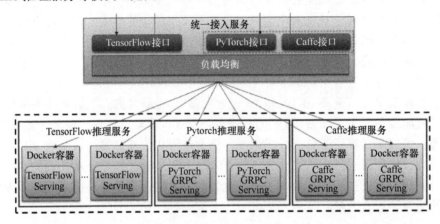

图 B-2　人工智能云平台架构

2. 技术优势

人工智能云平台具有以下技术优势。

1）模型快速部署上线

人工智能云平台可实现模型从开发环境到生产部署的快捷操作，省去繁杂的部署过程，从而使模型部署时间从几天缩短到几分钟。

2）支持多种输入源

人工智能云平台内嵌 cVideo 视频监控云平台，支持 GB/T28181 协议、Onvif 协议、RTSP 及各大摄像头厂商的 SDK 等多种视频源。

3）分布式架构，服务资源统一，分配高效

分布式架构统一分配 GPU 资源，可根据模型的不同来调整资源的配给，支持突发业务对资源快速扩展的需求，从而实现资源的弹性伸缩。

3. 平台功能

人工智能云平台具有以下功能。

1）模型部署

（1）模型弹性部署。可从网页直接上传模型文件，一键发布模型。同一模型下有不同版本的模型文件，可实现推理服务的在线升级、弹性 QPS 扩容。

（2）加速执行推理任务。人工智能云平台采用"云创大数据"自研的 cDeep-Serving,

不仅同时支持 PyTorch、Caffe，推理性能更可达 TF Serving 的 2 倍以上。

2）可视化运维

（1）模型管理。每个用户都有专属的模型空间，同一模型可以有不同的版本，用户可以随意升级、切换，根据 QPS 的需求弹性增加推理节点，且调用方便。

（2）设备管理。人工智能云平台提供丰富的 Web 可视化图形界面，可直观展示服务器（GPU、CPU、内存、硬盘、网络等）的实时状态。

（3）智能预警。人工智能云平台在设备运行中密切关注设备运行状态的各种数据，智能分析设备的运行趋势，及时发现并预警设备可能出现的故障问题，提醒管理人员及时排查维护，从而将故障排除在发生之前，避免突然出现故障导致的宕机，保证系统能够连续、稳定地提供服务。

3）人工智能学习软件

人工智能云平台内置多种已训练好的模型文件，并提供 REST 接口调用，可满足用户直接实时推理的需求。

人工智能云平台提供人脸识别、车牌识别、人脸关键点检测、火焰识别、人体检测等多种深度学习算法模型。

以上软件资源可一键启动，并通过网页或 REST 接口调用，助力用户轻松进行深度学习的推理工作。

反侵权盗版声明

电子工业出版社依法对本作品享有专有出版权。任何未经权利人书面许可，复制、销售或通过信息网络传播本作品的行为；歪曲、篡改、剽窃本作品的行为，均违反《中华人民共和国著作权法》，其行为人应承担相应的民事责任和行政责任，构成犯罪的，将被依法追究刑事责任。

为了维护市场秩序，保护权利人的合法权益，我社将依法查处和打击侵权盗版的单位和个人。欢迎社会各界人士积极举报侵权盗版行为，本社将奖励举报有功人员，并保证举报人的信息不被泄露。

举报电话：（010）88254396；（010）88258888

传　　真：（010）88254397

E-mail：　dbqq@phei.com.cn

通信地址：北京市万寿路 173 信箱

　　　　　电子工业出版社总编办公室

邮　　编：100036